高等职业教育"十三五"规划教材

钢结构制造与安装
（第3版）

主　编　朱　锋　黄珍珍　张建新

副主编　雷　波　魏天金

参　编　辛玉刚　李愫熙

北京理工大学出版社
BEIJING INSTITUTE OF TECHNOLOGY PRESS

内 容 提 要

本书根据高职高专院校人才培养目标以及专业教学改革的需要，依据钢结构施工最新标准规范进行编写。全书共分为十一章，主要内容包括钢结构施工图、钢结构常用材料、钢结构连接工程、钢结构加工制作、钢结构安装、钢网架结构工程安装、压型金属板工程、轻型钢结构工程、钢结构涂装工程、钢结构施工测量与监测、钢结构施工安全与环境保护等。

本书可作为高职高专院校建筑工程技术等相关专业的教材，也可供钢结构工程施工现场相关技术和管理人员工作时参考使用。

图书在版编目（CIP）数据

钢结构制造与安装 / 朱锋，黄珍珍，张建新主编.—3版.—北京：北京理工大学出版社，2019.3（2019.4重印）

ISBN 978-7-5682-6626-0

Ⅰ.①钢…　Ⅱ.①朱…②黄…③张…　Ⅲ.①钢结构－结构构件－制作②钢结构－建筑安装　Ⅳ.①TU391②TU758.11

中国版本图书馆CIP数据核字（2019）第008014号

出版发行 / 北京理工大学出版社有限责任公司

社　　址 / 北京市海淀区中关村南大街5号

邮　　编 / 100081

电　　话 / （010）68914775（总编室）

　　　　　　（010）82562903（教材售后服务热线）

　　　　　　（010）68948351（其他图书服务热线）

网　　址 / http://www.bitpress.com.cn

经　　销 / 全国各地新华书店

印　　刷 / 北京紫瑞利印刷有限公司

开　　本 / 787毫米 ×1092毫米　1/16

印　　张 / 18　　　　　　　　　　　　　　　责任编辑 / 封　雪

字　　数 / 470千字　　　　　　　　　　　　文案编辑 / 封　雪

版　　次 / 2019年3月第3版　2019年4月第2次印刷　　责任校对 / 周瑞红

定　　价 / 48.00元　　　　　　　　　　　　责任印制 / 边心超

第3版前言

钢结构是由钢制材料组成的结构，是建筑结构的主要类型之一。钢结构因其自重较轻，施工简便，且具有良好的抗震性能，被广泛应用于大型厂房、场馆、超高层建筑等工程建设项目。近年来，随着建筑行业凭借着各种先进技术的应用而得到了显著的发展，钢结构在高耸结构、超高层结构中的应用也越来越广泛，大量的钢结构工业厂房、住宅小区、高层建筑、桥梁相继出现，逐渐取代了传统的砖混结构、混凝土框架结构建筑。

"钢结构制造与安装"是建筑工程技术专业的一门重要专业主干课程，通过本课程的学习，使学生掌握钢结构制造与安装的施工工艺的质量控制，能够运用所学知识去进行钢结构制造与安装的实施，培养学生的质量意识；使学生能在国家法律法规、规范、行业标准的范围内，编制钢结构制造与安装方案，并有安装施工生产一线付诸实施，具备从事钢结构制造与安装工作所需的施工安装技能。

本书第1、2版自出版发行以来，经有关院校教学使用，反映较好，但随着科技的发展，各种新材料、新技术、新设备不断涌现与更新，钢结构制造与安装技术水平也在不断地发展进步，加上国家对钢结构制造与安装方面的相关标准规范不断修订完善，教材中的部分内容已经不能符合科技发展与标准规范的要求。同时，我国的高等职业教育工作也正在经历着改革与发展，为使教材内容能更好地符合当前高等职业教育改革的形势，满足目前高职高专院校教学工作的需求，为此，我们组织了有关专家、学者，在对实际社会需求与教学第一线的情况进行深入了解、研究的基础上，对本书进行了修订。

本次修订以提高学生的职业实践能力和职业素质为宗旨，以钢结构制造与安装为主线进行，修订后对钢结构制造与安装有了更全面地介绍，从不同角度介绍了钢结构的应用和发展，内容丰富，难度适中，图文并茂，语言通俗，注重理论联系实际。每章的本章小结和思考与练习能够加深学生对本章内容的理解与巩固，使学生更扎实的掌握知识。

本书由济南工程职业技术学院朱锋、江西城市职业学院黄珍珍、四川建筑职业技术学院张建新担任主编，广安职业技术学院雷波、济南工程职业技术学院魏天金担任副主编，潍坊工商职业学院辛玉刚、青岛理工大学李懔熙参与编写。具体编写分工为：朱锋编写绪论、第一章、第三章，黄珍珍编写第七章、第八章，张建新编写第二章、第四章、第五章，雷波编写第六章，魏天金编写第九章，辛玉刚编写第十章，李懔熙编写第十一章。

本次修订过程中，参阅了国内同行的多部著作，部分高职高专院校的老师提出了很多宝贵的意见供我们参考，在此表示衷心的感谢！对于参与本书第1、2版编写但未参与本次修订的老师、专家和学者，本次修订的所有编写人员向你们表示敬意，感谢你们对高职高专教育教学改革做出的不懈努力，希望你们对本书保持持续关注并多提宝贵意见。

由于编写时间仓促，编者的经验和水平有限，书中难免有疏漏和不妥之处，恳请读者和专家批评指正。

编 者

第2版前言

钢结构是各类工程结构中应用比较广泛的一种建筑结构，在房屋建筑、地下建筑、桥梁、海洋平台、港口建筑、矿山建筑、水工建筑及容器管道等工程中都得到了广泛的应用。就现阶段我国基本建设而言，各种高强度钢材在工程建设中大量使用，薄壁型钢结构、悬索结构、悬挂结构等新型结构形式也越来越广泛地应用于轻型、大跨屋盖结构及高层建筑中，钢结构桥梁也日益增多，突破了以往仅在大跨度桥梁采用钢结构的局面。在今后一段时期内，随着我国基本建设投资力度的日益增大和国家重大工程的大力开展，钢结构的发展前景将更为广阔，使用范围也将越来越广泛。

本教材第1版自出版发行以来，经有关院校教学使用，反应较好。根据各院校使用者的建议，结合近年来高职高专教育教学改革的动态，特别是《钢结构工程施工规范》（GB 50755—2012）的颁布实施，我们对本教材进行了修订。

本次修订严格按照《钢结构工程施工规范》（GB 50755—2012），并秉承理论知识够用为度，以培养面向生产第一线的应用型人才为目的进行。修订后的教材在内容上有了较大幅度的充实与完善，进一步强化了实用性和可操作性，更能满足高职高专院校教学工作的需要。本次修订主要进行了以下工作：

（1）为方便查阅钢结构工程相关材料的有关资料，本次修订增加了有关钢铸件、铆钉、焊接材料、紧固件等材料品种、规格、性能、选用、验收等方面的介绍。

（2）为增加实用性，删除了部分钢构件设计与计算内容，但考虑到钢结构连接为钢结构工程中很重要的部分，保留了部分连接设计与计算方面的内容，并合并到钢结构连接施工中。

（3）根据住房和城乡建设部最新颁布的《钢结构工程施工规范》（GB 50755—2012），新增了钢结构施工测量与监测、钢结构施工安全与环境保护两部分内容。

（4）调整了部分章节顺序，完善了相关细节，以更加适合教学的需要，方便学生理解、掌握。

（5）根据国家最新钢结构工程相关规范，更新相关资料，确保教材内容的准确性、先进性。

本教材由江西城市职业学院黄珍珍、济南工程职业技术学院朱锋、潍坊工商职业学院郑召勇担任主编，陕西职业技术学院任博、广安职业技术学院雷波、四川建筑职业技术学院张建新、南昌市建筑工程集团有限公司万常烜担任副主编；具体编写分工如下：黄珍珍编写第一章、第四章、第九章，朱锋编写第二章、第三章，郑召勇编写第五章，任博编写第七章，雷波编写第六章，张建新编写第八章，万常烜编写第十章；此外，潍坊工商职业学院辛玉刚、中铁十六局集团有限公司滕靖靖参与了部分章节的编写，四川建筑职业技术学院李辉教授审阅了全书。

本教材在修订过程中，参阅了国内同行多部著作，部分高职高专院校教师提出了很多宝贵意见供我们参考，在此表示衷心感谢！对于参与本教材第1版编写但不再参加本次修订的教师、专家和学者，本版教材所有编写人员向你们表示敬意，感谢你们对高等职业教育改革所做出的不懈努力，希望你们对本教材保持持续关注并多提宝贵意见。

限于编者的学识及专业水平和实践经验，修订后的教材仍难免有疏漏或不妥之处，敬请广大读者指正。

编　者

钢结构是一门日益发展的科学，技术含量高，施工难度大，专业性强。同时，由于钢结构具有强度高、结构自重轻、抗震性能好、建设周期短等一系列优点而在建筑工程中得到广泛应用。

根据建筑业发展规划，到2010年，我国城镇化水平将达到45%，城镇人口将增加到6.3亿，住房建设的社会需求量十分巨大。目前，我国每年新建建筑约为20亿平方米，其中10%采用钢结构建筑。另外，钢结构桥梁日益增多，突破了以往仅在大跨度桥梁采用钢结构的局限。今后一段时期内，在跨江、跨海的大跨度钢结构桥梁不断涌现的同时，公路交通建设及市政建设中立交桥、人行桥及地铁、轻轨等的建设也会越来越多地采用钢结构技术。由此可见，钢结构在我国的市场空间和发展前景十分广阔。

为满足钢结构发展对专业人才的需求，积极推进课程改革和教材建设，满足职业教育改革与发展的需要，我们根据高职高专建筑工程技术类专业教学要求，组织编写了本教材。本书编写着重突出以下特点：

（1）在总结近年来教学实践的基础上，借鉴部分高职高专院校优秀的教学模式和经验，根据本课程教学大纲编写而成。全书以适应社会需求为目标，以培养技术应用能力为主线，系统地介绍了钢结构的材料要求、构件设计要点、钢结构的加工制作要求以及钢结构的安装工艺、施工方法和质量要求。

（2）以《钢结构设计规范》（GB 50017—2003）和《钢结构工程施工质量验收规范》（GB 50205—2001）为主要依据，同时参照现行的相关行业标准进行编写。在编写方式上力求简明扼要，在内容编排上以"必需、够用"为度，以"讲清概念、强化应用"为重点，深入浅出，注重实用。

（3）本书共分十章，从钢结构常用钢材、钢结构连接设计与计算、钢构件设计与计算、钢结构连接施工、钢结构加工制作、钢结构安装施工、钢网架结构工程安装、压型金属板工程、钢结构涂装工程、轻型钢结构工程等方面介绍了钢结构材料性能与选用以及钢结构设计、制作、安装、质量通病防治等基础理论知识，并附有钢结构设计计算常用数据资料，以指导学生掌握钢结构设计、制作、安装的原理及技术方法，为以后走上工作岗位打下坚实的基础。

（4）采用图、表、文字三者相结合的编写形式，注重原理性、基础性、现代性，强化学习概念和综合思维，着重培养学生解决实际问题的能力，有助于知识与能力的协调发展。

（5）各章前设置【学习重点】和【培养目标】，对学生学习和教师教学作了引导；各章后设置【本章小结】和【思考与练习】，从更深层次给学生以思考、复习的切入点，构建了"引导—学习—总结—练习"的教学模式。

本书由朱锋任主编，麻媛、周拨云任副主编。本书主要作为高职高专院校建筑工程技术专业和其他相关专业的教材，也可供建筑设计人员和施工人员参考使用。本书编写过程中，参阅了国内同行多部著作，部分高职高专院校老师也提出了很多宝贵意见，在此，对他们表示衷心的感谢！

本书的编写虽经推敲核证，但限于编者的专业水平和实践经验，仍难免有疏漏或不妥之处，恳请广大读者批评指正。

编　者

Contents

目　录

绪 论

一、钢结构的发展趋势

1. 钢结构的发展历史

钢结构建筑工程是我国建筑行业中蓬勃发展的行业，在房屋建筑、地下建筑、桥梁、塔桅、海洋平台、港口建筑、矿山建筑、水工建筑及容器管道建筑中都得到了广泛的应用。

20 世纪五六十年代国民经济恢复时期，钢结构工程在工业厂房及民用建筑中都得到了应用。如鞍山钢铁公司、长春第一汽车制造厂及武汉钢铁公司都大量应用了钢结构，民用建筑方面也建成了天津体育馆、北京人民大会堂等钢结构房屋。

20 世纪六七十年代，由于我国工业发展受到很大阻碍，钢产量也处于停滞状态，因此，钢结构的应用受到了很大限制。但在此时期，我国科研人员研究开发了由圆钢和小角钢组成的轻钢屋盖，应用于小跨度的厂房建设。

20 世纪 70 年代后期至 80 年代的改革开放时期，我国钢产量逐年稳步增长，钢结构也得到了更广泛的应用。高强度钢材和薄壁型钢结构、悬索结构、悬挂结构等新结构形式越来越多地应用于轻型、大跨屋盖结构及高层建筑中。

在大跨度建筑和单层工业厂房中，网架、网壳等结构的广泛应用，受到了世界各国的瞩目。上海体育馆马鞍形环形大悬挑空间钢结构屋盖和上海浦东国际机场航站楼张弦梁屋盖钢结构的建成，更标志着我国的大跨度空间钢结构已进入世界先进行列。

2. 钢结构的发展前景

目前，我国每年新建建筑约 20 亿平方米，其中 10% 采用钢结构建筑。北京、上海、天津、山东等地对钢结构住宅建筑的开发已逐步展开。其中，山东莱钢建设有限公司在绿色环保钢结构住宅体系开发、产业化发展模式方面已取得良好进展。另外，钢结构桥梁日益增多，突破了以往仅在大跨度桥梁采用钢结构桥梁的局面。在今后的一段时期内，在跨江、跨海的大跨度钢结构桥梁不断涌现的同时，市政建设立交桥、人行桥及地铁、轻轨等公路交通建设也会越来越多地采用钢结构桥梁技术。

由此可见，在今后相当长的一段时期内，钢结构行业将保持持续快速增长的趋势。随着我国基本建设投资力度的日益增强和国家重大工程的大力开展，钢结构的发展前景和市场空间将会更加远大。当然，钢结构行业广阔的发展前景与快速的发展速度对钢结构数控加工装备的发展也提出了更高的要求。不仅要提高加工能力，还要提高加工质量水平以满足钢结构发展的需要。因此，企业在坚持自主创新的同时，加大与发达国家数控装备合资合作的力度，鼓励引进、吸收、再创新，大力研发适应国情的、具有世界先进水平的钢结构数控加工装备，更好地为我国钢结构行业的跨越式发展服务。

钢结构建筑的
应用前景

二、钢结构的组成与特点

1. 钢结构的组成

(1)由钢拉杆、钢压杆、钢梁、钢柱、钢桁架、钢索等基本构件组成的下列结构为钢结构。

1）梁式结构：包括次主梁系、交叉梁系、单独吊车梁等。

2）桁架式结构：包括平面屋架、空间网架、檩檐屋盖体系、由三面或更多面平面桁架组成的塔桅结构等。

3）框架式结构：由钢梁、钢柱相互连接成的平面或空间框架，它们之间可为铰接也可为刚接。

4）拱式结构：由桁架式或实腹式钢拱组成。

以上所有钢结构中构件的主要受力状态一般可分为受弯、受剪、轴心受拉、轴心受压、偏心受拉和偏心受压六种。

（2）钢板和各种型钢（角钢、工字钢、槽钢、钢管等）是上述各种钢构件的组成材料。

（3）钢构件间的连接方法有以下三种：

1）焊缝连接（主要连接方法）：包括电弧焊、电阻焊和气焊。其中，电弧焊的焊缝质量比较可靠，是最常用的焊接方法。它又分为手工电弧焊和自动或半自动埋弧焊。焊缝形式主要有对接焊缝和角焊缝两种。

2）螺栓连接：包括普通螺栓和高强度螺栓。

3）铆钉连接：用一端带有铆钉头的铆钉烧红到适当温度后插入铆钉孔，再用铆钉枪挤压另一端形成铆钉头，以此连接钢构件。其最大优点是韧性和塑性较好、传力可靠，但因其构造复杂、用钢量大，目前几乎被淘汰。

2. 钢结构的特点

（1）钢结构的优点。钢结构之所以在工程中得到广泛的应用和迅速发展，是由于钢结构与其他结构相比具有很多优点。

1）钢材强度高、重量轻，塑性、韧性好，抗震性能优越。钢材与混凝土等材料相比具有较高的强度，适合于建造跨度大、高度高、承载重的结构，也更适用于抗震、可移动和易装拆的结构。钢材的堆积密度与屈服点的比值最小，例如，在相同的荷载条件下，钢屋架重量只有同等跨度钢筋混凝土屋架的1/4～1/3，如果采用薄壁型钢屋架则更轻，只有1/10。因此，钢结构比钢筋混凝土结构能承受更大的荷载，跨越更大的跨度。同时，由于强度高，一般受力构件的截面小而壁薄，在受压时容易失稳和产生较大的变形，因而常常为稳定计算和刚度计算所控制，强度难以得到充分的利用。

塑性是指构件破坏时发生变形的能力。韧性是指结构抵抗冲击荷载的能力。钢材质地均匀，各向同性，弹性模量大，有良好的塑性和韧性，为理想的弹性-塑性体。因此，钢结构不会因偶然超载或局部超载而突然断裂破坏，钢材韧性好，使钢结构较能适应振动荷载，地震区的钢结构比其他材料的工程结构更耐震，钢结构是一般地震中损坏最少的结构。

2）钢结构工业化程度高、施工速度快。由于钢结构所用的材料单纯，且多是成品或半成品材料，加工比较简单，并能够使用机械操作，易于定型化、标准化，故其工业化生产程度较高。因此，钢构件一般在专业化的金属结构加工厂制作完成，且具有精度高、质量稳定和劳动强度低的特点。

钢构件在工地拼装时，多采用简单方便的焊缝连接或螺栓连接，钢构件与其他材料构件的连接也比较方便。有时钢构件还可以在地面拼装成较大的单元，甚至拼装成整体后再进行吊装，这样不仅可以显著降低高空作业量，缩短施工工期，使整个建筑更早地投入使用，还可以缩短资金流动周期，提前收到投资回报，提高综合效益。

3）钢结构的密封性好。钢材组织非常密实，采用焊缝连接可做到完全密封。一些要求气密性和水密性好的高压容器、大型油库、煤气罐、输送管道等板壳结构，最适宜采用钢结构。

4)构件截面小，有效空间大。由于钢材的强度高，构件截面小，所以其所占空间也就小。以相同受力条件的简支梁为例，混凝土梁的高度通常是跨度的1/10～1/8，而钢梁的高度约是跨度的1/16～1/12。如果钢梁有足够的侧向支撑，甚至可以达到1/20，有效增加了房屋的层间净高。在梁高相同的条件下，钢结构的开间可以比混凝土结构的开间大约50%，能更好地满足建筑上大开间、灵活分割的要求。柱的截面尺寸也类似，避免了"粗柱笨梁"现象，室内视觉开阔，美观方便。

另外，民用建筑中的管道很多，如果采用钢结构，可在梁腹板上开洞以穿越管道，如果采用混凝土结构，则不宜开洞，管道一般从梁下通过，要占用一定的空间。在楼层净高相同的条件下，钢结构的楼层高度要比混凝土的小，可以减小墙体高度，节约室内空调所需的能源，减少房屋维护和使用费用。

5)节能、环保。与传统的砌体结构和混凝土结构相比，钢结构属于绿色建筑结构体系。钢结构房屋的墙体多采用新型轻质复合墙板或轻质砌块，如高性能 NALC 板(配筋加气混凝土板)、复合夹心墙板、幕墙等；楼(屋)面多采用复合楼板，例如，压型钢板混凝土组合板、轻钢龙骨楼盖等，符合建筑节能和环保的要求。

钢结构的施工方式为干式施工，可避免混凝土湿式施工所造成的环境污染。钢结构材料还可利用夜间交通流畅期间运送，不影响城市闹市区建筑物周围的日间交通，噪声也小。另外，对于已建成的钢结构也比较容易进行加固和改造，用螺栓连接的钢结构还可以根据需要进行拆迁，也有利于保护环境和节约资源。

(2)钢结构的缺点。

1)结构构件刚度小，不稳定问题突出。由于钢材轻质高强，构件不但截面尺寸小，而且都是由型钢或钢板组成开口或闭口截面。在相同边界条件和荷载条件下，与传统混凝土构件相比，钢构件的长细比大，抗侧刚度、抗扭刚度都比混凝土构件小，容易丧失整体稳定；构件的宽厚比大，容易丧失局部稳定；大跨度空间钢结构的整体不稳定问题也比较突出，这些都是钢结构设计中最容易出现问题的环节。另外，构件刚度越小，变形就越大，在动力荷载作用下也容易振动。

2)钢材耐热性好，但耐火性差。钢材随着温度的升高，性能逐渐发生变化。温度在250 ℃以内时，钢材的力学性能变化很小，达到250 ℃时钢材有脆性转向(称为蓝脆)，在260 ℃～320 ℃之间有徐变现象，随后强度逐渐下降；在450 ℃～540 ℃之间时强度急剧下降；达到650 ℃时，强度几乎降为零。因此，钢结构具有一定的耐热性，但耐火性差。

《钢结构设计规范》(GB 50017—2017)规定，高温环境下的钢结构温度超过100℃时，应进行结构温度作用验算，并应根据不同情况采取防护措施：当钢结构可能受到炽热熔化金属的侵害时，应采用砌块或耐热固体材料做成的隔热层加以保护；当钢结构可能受到短时间的火焰直接作用时，应采用加耐热隔热涂层、热辐射屏蔽等隔热防护措施；当高温环境下钢结构的承载力不满足要求时，应采取增大构件截面、采用耐火钢或采用加耐热隔热涂层、热辐射屏蔽、水套隔热降温措施等隔热降温措施；当高强度螺栓连接长期受热达150℃以上时，应采用加热隔热涂层、热辐射屏蔽等隔热防护措施。有特殊防火要求的建筑，钢结构更需要用耐火材料围护。对于钢结构住宅或高层建筑钢结构，应根据建筑物的重要性等级和防火规范加以特别处理。例如，采用蛭石板、蛭石喷涂层、石膏板或 NALC 板等加以防护。防火处理使钢结构的造价有所提高。

3)钢材耐腐蚀性差，应采取防护措施。钢材易于锈蚀，处于潮湿或有侵蚀性介质的环境中更容易因化学反应或电化学作用而锈蚀，因此，钢结构必须进行防腐处理。一般钢构件在除锈后涂刷防腐涂料即可，但这种防护措施并非一劳永逸，需间隔一段时间重新维修，因而其维护费用较高。

对处于较强腐蚀性介质内的建筑物不宜采用钢结构。钢结构在涂油漆以前应彻底除锈，油漆质量和涂层厚度均应符合要求。在设计中应避免使结构受潮、漏雨，构造上应尽量避免受潮、漏雨，且应尽量避免存在难以检查、维修的死角。对于有强烈侵蚀性介质、沿海建筑以及构件壁厚非常薄的钢构件，应进行特别处理，如镀锌、镀铝锌复合层等，这些措施都会相应提高钢结构的工程造价。

目前，国内外正发展不易锈蚀的耐候钢。实践证明，含磷、铜的稀土钢，其强度、耐蚀性均优于常用的 Q235 钢。此外，长效油漆的研究也取得进展，使用这种防护措施可延长钢结构寿命，节省维护费用。

4)低温冷脆。钢结构在低温条件下，塑性、韧性逐渐降低，达到某一温度时韧性会突然急剧下降，称为低温冷脆，对应温度称为临界脆性温度。低温冷脆也是国内外一些钢结构工程在冬季发生事故的主要原因之一，可能发生脆性断裂，这点必须引起设计者的注意。

另外，钢材在反复荷载、复杂应力、突然加载、冷作用及时效硬化、焊接缺陷等条件下也容易脆断。

三、本课程的学习内容与要求

钢结构制造与安装工程涉及的内容比较广泛，如钢结构工程中的技术规程、技术规范、工艺标准等。本课程主要由钢结构施工图、钢结构制造、钢结构安装、钢结构测量、钢网架结构工程安装、压型金属板工程、轻型钢结构工程、钢结构涂装工程等几个部分内容组成。

本课程主要针对建筑工程技术专业学生，方便其学习钢结构的设计原理、钢结构加工制作与安装。要求学生通过本课程的学习，具备钢结构的基本知识，掌握钢结构设计、加工制作及安装的原理及技术方法，能够对钢梁、钢柱、钢屋架等基本构件进行设计、加工制作与安装，并对钢结构施工新技术及其应用有一定的了解，为以后走上工作岗位打下坚实的基础。

第一章 钢结构施工图

能力目标

1. 能够进行钢结构施工图的绘制。
2. 能够识读钢结构施工图。

知识目标

1. 了解钢结构施工图的类型,掌握不同类型施工图的内容。
2. 熟悉钢结构施工图绘制规定,掌握钢结构施工图的表示方法。
3. 掌握钢结构施工图的识读方法。

第一节 钢结构施工图分类

钢结构施工图是说明建筑物基础和主体部分的结构构造和要求的图纸,钢结构施工图数量与工程大小和结构复杂程度有关,一般为十几张至几十张。在建筑钢结构中,**钢结构施工图一般可分为钢结构设计图和钢结构施工详图两种。**

一、钢结构设计图

钢结构设计图应先根据钢结构施工工艺、建筑要求进行初步设计,然后制订施工设计方案并进行计算,再根据计算结果编制而成。其目的、内容及深度均应为钢结构施工详图的编制提供依据。

钢结构设计图一般比较简明,使用的图纸量也比较少,其内容一般包括设计总说明、布置图、构件图、节点图及钢材订货表等。

二、钢结构施工详图

钢结构施工详图是指直接供制造、加工及安装使用的施工用图,是直接根据结构设计图编制的工厂施工及安装详图,有时也含有少量连接、构造等计算。其只对深化设计负责,一般多由钢结构制造厂或施工单位进行编制。

施工详图通常较为详细，使用的图纸量也比较多，其内容主要包括构件安装布置图及构件详图等。

第二节　钢结构施工图绘制

一、图纸幅面和比例

1. 图纸的幅面

图纸的幅面是指图纸尺寸规格的大小，图纸幅面及图框尺寸应符合表 1-1 的规定。一般 A0～A3 图纸宜横式使用，必要时也可立式使用。如果图纸幅面不够，可将图纸长边加长，短边不得加长。在一套图纸中应尽可能采用同一规格的幅面，不宜多于两种幅面（图纸目录可用 A4 幅面除外）。

表 1-1　图纸幅面及图框尺寸

尺寸＼幅面	A0	A1	A2	A3	A4
$b \times l$	841×1 189	594×841	420×594	297×420	210×297

2. 图纸的比例

图纸的比例，应为图形与实物相对应的线性尺寸之比。比例的大小是指其比值的大小，如 1：50 大于 1：100。比值大于 1 的比例，称为放大的比例，如 5：1；比值小于 1 的比例，称为缩小的比例，如 1：100。建筑工程图中所用的比例，应根据图纸的用途与被绘对象的复杂程度从表 1-2 中选用，并应优先选用表中的常用比例。

表 1-2　图纸常用比例

图名	常用比例
总平面图	1：300　1：500　1：1 000　1：2 000
总图专业的场地断面图	1：100　1：200　1：1 000　1：2 000
建筑平面图、立面图、剖面图	1：50　1：100　1：150　1：200　1：300
配件及构造详图	1：1　1：2　1：5　1：10　1：15　1：20　1：25　1：30　1：50

图纸上图形应按比例绘制，根据图形用途和复杂程度按常用比例选用。一般情况下，建筑布置的平、立、剖面图采用 1：100，1：200；构件图用 1：50；节点图用 1：10，1：15，1：20，1：25。图形宜选用同一种比例，几何中心线用较小比例，截面用较大比例。

图名一般在图形下面写明，并在图名下绘一粗与一细实线来显示，一般比例注写在图名的右侧。当一张图纸上用一种比例时，也可以只标在图标内图名的下面。标注详图的比例，一般都写在详图索引标志的右下角。

二、常用的符号

1. 标高

标高是表示建筑物的地面或某一部位的高度。 在图纸上标高尺寸的注法都是以 m 为单位。一般标注到小数点后三位，在总平面图上只要注写到小数点后两位就可以。总平面图上的标高用全部涂黑的三角表示。

在建筑施工图纸上用绝对标高和建筑标高两种方法表示不同的相对高度。它们的标高符号如图 1-1 所示。

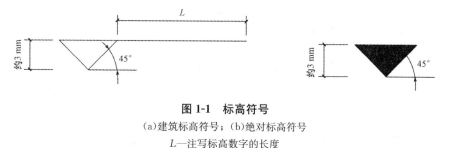

图 1-1　标高符号

(a)建筑标高符号；(b)绝对标高符号

L—注写标高数字的长度

(1)绝对标高。 绝对标高是指以海平面高度为零点(我国以青岛黄海海平面为基准)，图纸上某处所注的绝对标高的高度，就是说明该图面上某处的高度比海平面高出的距离。绝对标高一般只用在总平面图上，以标志新建筑处地面的高度。有时在建筑施工图的首层平面也有注写，例如，标注方法▼50.00，表示该建筑的首层地面比黄海海面高出 50 m，绝对标高的图式是黑色三角形。

(2)建筑标高。 建筑标高是指除总平面图外，其他施工图上用来表示建筑物各部位的高度，都是以该建筑物的首层(即底层)室内地面高度作为 0 点(写作±0.000)来计算的。比零点高的部位称为正标高，如比零点高出 3 m 的地方，标成▽3.000，而数字前面不加"+"号。反之比零点低的地方，如室外散水低 45 cm，标成▽-0.450，在数字前面加上了"-"号。

2. 指北针与风玫瑰图

在总平面图及首层的建筑平面图上，一般都绘有**指北针**，表示该建筑物的朝向。指北针的形式如图 1-2 所示，圆的直径为 8～20 mm，主要的画法是在尖头处要注明"北"字。如为对外设计的图纸则用"N"表示北字。

风玫瑰图是总平面图上用来表示该地区每年风向频率的标志。 它是以十字坐标定出东、南、西、北、东南、东北、西南、西北等 16 个方向后，根据该地区多年平均统计的各个方向吹风次数的百分数值绘成的折线图，称为风频率玫瑰图。风玫瑰的形状如图 1-3 所示，此张风玫瑰图说明该地多年平均的最频风向是西北风。虚线表示夏季的主导风向。

图 1-2　指北针

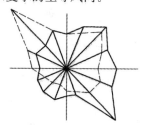

图 1-3　风玫瑰

3. 定位轴线和编号

定位轴线及编号圆圈以细实线绘制，圆的直径为 8~10 mm。平面及纵横剖面布置图的定位轴线及编号应以设计图为准，横为列、竖为行。横轴线以数字表示，纵轴线以大写字母表示。

4. 构件及截面表示符号

型钢的符号是在图纸上说明使用型钢的类型、型号，也可用符号表示，详见第二章介绍。

构件的符号是为了书写的简便。在结构施工图中，构件中的梁、柱、板等一般用构件的汉语拼音首字母代表构件名称，常见的构件代号见表 1-3。

表 1-3　常见构件代号

序号	名称	代号	序号	名称	代号	序号	名称	代号
1	板	B	15	吊车梁	DL	29	基础	J
2	屋面板	WB	16	圈梁	QL	30	设备基础	SJ
3	空心板	KB	17	过梁	GL	31	桩	ZH
4	槽形板	CB	18	连系梁	LL	32	柱间支撑	ZC
5	折板	ZB	19	基础梁	JL	33	垂直支撑	CC
6	密肋板	MB	20	楼梯梁	TL	34	水平支撑	SC
7	楼梯板	TB	21	檩条	LT	35	梯	T
8	盖板或地沟盖板	GB	22	屋架	WJ	36	雨篷	YP
9	檐口板或挡雨板	YB	23	托架	TJ	37	阳台	YT
10	吊车安全走道板	DB	24	天窗架	CJ	38	梁垫	LD
11	墙板	QB	25	框架	KJ	39	预埋件	M—
12	天沟板	TGB	26	钢架	GJ	40	天窗端壁	TD
13	梁	L	27	支架	ZJ	41	钢筋网	W
14	屋面梁	WL	28	柱	Z	42	钢筋骨架	G

5. 索引标志符号

图纸中的某一局部或构件需另见详图时，以索引符号索引，如图 1-4 所示。索引符号用圆圈表示，圆圈的直径一般为 8~10 mm。索引标志的表示方法有以下几种：所索引的详图，如在本张图纸上，其表示方法如图 1-4(a) 所示；如所索引的详图不在本张图纸上，其表示方法如图 1-4(b) 所示；如所索引的详图采用详图标准，其表示方法如图 1-4(c) 所示。

当索引符号用于索引剖视详图时，在被剖切的部位绘制剖切位置线，并用引出线引出索引符号，引出线所在的一侧表示剖视方向，如图 1-4(d) 所示。

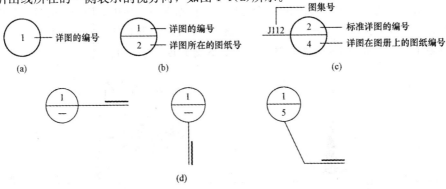

图 1-4　详图索引

6. 对称符号

施工图中的对称符号由对称线和两对平行线组成。对称线用细点画线表示，平行线用实线表示。平行线长度为6～10 mm，每对平行线的间距为2～3 mm，对称线垂直平分于两对平行线，两端超出平行线2～3 mm，如图1-5所示。

图1-5 对称符号

三、焊缝的表示方法及标注

1. 焊接用施工图的焊接符号表示方法

焊接用施工图的焊接符号表示方法，应符合现行国家标准《焊缝符号表示法》(GB/T 324—2008)和《建筑结构制图标准》(GB/T 50105—2010)的有关规定，图中应标明工厂施焊和现场施焊的焊缝部位、类型、坡口形式、焊缝尺寸等内容。

焊缝符号表示法

(1)焊接钢构件的焊缝除应按现行的国家标准《焊缝符号表示法》(GB/T 324—2008)有关规定执行外，还应符合本节的各项规定。

(2)单面焊缝的标注方法应符合下列规定：

1)当箭头指向焊缝所在的一面时，应将图形符号和尺寸标注在横线的上方[图1-6(a)]；当箭头指向焊缝所在另一面(相对应的那一面)时，应按图1-6(b)的规定执行，将图形符号和尺寸标注在横线的下方。

2)当表示环绕工作件周围的焊缝时，应按图1-6(c)的规定执行，其围焊焊缝符号为圆圈，绘在引出线的转折处，并标注焊角尺寸 K。

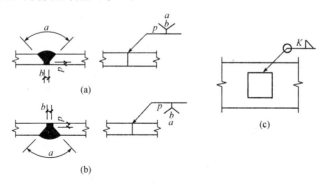

图1-6 单面焊缝的标注方法

(3)双面焊缝的标注，应在横线的上、下都标注符号和尺寸。上方表示箭头一面的符号和尺寸，下方则表示箭头另一面的符号和尺寸[图1-7(a)]；当两面的焊缝尺寸相同时，只需在横线上方标注焊缝的符号和尺寸[图1-7(b)、(c)、(d)]。

(4)三个及以上的焊件相互焊接的焊缝，不得作为双面焊缝标注。其焊缝符号和尺寸应分别标注(图1-8)。

(5)相互焊接的两个焊件中，当只有一个焊件带坡口时(如单面 V 形)，引出线箭头必须指向带坡口的焊件(图1-9)。

(6)相互焊接的两个焊件，当为单面带双边不对称坡口焊缝时，应按图1-10所示标注方法，引出线箭头应指向较大坡口的焊件。

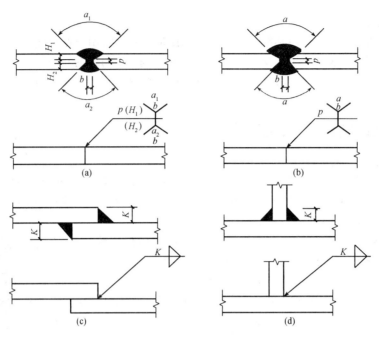

图 1-7 双面焊缝的标注方法

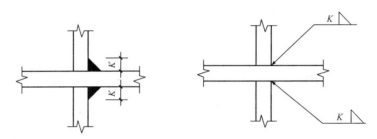

图 1-8 三个及以上焊件的焊缝标注方法

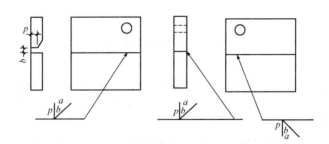

图 1-9 一个焊件带坡口的焊缝标注方法

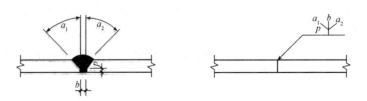

图 1-10 单面双边不对称坡口焊缝的标注方法

(7)当焊缝分布不规则时,在标注焊缝符号的同时,可按图1-11所示的标注方法,在焊缝处加中实线(表示可见焊缝)或加细栅线(表示不可见焊缝)。

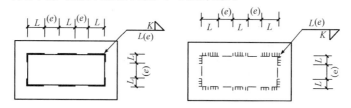

图1-11 不规则焊缝的标注方法

(8)相同焊缝符号应按下列方法表示:

1)在同一图形上,当焊缝形式、断面尺寸和辅助要求均相同时,应按图1-12(a)所示的标注方法,可只选择一处标注焊缝的符号和尺寸,并加注"相同焊缝符号",相同焊缝符号为3/4圆弧,绘在引出线的转折处。

2)在同一图形上,当有数种相同的焊缝时,应按图1-12(b)所示的标注方法,可将焊缝分类编号标注。在同一类焊缝中可选择一处标注焊缝符号和尺寸。分类编号采用大写的英文字母A、B、C。

图1-12 相同焊缝的标注方法

(9)需要在施工现场进行焊接的焊件焊缝,应按图1-13所示的标注方法标注"现场焊缝"符号。现场焊缝符号为涂黑的三角形旗号,绘在引出线的转折处。

图1-13 现场焊缝的标注方法

(10)当需要标注的焊缝能够用文字表述清楚时,也可采用文字表达的方式。

(11)建筑钢结构常用焊缝符号及符号尺寸应符合表1-4的规定。

表1-4 建筑钢结构常用焊缝符号及符号尺寸

序号	焊缝名称	形　式	标注法	符号尺寸/mm
1	V形焊缝			
2	单边V形焊缝		注:箭头指向剖口	

序号	焊缝名称	形　式	标注法	符号尺寸/mm
3	带钝边单边V形焊缝			
4	带垫板带钝边单边V形焊缝		注：箭头指向坡口	
5	带垫板V形焊缝			
6	Y形焊缝			
7	带垫板Y形焊缝			—
8	双单边V形焊缝			—
9	双V形焊缝			—
10	带钝边U形焊缝			
11	带钝边双U形焊缝			—

12

序号	焊缝名称	形 式	标注法	符号尺寸/mm
12	带钝边J形焊缝			
13	带钝边双J形焊缝			—
14	角焊缝			
15	双面角焊缝			—
16	剖口角焊缝			
17	喇叭形焊缝			
18	双面半喇叭形焊缝			
19	塞焊			

2. 焊缝坡口尺寸标注

焊缝坡口尺寸应按现行国家标准《钢结构焊接规范》(GB 50661—2011)的有关规定执行，坡口尺寸的改变应经工艺评定合格后执行。

(1)焊条电弧焊全焊透坡口形状和尺寸应符合表1-5的要求。

(2)气体保护焊、自保护焊全焊透坡口形状和尺寸应符合表1-6的要求。

(3)埋弧焊全焊透坡口形状和尺寸应符合表1-7的要求。

(4)焊条电弧焊部分焊透坡口形状和尺寸应符合表1-8的要求。

(5)气体保护焊、自保护焊部分焊透坡口形状和尺寸应符合表1-9的要求。

(6)埋弧焊部分焊透坡口形状和尺寸应符合表1-10的要求。

钢结构焊接规范

表1-5 焊条电弧焊全焊透坡口形状和尺寸

序号	标记	坡口形状示意图	板厚/mm	焊接位置	坡口尺寸/mm	备注
1	MC-BI-2 MC-TI-2 MC-CI-2		3～6	F H V O	$b=\dfrac{t}{2}$	清根
2	MC-BI-B1 MC-CI-B1		3～6	F H V O	$b=t$	
3	MC-BV-2 MC-CV-2		≥6	F H V O	$b=0～3$ $p=0～3$ $\alpha_1=60°$	清根

序号	标 记	坡口形状示意图	板厚/mm	焊接位置	坡口尺寸/mm		备注
4	MC-BV-B1		$\geqslant 6$	F，H V，O	b	α_1	
					6	45°	
				F，V O	10	30°	
					13	20°	
					$p=0\sim2$		
	MC-CV-B1		$\geqslant 12$	F，H V，O	b	α_1	
					6	45°	
				F，V O	10	30°	
					13	20°	
					$p=0\sim2$		
5	MC-BL-2 MC-TL-2 MC-CL-2		$\geqslant 6$	F H V O	$b=0\sim3$ $p=0\sim3$ $\alpha_1=45°$		清根
6	MC-BL-B1 MC-TL-B1 MC-CL-B1		$\geqslant 6$	F H V O	b	α_1	
				F，H V，O (F，V，O)	6	45°	
					(10)	(30°)	
				F，H V，O (F，V，O)	$p=0\sim2$		
7	MC-BX-2		$\geqslant 16$	F H V O	$b=0\sim3$ $H_1=\dfrac{2}{3}(t-p)$ $p=0\sim3$ $H_2=\dfrac{1}{3}(t-p)$ $\alpha_1=45°$ $\alpha_2=60°$		清根

序号	标 记	坡口形状示意图	板厚/mm	焊接位置	坡口尺寸/mm	备注
8	MC-BK-2 MC-TK-2 MC-CK-2		≥16	F H V O	$b=0\sim3$ $H_1=\dfrac{2}{3}(t-p)$ $p=0\sim3$ $H_2=\dfrac{1}{3}(t-p)$ $\alpha_1=45°$ $\alpha_2=60°$	清根

表 1-6　气体保护焊、自保护焊全焊透坡口形状和尺寸

序号	标 记	坡口形状示意图	板厚/mm	焊接位置	坡口尺寸/mm	备注
1	GC-BI-2 GC-TI-2 GC-CI-2		$3\sim8$	F H V O	$b=0\sim3$	清根
2	GC-BI-B1 GC-CI-B1		$6\sim10$	F H V O	$b=t$	
3	GC-BV-2 GC-CV-2		≥6	F H V O	$b=0\sim3$ $p=0\sim3$ $\alpha_1=60°$	清根

序号	标记	坡口形状示意图	板厚/mm	焊接位置	坡口尺寸/mm		备注
4	GC-BV-B1		≥6	F V O	b	α	
					6	45°	
					10	30°	
	GC-CV-B1		≥12		$p=0\sim2$		
5	GC-BL-2 GC-TL-2 GC-CL-2		≥6	F H V O	$b=0\sim3$ $p=0\sim3$ $\alpha_1=45°$		清根
6	GC-BL-B1			F, H V, O	b	α_1	
					6	45°	
					(F)	(10) (30°)	
	GC-TL-B1 GC-CL-B1		≥6		$p=0\sim2$		
7	GC-BX-2		≥16	F H V O	$b=0\sim3$ $H_1=\dfrac{2}{3}(t-p)$ $p=0\sim3$ $H_2=\dfrac{1}{3}(t-p)$ $\alpha_1=45°$ $\alpha_2=60°$		清根

序号	标记	坡口形状示意图	板厚/mm	焊接位置	坡口尺寸/mm	备注
8	GC-BK-2 GC-TK-2 GC-CK-2	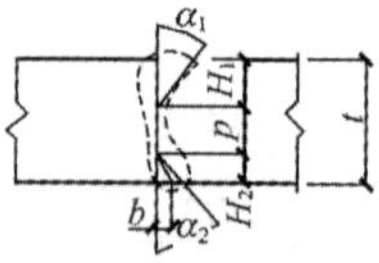	≥16	F H V O	$b=0\sim3$ $H_1=\dfrac{2}{3}(t-p)$ $p=0\sim3$ $H_2=\dfrac{1}{3}(t-p)$ $\alpha_1=45°$ $\alpha_2=60°$	清根

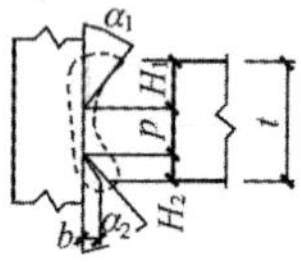

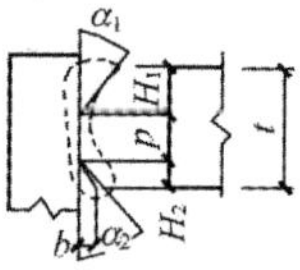

表 1-7　埋弧焊全焊透坡口形状和尺寸

序号	标记	坡口形状示意图	板厚/mm	焊接位置	坡口尺寸/mm	备注
1	SC-BI-2	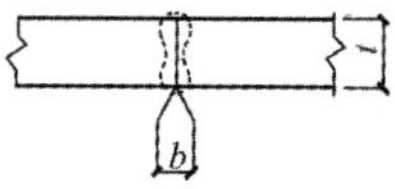	6~12	F	$b=0$	清根
	SC-TI-2 SC-CI-2		6~10	F		
2	SC-Bi-B1 SC-CI-B1	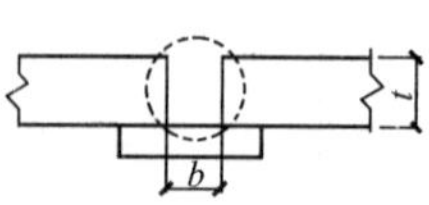	6~10	F	$b=t$	

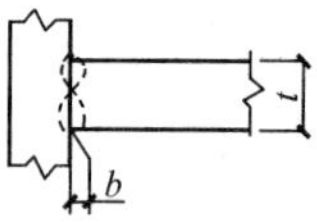

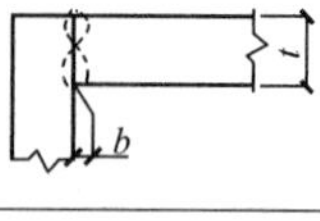

18

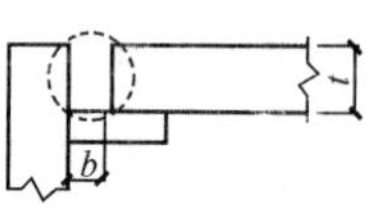

序号	标记	坡口形状示意图	板厚/mm	焊接位置	坡口尺寸/mm	备注
3	SC-BV-2		≥12	F	$b=0$ $H_1=t-p$ $p=6$ $\alpha_1=60°$	清根
	SC-CV-2		≥10	F	$b=0$ $p=6$ $\alpha_1=60°$	清根
4	SC-BV-B1		≥10	F	$b=8$ $H_1=t-p$ $p=2$ $\alpha_1=30°$	
	SC-CV-B1					
5	SC-BL-2		≥12	F	$b=0$ $H_1=t-p$ $p=6$ $\alpha_1=55°$	
			≥10	H		
	SC-TL-2		≥8	F	$b=0$ $H_1=t-p$ $p=6$ $\alpha_1=60°$	
	SC-CL-2		≥8	F	$b=0$ $H_1=t-p$ $p=6$ $\alpha_1=60°$	

序号	标记	坡口形状示意图	板厚/mm	焊接位置	坡口尺寸/mm	备注
6	SC-BL-B1		≥10	F		
	SC-TL-B1				b 列: 6, 10; α_1 列: 45°, 30°	
	SC-CL-B1				$p=2$	
7	SC-BX-2		≥20	F	$b=0$ $H_1=\frac{2}{3}(t-p)$ $p=6$ $H_2=\frac{1}{3}(t-p)$ $\alpha_1=45°$ $\alpha_2=60°$	清根
8	SC-BK-2		≥20	F	$b=0$ $H_1=\frac{2}{3}(t-p)$ $p=5$ $H_2=\frac{1}{3}(t-p)$ $\alpha_1=45°$ $\alpha_2=60°$	清根
			≥12	H		
	SC-TK-2		≥20	F	$b=0$ $H_1=\frac{2}{3}(t-p)$ $p=5$ $H_2=\frac{1}{3}(t-p)$ $\alpha_1=45°$ $\alpha_2=60°$	清根
	SC-CK-2		≥20	F	$b=0$ $H_1=\frac{2}{3}(t-p)$ $p=5$ $H_2=\frac{1}{3}(t-p)$ $\alpha_1=45°$ $\alpha_2=60°$	

表 1-8 焊条电弧焊部分焊透坡口形状和尺寸

序号	标记	坡口形状示意图	板厚/mm	焊接位置	坡口尺寸/mm	备注
1	MP-BI-1 MP-CI-1		3～6	F H V O	$b=0$	
2	MP-BI-2		3～6	FH VO	$b=0$	
	MP-CI-2		6～10	FH VO	$b=0$	
3	MP-BV-1 MP-BV-2 MP-CV-1 MP-CV-2		≥6	F H V O	$b=0$ $H_1=2\sqrt{t}$ $p=t-H_1$ $\alpha_1=60°$	
4	MP-BL-1 MP-BL-2 MP-CL-1 MP-CL-2		≥6	F H V O	$b=0$ $H_1=2\sqrt{t}$ $p=t-H_1$ $\alpha_1=45°$	

序号	标记	坡口形状示意图	板厚/mm	焊接位置	坡口尺寸/mm	备注
5	MP-TL-1 MP-TL-2		≥10	F H V O	$b=0$ $H_1=2\sqrt{t}$ $p=t-H_1$ $\alpha_1=45°$	
6	MP-BX-2		≥25	F H V O	$b=0$ $H_1=2\sqrt{t}$ $p=t-H_1-H_2$ $H_2\geqslant2\sqrt{t}$ $\alpha_1=60°$ $\alpha_2=60°$	
7	MP-BK-2 MP-TK-2 MP-CK-2		≥25	F H V O	$b=0$ $H_1=2\sqrt{t}$ $p=t-H_1-H_2$ $H_2\geqslant2\sqrt{t}$ $\alpha_1=45°$ $\alpha_2=45°$	

表 1-9　气体保护焊、自保护焊部分焊透坡口形状和尺寸

序号	标记	坡口形状示意图	板厚/mm	焊接位置	坡口尺寸/mm	备注
1	GP-BI-1 GP-CI-1		3~10	F H V O	$b=0$	
2	GP-BI-2 GP-CI-2		3~10 10~12	F H V O	$b=0$	

序号	标记	坡口形状示意图	板厚/mm	焊接位置	坡口尺寸/mm	备注
3	GP-BV-1 GP-BV-2 GP-CV-1 GP-CV-2		≥6	F H V O	$b=0$ $H_1 \geqslant 2\sqrt{t}$ $p=t-H_1$ $\alpha_1=60°$	
4	GP-BL-1 GP-BL-2 GP-CL-1 GP-CL-2		≥6 6~24	F H V O	$b=0$ $H_1 \geqslant 2\sqrt{t}$ $p=t-H_1$ $\alpha_1=45°$	
5	GP-TL-1 GP-TL-2		≥10	F H V O	$b=0$ $H_1 \geqslant 2\sqrt{t}$ $p=t-H_1$ $\alpha_1=45°$	
6	GP-BX-2		≥25	F H V O	$b=0$ $H_1 \geqslant 2\sqrt{t}$ $p=t-H_1-H_2$ $H_2 \geqslant 2\sqrt{t}$ $\alpha_1=60°$ $\alpha_2=60°$	

序号	标记	坡口形状示意图	板厚/mm	焊接位置	坡口尺寸/mm	备注
7	GP-BK-2 GP-TK-2 GP-CL-2		≥25	F H V O	$b=0$ $H_1 \geqslant 2\sqrt{t}$ $p=t-H_1$ $H_2 \geqslant 2\sqrt{t}$ $\alpha_1=45°$ $\alpha_2=45°$	

表 1-10　埋弧焊部分焊透坡口形状和尺寸

序号	标记	坡口形状示意图	板厚/mm	焊接位置	坡口尺寸/mm	备注
1	SP-BI-1 SP-CI-1		6～12	F	$b=0$	
2	SP-BI-2 SP-CI-2		6～20	F	$b=0$	
3	SP-BV-1 SP-BV-2 SP-CV-1 SP-CV-2		≥14	F	$b=0$ $H_1 \geqslant 2\sqrt{t}$ $p=t-H_1$ $\alpha_1=60°$	

序号	标记	坡口形状示意图	板厚/mm	焊接位置	坡口尺寸/mm	备注
4	SP-BL-1		≥14	F H	$b=0$ $H_1 \geqslant 2\sqrt{t}$ $p=t-H$ $\alpha_1=60°$	
	SP-BL-2					
	SP-CL-1					
	SP-CL-2					
5	SP-TL-1		≥14	F H	$b=0$ $H_1 \geqslant 2\sqrt{t}$ $p=t-H_1$ $\alpha_1=60°$	
	SP-TL-2					
6	SP-BX-2		≥25	F	$b=0$ $H_1 \geqslant 2\sqrt{t}$ $p=t-H_1-H_2$ $H_2 \geqslant 2\sqrt{t}$ $\alpha_1=60°$ $\alpha_2=60°$	
7	SP-BK-2		≥25	F H	$b=0$ $H_1 \geqslant 2\sqrt{t}$ $p=t-H_1-H_2$ $H_2 \geqslant 2\sqrt{t}$ $\alpha_1=60°$ $\alpha_2=60°$	
	SP-TK-2					
	SP-CK-2					

四、螺栓、螺栓孔的表示方法

螺栓、螺栓孔的表示方法见表 1-11。

表 1-11　螺栓、螺栓孔的表示方法

序号	名称	图　　例	说　　明
1	永久螺栓	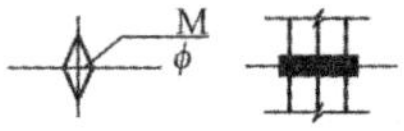	
2	高强螺栓	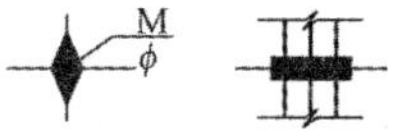	
3	安装螺栓	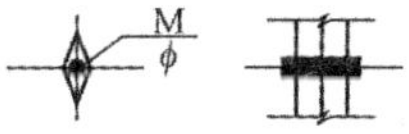	(1)细"+"表示定位线； (2)M 表示螺栓型号； (3)φ 表示螺栓孔直径； (4)采用引出线表示螺栓时，横线上标注螺栓规格，横线下标注螺栓孔规格
4	圆形螺栓孔		
5	长圆形螺栓孔	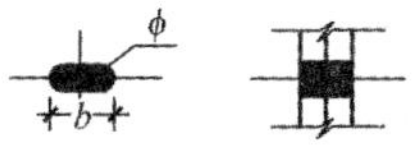	

第三节　钢结构施工详图识读

钢结构的连接主要有焊缝连接、普通螺栓连接和高强度螺栓连接，其连接部位统称为节点。连接设计是否合理，直接影响到结构的使用安全、施工工艺和工程造价，因此钢结构的节点设计十分重要。钢结构节点设计的原则是安全可靠、构造简单、施工方便和经济合理。

一、梁柱节点连接详图识读

梁柱连接按转动刚度不同可分为刚性、半刚性和铰接三类。图 1-14 所示为梁柱连接节点详图。在此连接详图中，梁柱连接采用螺栓和焊缝的混合连接，梁翼缘与柱翼缘为剖口对接焊缝，为保证焊透，施焊时梁翼缘下面需设小衬板，衬板反面与柱翼缘相接处宜用角焊缝补焊。梁腹板与柱翼缘用螺栓与剪切板相连接，剪切板与柱翼缘采用双面角焊缝，此连接节点为刚性连接。

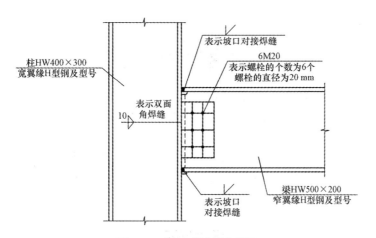

图 1-14　梁柱连接节点详图

二、梁拼接节点详图识读

图 1-15 所示为梁拼接节点详图。从图中可以看出，两段梁拼接采用螺栓和焊缝混合连接，梁翼缘为坡口对接焊缝连接，腹板采用两侧双盖板高强螺栓连接，此连接为刚性连接。

三、柱与柱连接节点详图识读

图 1-16 所示为柱与柱连接节点详图。在此详图中，可知此钢柱为等截面拼接，拼接板均采用双盖板连接，螺栓为高强度螺栓。作为柱构件，在节点处要求能够传递弯矩、剪力和轴力，柱连接必须为刚性连接。

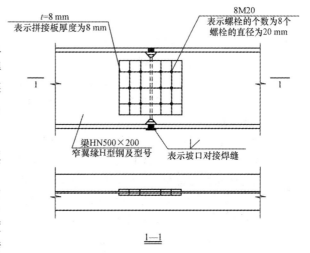

图 1-15　梁拼接节点详图

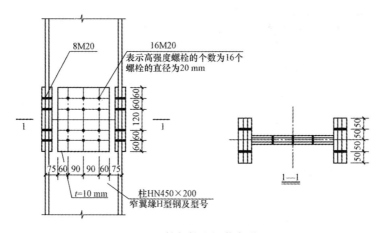

图 1-16　柱与柱连接节点详图

钢结构施工图是说明建筑物基础、主体部分的结构构造和要求的图纸，一般可分为钢结构设计图和钢结构施工详图两种。钢结构设计图一般比较简明，使用的图纸量也比较少，其内容一般包括设计总说明、布置图、构件图、节点图及钢材订货表等。施工详图通常较为详细，使用的图纸量也比较多，其内容主要包括构件安装布置图及构件详图等。通过本章内容的学习，应能够进行钢结构施工图的绘制及识读。

思考与练习

一、填空题

1. 钢结构施工详图一般由_____进行编制。

2. _____是表示建筑物的地面或某一部位的高度。

3. 在总平面图及首层的建筑平面图上，一般都会绘有_____，表示该建筑物的朝向。

4. _____是总平面图上用来表示该地区每年风向频率的标志。

5. 焊缝坡口尺寸的改变应经_____合格后执行。

二、选择题

1. 对外设计的图纸上，指北针绘制时，用"(　　)"表示北字。

   A. N　　　　　　　B. B　　　　　　　C. bei　　　　　　D. North

2. 钢结构施工图绘制时，定位轴线的纵轴线用(　　)表示。

   A. 大写字母　　　B. 小写字母　　　C. 数字　　　　　D. 文字

3. 钢结构施工图中的对称线用(　　)表示

   A. 双实线　　　　B. 细点画线　　　C. 粗实线　　　　D. 细实线

三、简答题

1. 如何识读钢结构梁柱节点连接详图？

2. 如何识读钢结构梁拼接节点详图？

3. 如何识读钢结构柱与柱连接节点详图？

第二章 钢结构常用材料

第一节 钢 材

一、钢材的分类

目前，钢材已成为最重要的一种工业建筑材料，其生产量和消费量都非常大。

1. 按建筑用途分类

根据建筑用途分类，钢材可分为碳素结构钢、焊接结构耐候钢、高耐候性结构钢和桥梁用结构钢等专用结构。在建筑结构中，较为常用的是碳素结构钢和桥梁用结构钢。

2. 按化学成分分类

按照化学成分的不同，还可以把钢材分为碳素钢和合金钢两大类。

(1) 碳素钢。碳素钢是指含碳量小于 1.35%(0.1%~1.2%)，含锰量不大于 1.2%，含硅量不大于 0.4%，并含有少量硫磷杂质的铁碳合金。根据钢材含碳量的不同，可把钢材划分为以下三种。

低碳钢：碳的质量分数小于 0.25% 的钢。

中碳钢：碳的质量分数在 0.25%~0.60% 之间的钢。

高碳钢：碳的质量分数大于 0.60% 的钢。

此外，碳含量小于 0.02% 的钢又称为**工业纯铁**。建筑钢结构主要使用碳素钢。

(2) 合金钢。 合金钢是指在碳素钢中加入一种或两种的合金元素以提高钢材性能的钢。根据钢中合金元素含量的多少，可把钢分为以下三种。

低合金钢： 合金元素总的质量分数小于 5% 的钢。

中合金钢： 合金元素总的质量分数在 5%～10% 之间的钢。

高合金钢： 合金元素总的质量分数大于 10% 的钢。

根据钢中所含合金元素的种类的多少，又可分为二元合金钢、三元合金钢以及多元合金钢等钢种，如锰钢、铬钢、硅锰钢、铬锰钢、铬钼钢等。

3. **按品质分类**

根据钢中所含有害杂质的多少，工业用钢通常分为普通钢、优质钢和高级优质钢三大类。

(1) 普通钢。 普通钢一般硫含量不超过 0.050%，但对酸性转炉钢的硫含量可适当放宽。普通碳素钢就属于这类的钢材。普通碳素钢按技术条件又可分为以下三种。

甲类钢： 只保证机械性能的钢。

乙类钢： 只保证化学成分，但不必保证机械性能的钢。

特类钢： 既保证化学成分，又保证机械性能的钢。

(2) 优质钢。 在结构钢中，硫含量不超过 0.045%，碳含量不超过 0.040%；在工具钢中硫含量不超过 0.030%，碳含量不超过 0.035%。对于其他杂质，如铬、镍、铜等的含量都有一定的限制。

(3) 高级优质钢。 属于这一类的一般都是合金钢。钢中硫含量不超过 0.020%，碳含量不超过 0.030%，对其他杂质的含量要求更加严格。

4. **按外形分类**

钢材按外形可分为型材、板材、管材、金属制品四大类，见表 2-1。其中建筑钢结构中使用最多的是型材和板材。

表 2-1　钢材的分类

类别	品种	说明
型材	重轨	每米质量大于 30 kg 的钢轨（包括起重机轨）
	轻轨	每米质量小于或等于 30 kg 的钢轨
	大型型钢	普通钢圆钢、方钢、扁钢、六角钢、工字钢、槽钢、等边和不等边角钢及螺纹钢等。按尺寸大小分为大、中、小型
	中型型钢	
	小型型钢	
	线材	直径 5～10 mm 的圆钢和盘条
	冷弯型钢	将钢材或钢带冷弯成型制成的型钢
	优质型材	优质钢圆钢、方钢、扁钢、六角钢等
	其他钢材	包括重轨配件、车轴坯、轮箍等
板材	薄钢板	厚度≤4 mm 的钢板
	厚钢板	厚度>4 mm 的钢板，可分为中板（4 mm<厚度<20 mm）、厚板（20 mm<厚度<60 mm）、特厚板（厚度>60 mm）
	钢带	也称带钢，实际上是长而窄并成卷供应的薄钢板
管材	无缝钢管	用热轧-冷拔或挤压等方法生产的管壁无接缝的钢管
	焊接钢管	将钢板或钢带卷曲成型，然后焊接制成的钢管
金属制品	金属制品	包括钢丝、钢丝绳、钢绞线等

二、钢材的牌号

1. 基本原则

（1）凡列入国家标准和行业标准的钢铁产品，均应按规定编写牌号。

（2）钢铁产品牌号的表示，通常采用大写汉语拼音字母、化学元素符号和阿拉伯数字相结合的方法表示。为了便于国际交流和贸易的需要，也可采用大写英文字母或国际惯例表示符号。例如："碳"或"C"，"锰"或"Mn"，"铬"或"Cr"。

（3）采用汉语拼音字母或英文字母表示产品名称、用途、性能和工艺方法时，一般从产品名称中选取有代表性的汉字的汉语拼音首位字母或英文单词的首位字母。当和另一产品所取字母重复时，改取第二个字母或第三个字母，或同时选取两个（或多个）汉字或英文单词的首位字母。

采用汉语拼音字母或英文字母，原则上只取一个，一般不超过三个。

（4）产品牌号中各组成部分的表示方法应符合相应规定，各部分按顺序排列，如无必要可省略相应部分。除另有规定外，字母、符号及数字之间应无间隙。

（5）产品牌号中的元素含量用质量分数表示。

2. 常用钢材牌号表示方法及示例

（1）碳素结构钢和低合金结构钢。

1）碳素结构钢和低合金结构钢的牌号由四部分组成：

第一部分：前缀符号"+"的强度值以 N/mm² 或 MPa 为单位，其中通用结构钢前缀符号为代表屈服强度的拼音字母"Q"，专用结构钢的前缀符号见表 2-2。

钢铁产品牌号
表示方法

表 2-2　专用结构钢的前缀符号

产品名称	采用的汉字及汉语拼音或英文单词			采用字母	位置
	汉字	汉语拼音	英文单词		
热轧光圆钢筋	热轧光圆钢筋	—	Hot Rolled Plain Bars	HPB	牌号头
热轧带肋钢筋	热轧带肋钢筋	—	Hot Rolled Ribbed Bars	HRB	牌号头
细晶粒热轧带肋钢筋	热轧带肋钢筋＋细	—	Hot Rolled Ribbed Bars＋Fine	HRBF	牌号头
冷轧带肋钢筋	冷轧带肋钢筋	—	Clod Rolled Ribbed Bars	CRB	牌号头
预应力混凝土用螺纹钢筋	预应力、螺纹、钢筋	—	Prestressing、Screw、Bars	PSB	牌号头
焊接气瓶用钢	焊瓶	HAN PING	—	HP	牌号头
管线用钢	管线	—	Line	L	牌号头
船用锚链钢	船锚	CHUAN MAO	—	CM	牌号头
煤机用钢	煤	MEI	—	M	牌号头

第二部分（必要时）：钢的质量等级，用英文字母 A、B、C、D、E、F……表示。

第三部分（必要时）：脱氧方式表示符号，即沸腾钢、半镇静钢、镇静钢和特殊镇静钢分别以"F""b""Z""TZ"表示。镇静钢、特殊镇静钢表示符号通常可以省略。

第四部分（必要时）：产品用途、特性和工艺方法表示符号见表 2-3，示例见表 2-4。

表 2-3 产品用途、特性和工艺方法表示符号

产品名称	采用的汉字及汉语拼音或英文单词			采用字母	位置
	汉字	汉语拼音	英文单词		
锅炉和压力容器用钢	容	RONG	—	R	牌号尾
锅炉用钢(管)	锅	GUO	—	G	牌号尾
低温压力容器用钢	低容	DI RONG	—	DR	牌号尾
桥梁用钢	桥	QIAO	—	Q	牌号尾
耐候钢	耐候	NAI HOU	—	NH	牌号尾
高耐候钢	高耐候	GAO NAI HOU	—	GNH	牌号尾
汽车大梁用钢	梁	LIANG	—	L	牌号尾
高性能建筑结构用钢	高建	GAO JIAN	—	GJ	牌号尾
低焊接裂纹敏感性钢	低焊接裂纹敏感性	—	Crack Free	CF	牌号尾
保证淬透性钢	淬透性	—	Hardenability	H	牌号尾
矿用钢	矿	KUANG	—	K	牌号尾
船用钢	国际符号				

表 2-4 碳素结构钢和低合金结构钢示例

序号	产品名称	第一部分	第二部分	第三部分	第四部分	牌号示例
1	碳素结构钢	最小屈服强度 235 N/mm²	A 级	沸腾钢	—	Q235AF
2	低合金高强度结构钢	最小屈服强度 345 N/mm²	D 级	特殊镇静钢	—	Q345D
3	热轧光圆钢筋	屈服强度特征值 300 N/mm²				HPB300
4	热轧带肋钢筋	屈服强度特征值 335 N/mm²				HRB335
5	细晶粒热轧带肋钢筋	屈服强度特征值 335 N/mm²				HRBF335
6	冷轧带肋钢筋	最小抗拉强度 550 N/mm²				CRB550
7	预应力混凝土用螺纹钢筋	最小屈服强度 830 N/mm²				PSB830
8	焊接气瓶用钢	最小屈服强度 345 N/mm²				HP345
9	管线用钢	最小规定总延伸强度 415 MPa				L415
10	船用锚链钢	最小抗拉强度 370 MPa				CM370
11	煤机用钢	最小抗拉强度 510 MPa				M510
12	锅炉和压力容器用钢	最小屈服强度 345 N/mm²	—	特殊镇静钢	压力容器"容"的汉语拼音字母"R"	Q345R

2)低合金高强度结构钢的牌号也可以根据需要采用两位阿拉伯数字(表示平均含碳量,以万分之几计)加符合规定的元素符号及必要时加代表产品用途、特性和工艺方法的表示符号,按顺序表示。

示例:碳含量为 0.15%～0.26%,锰含量为 1.20%～1.60% 的矿用钢牌号为 20MnK。

(2)优质碳素结构钢。优质碳素结构钢牌号通常由以下五部分组成:

第一部分:以两位阿拉伯数字表示平均碳含量(以万分之几计)。

第二部分(必要时):较高含锰量的优质碳素结构钢,加锰元素符号 Mn。

第三部分(必要时):钢材冶金质量,即高级优质钢、特级优质钢分别以 A、E 表示,优质钢不用字母表示。

第四部分(必要时):脱氧方式表示符号,即沸腾钢、半镇静钢、镇静钢分别以"F""b""Z"表

示，但镇静钢表示符号通常可以省略。

第五部分（必要时）：产品用途、特性或工艺方法表示符号，见表2-3，示例见表2-5。

表 2-5　优质碳素结构钢示例

序号	产品名称	第一部分	第二部分	第三部分	第四部分	第五部分	牌号示例
1	优质碳素结构钢	碳含量： 0.05%～0.11%	锰含量： 0.25%～0.50%	优质钢	沸腾钢	—	08F
2	优质碳素结构钢	碳含量： 0.47%～0.55%	锰含量： 0.50%～0.80%	高级优质钢	镇静钢	—	50A
3	优质碳素结构钢	碳含量： 0.48%～0.56%	锰含量： 0.70%～1.00%	特级优质钢	镇静钢	—	50MnE

（3）合金结构钢。合金结构钢牌号通常由以下四部分组成：

第一部分：以两位阿拉伯数字表示平均碳含量（以万分之几计）。

第二部分：合金元素含量以化学元素符号及阿拉伯数字表示。具体表示方法为：平均含量小于1.50%时，牌号中仅标明元素，一般标明含量；平均含量为1.50%～2.49%、2.50%～3.49%、3.50%～4.49%、4.50%～5.49%……时，在合金元素后相应写成2、3、4、5……。

注：化学元素符号的排列顺序推荐按含量值递减排列。如果两个或多个元素的含量相等时，相应符号位置按英文字母的顺序排列。

第三部分：钢材冶金质量，即高级优质钢、特级优质钢分别以A、E表示，优质钢不用字母表示。

第四部分（必要时）：产品用途、特性或工艺方法表示符号，见表2-3，示例见表2-6。

表 2-6　合金结构钢示例

产品名称	第一部分	第二部分	第三部分	第四部分	牌号示例
合金结构钢	碳含量： 0.22%～0.29%	铬含量：1.50%～1.80% 钼含量：0.25%～0.35% 钒含量：0.15%～0.30%	高级优质钢	—	25Cr2Mo1VA

（4）不锈钢。不锈钢牌号采用规定的化学元素符号和表示各元素含量的阿拉伯数字表示。各元素含量的阿拉伯数字表示应符合下列规定：

1）碳含量。用两位或三位阿拉伯数字表示碳含量最佳控制值（以万分之几或十万分之几计）。

①只规定碳含量上限的不锈钢，当碳含量上限不大于0.10%时，以其上限的3/4表示碳含量；当碳含量上限大于0.10%时，以其上限的4/5表示碳含量。例如，当碳含量上限为0.08%时，碳含量以06表示；当碳含量上限为0.20%时，碳含量以16表示；当碳含量上限为0.15%时，碳含量以12表示。

对超低碳不锈钢（即碳含量不大于0.030%），用三位阿拉伯数字表示碳含量最佳控制值（以十万分之几计）。例如，当碳含量上限为0.030%时，其牌号中的碳含量以022表示；当碳含量上限为0.020%时，其牌号中的碳含量以015表示。

②规定上、下限的不锈钢，以平均碳含量×100表示。例如，当碳含量为0.16%～0.25%时，其牌号中的碳含量以20表示。

2）合金元素含量。合金元素含量以化学元素符号及阿拉伯数字表示，表示方法同合金结构钢第二部分。对于不锈钢中有意加入的铌、钛、锆、氮等合金元素，虽然含量很低，也应在牌号中标出。例如，碳含量不大于 0.08%，铬含量为 18.00%～20.00%，镍含量为 8.00%～11.00% 的不锈钢，牌号为 06Cr19Ni10；碳含量不大于 0.030%，铬含量为 16.00%～19.00%，钛含量为 0.10%～1.00% 的不锈钢，牌号为 022Cr18Ti。

(5)焊接用钢。**焊接用钢包括焊接用碳素钢、焊接用合金钢和焊接用不锈钢等。焊接用钢牌号通常由两部分组成：**

第一部分：焊接用钢表示符号"H"。

第二部分：各类焊接用钢牌号表示方法。其中优质碳素结构钢、合金结构钢和不锈钢须分别符合规范规定。

三、钢材的化学成分及主要性能

(一)钢材的化学成分

钢是碳含量小于 2.11% 的铁碳合金，钢中除含有铁和碳外，还含有硅、锰、硫、磷、氮、氧、氢等元素，这些元素由原料或冶炼过程中代入，称为长存元素。为了适应某些使用要求，需特意提高硅、锰的含量或特意加进铬、镍、钨、钼、钒等元素，这些特意加进的或提高含量的元素称为合金元素。

(二)钢材的性能

1. 钢材的力学性能

(1)屈服强度(屈服点)。屈服强度是指对于不可逆(塑性)变形开始出现时金属单位截面上的最低作用外力。

钢材在单向均匀拉力作用下，根据应力-应变($\sigma\varepsilon$)曲线图(图 2-1)，可分为弹性、弹塑性、屈服和强化四个阶段。

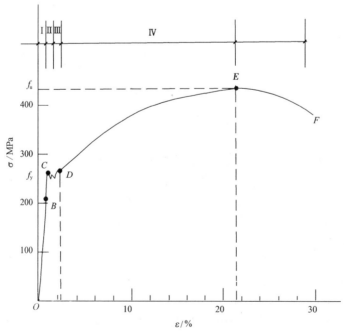

图 2-1　钢材的应力-应变($\sigma\varepsilon$)曲线图

钢结构强度校核时，根据荷载算得的应力小于材料的容许应力$[\sigma_s]$时，结构是安全的。容许应力$[\sigma_s]$可用下式计算：

$$[\sigma_s]=\frac{\sigma_s}{K}$$

式中　σ_s——材料屈服强度；

　　　K——安全系数。

屈服强度是作为强度计算和确定结构尺寸的最基本参数。

(2)抗拉强度。抗拉强度表示钢材能承受的最大拉应力值(图2-1中的E点)。在建筑钢结构中，以规定抗拉强度的上、下限作为控制钢材冶金质量的一个手段。

1)如抗拉强度太低，则意味着钢的生产工艺不正常，冶金质量不良(钢中气体、非金属夹杂物过多等)；如抗拉强度过高，则反映轧钢工艺不当，终轧温度太低，使钢材过分硬化，从而引起钢材塑性、韧性的下降。

2)规定了钢材强度的上下限就可以使钢材与钢材之间、钢材与焊缝之间的强度较为接近，使结构符合等强度的要求，避免因材料强度不均而产生过度的应力集中。

3)控制抗拉强度范围还可以避免因钢材的强度过高而给冷加工和焊接带来困难。由于钢材应力超过屈服强度后会出现较大的残余变形，在结构中不能正常使用，因此，钢结构设计是以屈服强度作为承载力极限状态的标志值。相应的在一定程度上的抗拉强度即作为强度储备。其储备率可用抗拉强度与屈服强度的比值强屈比(f_u/f_y)表示，强屈比越大则强度储备越大。所以，钢材除要符合屈服强度外，还应符合抗拉强度的要求。

(3)断后伸长率。断后伸长率是钢材加工工艺性能的重要指标，并显示钢材冶金质量的好坏。

断后伸长率是衡量钢材塑性及延性性能的指标。断后伸长率越大，表示钢材的塑性及延性性能越好，钢材断裂前永久塑性变形和吸收能量的能力也就越强。对建筑结构钢的δ_5要求应为16%～23%。钢的断后伸长率太低，可能是钢的冶金质量不好所致；伸长率太高，则可能引起钢的强度、韧性等其他性能的下降。随着钢的屈服强度等级的提高，断后伸长率的指标可以有少许降低。

(4)耐疲劳性。耐疲劳性是指钢材在交变荷载的反复作用下，往往在应力远小于屈服点时，发生突然的脆性断裂。

(5)冲击韧性。冲击韧性是衡量钢材断裂时所做功的指标，以及在低温、应力集中、冲击荷载等作用下，衡量抵抗脆性断裂的能力。钢材中的非金属夹杂物、脱氧不良等都将影响其冲击韧性。为了保证钢结构建筑物的安全，防止低应力脆性断裂，建筑结构钢还必须具有良好的韧性。目前，关于钢材脆性破坏的试验方法较多，冲击试验是最简便的检验钢材缺口韧性的试验方法，也是作为建筑结构钢的验收试验项目之一。

钢材的冲击韧性采用V形缺口的标准试件，如图2-2所示。冲击韧性指标用冲击荷载使试件断裂时所吸收的冲击功A_{KV}表示，单位为J。

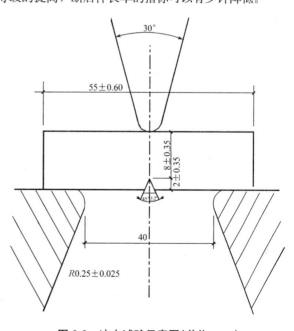

图2-2　冲击试验示意图(单位：cm)

2. 钢材的工艺性能

(1)冷弯性能。 冷弯性能是指钢材在常温下能承受弯曲而不破裂的能力。钢材的弯曲程度常用弯心直径或弯曲角度与材料厚度的比值表示，该比值越小，钢材的冷弯性能就越好。

冷弯试验是测定钢材冷弯性能的重要手段。它以试件在规定的弯心直径下弯曲到一定角度不出现裂纹、裂断或分层等缺陷为合格标准。在试验钢材冷弯性能的同时，也可以检验钢的冶金质量。在冷弯试验中，钢材开始出现裂纹时的弯曲角度及裂纹的扩展情况显示了其抗裂能力，在一定程度上反映出钢材的韧性。

(2)焊接性能。 焊接性能是指钢材适应焊接工艺和焊接方法的能力。焊接性能好的钢材适应焊接工艺和焊接方法的能力强，可采用常用的焊接工艺与焊接方法进行焊接。焊接性能差的钢材焊接时，应注意焊后可能出现的变形、开裂等现象。

(三)影响钢材性能的因素

1. 化学成分对钢材性能的影响

钢材的主要化学成分是铁和碳，另外还有一些合金元素和有害杂质元素，这些元素对钢材性能的影响见表2-7。

表 2-7　化学成分对钢材性能的影响

名　称	在钢材中的作用	对钢材性能的影响
碳 (C)	决定强度的主要因素。碳素钢含量应为0.04%~1.7%，合金钢含量应为0.5%~0.7%	含量增高，强度和硬度增高，塑性和冲击韧性下降，脆性增大，冷弯性能、焊接性能变差
硅 (Si)	加入少量，能提高钢的强度、硬度和弹性，能使钢脱氧，有较好的耐热性、耐酸性。在碳素钢中含量不超过0.5%，超过限值则成为合金钢的合金元素	含量超过1%时，使钢的塑性和冲击韧性下降，冷脆性增大，可焊性、抗腐蚀性变差
锰 (Mn)	提高钢的强度和硬度，可使钢脱氧去硫。含量在1%以下；合金钢含量大于1%时，即成为合金元素	少量锰可降低脆性，改善塑性、韧性、热加工性和焊接性能，含量较高时，会使钢塑性和韧性下降，脆性增大，焊接性能变坏
磷 (P)	为有害元素，降低钢的塑性和韧性，出现冷脆性，也能使钢的强度显著提高，同时提高大气腐蚀稳定性，含量应限制在0.05%以下	含量提高，在低温下使钢变脆，在高温下使钢缺乏塑性和韧性，焊接及冷弯性能变坏，其危害与含碳量有关，在低碳钢中影响较小
硫 (S)	为有害元素，使钢热脆性增大，含量限制在0.05%以下	含量高时，焊接性能、韧性和抗蚀性将变差；在高温热加工时，容易产生断裂
钒、铌 (V、Nb)	使钢脱氧除气，显著提高强度。合金钢含量应小于0.5%	少量可提高低温韧性，改善可焊性；当含量多时，会降低焊接性能
(钛) (Ti)	钢的强脱氧剂和除气剂，可显著提高强度，能与碳和氮作用生成碳化钛(TiC)和氮化钛(TiN)。低合金钢含量应为0.06%~0.12%	少量可改善塑性、韧性和焊接性能，降低热敏感性
铜 (Cu)	含少量铜对钢不起显著变化，可提高抗大气腐蚀性	当含量增加到0.25%~0.3%时，焊接性能变坏，当增加到0.4%时，发生热脆现象

2. 温度对钢材性能的影响

钢材在200 ℃以下时性能变化不大，但温度达到250 ℃及以上时，钢材的抗拉强度会有所

提高，但冲击韧性会变差，钢材变脆。

当温度从常温开始下降时，钢材的强度会稍有提高，但冲击韧性下降；当温度下降到某一数值时，钢材的冲击韧性会突然显著下降，使钢材产生脆性而易发生断裂。

3. 冶炼缺陷对钢材性能的影响

钢材冶炼缺陷有偏折、非金属夹杂和分层三种类型，其对钢材性能的影响见表2-8。

表2-8　冶炼缺陷对钢材性能的影响

缺陷类型	对钢材性能的影响
偏折	由于钢材中的某些杂质元素分布不均匀即杂质元素集中在某一部位会使钢材冶炼产生偏折，将严重影响钢材的性能，特别是硫、磷等元素的偏折会使钢材的冲击韧性及冷弯性能变差
非金属夹杂	如夹杂的硫化物、氧化物等对钢材的性能产生严重的影响
分层	在厚度方向分成多层但仍然相互连接而并未分离的现象叫分层，分层现象会降低钢材的冷弯性能和冲击韧性，以及疲劳强度和抗脆断能力

4. 热处理及残余应力对钢材性能的影响

(1)经过适当的热处理可显著提高钢材的强度并保持良好的塑性和韧性。

(2)由于钢材在加工过程中温度不均匀冷却而产生的残余应力，是一种自相平衡的应力，它不影响钢材的静力强度，但会降低钢材的刚度和稳定性。

(四)钢材性能的检验方法

由于钢材的品种繁多，各自的性能、产品规格及用途都不相同，而建筑结构钢材必须具有足够的强度，良好的塑性、韧性、耐疲性和优良的焊接性能，且易于冷加工成型，耐腐蚀性良好，经济合理，因此需要对钢材的性能进行检验。具体的检验方法及其相应的标准编号见表2-9，学习过程中可查阅相关标准进行详尽的了解。

表2-9　钢材性能的检测方法

性能分类			主要检测方法	国家标准编号
使用性能	力学性能	强度性能	屈服强度	室温拉伸试验	GB/T 228.1—2010
			抗拉强度		
			疲劳强度	疲劳试验	
			硬度	硬度试验	GB/T 230.1—2009、GB/T 231.1—2009
		塑性性能	伸长率	室温拉伸试验	GB/T 228.1—2010
			断面收缩率		
			冷弯性能	弯曲试验	GB/T 232—2010
		冲击韧性性能		夏比摆锤冲击试验	GB/T 229—2007
		厚度方向性能		室温拉伸试验	GB/T 228.1—2010
	耐久性能	时效		时效试验	
		高温持久性		单轴拉伸蠕变试验	GB/T 2039—2012
工艺性能	冷弯性能			弯曲试验	GB/T 232—2010
	焊接性能、冲压性能、冶炼性能、铸造性能、热加工性能、热处理性能、切削性能等				
注：钢材的疲劳试验、时效试验和持久试验多针对结构构件进行。					

四、钢材的选择

在选择建筑结构钢材时，应符合图纸设计要求的规定，表2-10所列为钢材选择一般原则。当然，在应保证钢结构安全可靠的同时，还应考虑其他的一些因素，见表2-11。

表 2-10　钢材选用的一般原则

项次		结构类型	计算温度	选用牌号	
1	焊接结构	直接承受动力荷载的结构	重级工作制起重机梁或类似结构	—	Q235镇静钢或Q345钢	
2			轻、中级工作制起重机梁或类似结构			
3		承受静力荷载或间接承受动力荷载的结构		等于或低于−20 ℃	同1项	同项次1
4				高于−20 ℃	Q235沸腾钢	同项次1
5				等于或低于−30 ℃	同1项	同项次1
				高于−30 ℃	同1项	同项次1
6	非焊接结构	直接承受动力荷载的结构	重级工作制起重机梁或类似结构	等于或低于−20 ℃	同1项	同项次1
7				高于−20 ℃	同1项	同项次1
8			轻、中级工作制起重机梁或类似结构	—	同1项	同项次1
9		承受静力荷载或间接承受动力荷载的结构		—	同1项	同项次1

表 2-11　钢材选用考虑的其他因素

序号	因 素	内 容 说 明
1	结构的重要性	根据建筑结构的重要程度和安全等级选择相应的钢材等级
2	荷载特性	根据荷载的性质不同选用适当的钢材，包括静力或动力、经常作用还是偶然作用、满载还是不满载等情况，同时提出必要的质量保证项目
3	连接方式	焊接连接时要求所用钢材的碳、硫、磷及其他有害化学元素的含量应较低，塑性和韧性指标要高，焊接性要好。对非焊接连接的结构可适当降低
4	钢材厚度	厚度大的钢材性能较差，应采用质量好的钢材
5	结构的工作环境温度	对低温下工作的结构，尤其焊接结构，应选用有良好抗低温脆断性能的镇静钢

选用钢材规格时，还应注意：

(1)应优先选用经济、高效截面的型材(如宽翼缘H型钢、冷弯型钢)。

(2)在同一项工程中选用的型钢、钢板规格不宜过多；一般不宜选用最大规格的型钢，也不应选用带号的加厚槽钢与工字钢以及轻型槽钢等。

(3)规格或材料代用时应严格审查确认其材质、性能符合原设计要求。在必要时，材料材质的复验，应经设计人员确认。

五、建筑常用钢材介绍

(一)建筑常用的碳素结构钢、低合金结构钢

根据钢材选用的要求，我国现行的《钢结构设计标准》(GB 50017—2017)推荐钢材宜采用碳素结构钢中的Q235钢及低合金结构钢中的Q345、Q390、Q420、Q460钢。

1. Q235 钢

Q235 钢是碳素结构钢，其钢号中的 Q 代表屈服强度。通常情况下，该钢可不经过热处理直接进行使用。Q235 钢的质量等级分为 A、B、C、D 四级，在建筑结构中，Q235 钢的化学成分、特性和用途见表 2-12。

表 2-12　Q235 钢的化学成分、特性和用途

序号	项目	内容					
1	等级与化学成分	等级	化学成分（质量分数）/%，不大于				
			C	Si	Mn	P	S
		A	0.22	0.35	1.4	0.045	0.050
		B	0.20[①]				0.045
		C	0.17			0.040	0.040
		D				0.035	0.035
2	主要特性	碳含量适中，具有良好的塑性、韧性、焊接性能和冷加工性能，以及一定的强度					
3	用途	大量生产钢板、型钢和钢筋，用以建造厂房屋架、高压输电铁塔、桥梁、车辆等。其 C、D 级钢的硫、磷含量低，相当于优质碳素结构钢，质量好，适用于制造对焊性及韧性要求较高的工程结构机械零部件，如机座、支架、受力不大的拉杆、连杆、销、轴、螺钉（母）、轴、套圈等					
①经需方同意，Q235B 的碳含量可不大于 0.22%。							

2. 低合金结构钢

常用的低合金结构钢中的 Q345、Q390、Q420、Q460 钢的质量等级、化学成分见表 2-13，性能及用途见表 2-14。

表 2-13　Q345、Q390 及 Q420 钢的质量等级、化学成分

牌号	质量等级	化学成分[a,b]（质量分数）/%													
		C	Si	Mn	P	S	Nb	V	Ti	Cr	Ni	Cu	N	Mo	B	Als
					不大于											不小于
Q345	A	≤0.20	≤0.50	≤1.70	0.035	0.035	0.07	0.15	0.20	0.30	0.50	0.30	0.012	0.10		—
	B				0.035	0.035										—
	C				0.030	0.030										—
	D	≤0.18			0.030	0.025										0.015
	E				0.025	0.020										0.015
Q390	A	≤0.20	≤0.50	≤1.70	0.035	0.035	0.07	0.20	0.20	0.30	0.50	0.30	0.015	0.10		—
	B				0.035	0.035										—
	C				0.030	0.030										—
	D				0.030	0.025										0.015
	E				0.025	0.020										0.015

牌号	质量等级	化学成分[a,b]（质量分数）/%														
		C	Si	Mn	P	S	Nb	V	Ti	Cr	Ni	Cu	N	Mo	B	Als
					不大于											不小于
Q420	A	≤0.20	≤0.50	≤1.70	0.035	0.035	0.07	0.20	0.20	0.30	0.80	0.30	0.015	0.20	—	—
	B				0.035	0.035										—
	C				0.030	0.030										
	D				0.030	0.025										0.015
	E				0.025	0.020										
Q460	C	≤0.20	≤0.60	≤1.80	0.030	0.030	0.11	0.20	0.20	0.30	0.80	0.55	0.015	0.20	0.004	0.015
	D				0.030	0.025										
	E				0.025	0.020										
Q500	C	≤0.18	≤0.60	≤1.80	0.030	0.030	0.11	0.12	0.20	0.60	0.80	0.55	0.015	0.20	0.004	0.015
	D				0.030	0.025										
	E				0.025	0.020										

a 型材及棒材 P、S 含量可提高 0.005%，其中 A 级钢上限可为 0.045%。

b 当细化晶粒元素组合加入时，20(Nb+V+Ti)≤0.02%，20(Mo+Cr)≤0.30%。

表 2-14 Q345、Q390 及 Q420 钢的性能及用途

牌号	性能	用途
Q345	具有良好的综合力学性能，低温冲击韧性、冷冲压和切削加工性和焊接性能均好。A、B 钢视钢材用途和使用需求，可加入或不加入微合金化学元素 V、Nb、Ti；但 C、D、E 级钢应加入 V、Nb、Ti、Al 中的一种或几种，以细化钢的晶粒，防止钢的过热，提高钢的韧性和改善强度。钢中也可加入稀土元素，改善韧性、冷弯性能和钢材的各向异性	广泛用于各种焊接结构，如桥梁、车辆、船舶、管道、锅炉、大型容器、储罐、重型机械设备、矿山机械、电站、厂房结构、低温压力容器、轻纺机械零件等
Q390	强度比 Q345 钢高，塑性稍差，韧性相当，焊接性能、冷冲压和切削加工性良好。A、B 级钢视钢材用途和使用需求可加入 V、Nb、Ti 微合金元素，但 C、D、E 级钢应加入 V、Nb、Ti、Al 的一种或几种，以细化钢的晶粒，防止钢的过热，提高钢的韧性和改善强度。还可加入微量 Cr、Ni 或 Mo 元素改善钢的性能	用于桥梁、车辆、船舶、厂房等大型结构构件，高中压石油化工容器、锅炉汽包、管道、过热器、压力容器、重型机械等
Q420	由于加入微合金元素，提高和改善了钢的强韧性，故 Q420 钢具有良好的力学性能和焊接性能，冷热加工性好	用于制造矿山机械、重型车辆、船舶、桥梁、中高压锅炉、容器及其他大型焊接结构件
Q460	强度高，在正火、正火加回火或淬火加回火状态有很高的综合性能，全部用铝补充脱氧，可保证钢的良好韧性	用于各种大型工程结构及要求强度高、荷载大的轻型结构

(二)建筑常用型材

1. 型材的分类

(1)按材质可分普通型钢和优质型钢。普通型钢是由碳素结构钢和低合金高强度结构钢制成的型钢,用于建筑结构和工程结构。优质型钢也称为优质型材,是由优质钢(如优质碳素结构钢)、合金结构钢、易切削结构钢、弹簧钢、滚动轴承钢、碳素工具钢、不锈耐酸钢、耐热钢等制成的型钢,主要用于各种结构、工具及有特殊性能要求的结构。

(2)按生产方法的不同分为热轧(锻)型钢、冷弯型钢、冷拉型钢、挤压型钢和焊接型钢。

1)用热轧方法生产型钢,具有生产规模大、效率高、能耗少和成本低等优点,是型钢生产的主要方法。

2)用焊接方法生产型钢,是将矫直后的钢板或钢带剪裁、组合并焊接成形,不但节约金属,而且可生产特大尺寸的型材,生产工字型材的最大尺寸目前已达到 2 000 mm×508 mm×76 mm。

(3)按截面形状的不同可分为圆钢、方钢、扁钢、六角钢、等边角钢、不等边角钢、工字钢、槽钢和异形型钢等。

1)圆钢、方钢、扁钢、六角钢、等边角钢及不等边角钢等的截面没有明显的凹凸分枝部分,也称为简单截面型钢或棒钢。在简单截面型钢中,优质钢与特殊性能钢占有相当的比重。

2)工字钢、槽钢和异形型钢的截面有明显的凸凹分枝部分,成型比较困难,也称为复杂截面型钢,即通常意义上的型钢。

异形型钢通常是指专门用途的截面形状比较复杂的型钢,如窗框钢、履带板型钢等。

2. 常用型钢

钢结构采用的型材有热轧成型的钢板和型钢。常用型钢主要有角钢、工字钢、槽钢、H 型钢、圆(方)钢、钢管等,如图 2-3 所示。

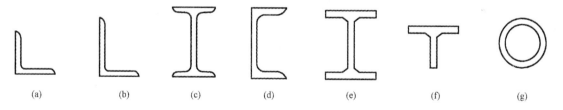

(a)   (b)   (c)   (d)   (e)   (f)   (g)

图 2-3　热轧型钢截面

(a)等边角钢;(b)不等边角钢;(c)工字钢;(d)槽钢;

(e)I 型钢;(f)T 型钢;(g)圆钢

(1)角钢。

1)角钢分为等边和不等边两种,可以用来组成独立的受力杆件,或作为受力构件之间的连接零部件。等边角钢(也称等肢角钢)规格以角钢符号"∟"和边(肢)宽×厚度表示,如∟120×8为肢宽 120 mm,厚度为 8 mm 的等边角钢。截面尺寸偏差应符合表 2-15 的规定。不等边角钢用"∟"符号后跟两边宽度和厚度表示,如角钢∟120×100×10 为长肢宽为 120 mm,短肢宽为100 mm,厚度为 10 mm 的不等边角钢。我国生产的最大等边角钢为∟200×20,最大不等边角钢为∟200×125×18。截面尺寸、外形允许偏差应符合表 2-15 的规定。

2)角钢顶端直角允许偏差为 $90°±50'$。

3)角钢外端外角和顶角钝化不得使直径等于 $0.18d$ 的圆棒通过。

表 2-15 角钢截面尺寸、外形允许偏差

项目		允许偏差		图示
		等边角钢	不等边角钢	
边宽度 (B，b)	边宽度①≤56	±0.8	±0.8	
	>56~90	±1.2	±1.5	
	>90~140	±1.8	±2.0	
	>140~200	±2.5	±2.5	
	>200	±3.5	±3.5	
边厚度 (d)	边宽度①≤56	±0.4		
	>56~90	±0.6		
	>90~·140	±0.7		
	>140~200	±1.0		
	>200	±1.4		
顶端直角		$\alpha \leqslant 50'$		
弯曲度		每米弯曲度≤3 mm 总弯曲度≤总长度的0.30%		适用于上下、左右大弯曲
①不等边角钢按长边宽度 B。				

（2）热轧工字钢、槽钢。工字钢有普通工字钢和轻型工字钢之分，常单独用作梁、柱、桁架弦杆，或用作格构柱的肢件。分别用符号"I"和号数表示，工字钢 I 20 和工字钢 I 32 以上的普通工字钢，同一号数有三种腹板厚度，分别为 a、b、c 三类，其中 a 类腹板最薄，翼缘最窄，用作受弯构件较为经济，如 I 32a。我国生产的最大普通工字钢为 I 63 号。轻型工字钢的腹板和翼缘均较普通工字钢薄，因而在相同重量下其截面模量和回转半径均较大。

槽钢有普通槽钢和轻型槽钢两种，以腹板厚度区分它们，常用作格构式柱的肢件和檩条等。型号用符号"["和"Q["以及截面高度的厘米数表示。槽钢 [14 和槽钢 [25 以上的普通槽钢在同一号数中又可分为 a、b 和 a、b、c 类型，其腹板厚度和翼缘宽度均分别递增 2 mm。如槽钢 [30 a 表示截面高度为 300 mm、腹板厚度为 a 类的普通槽钢。号码相同的轻型槽钢，其翼缘较普通槽钢宽而薄，腹板也较薄，回转半径较大，重量较轻，表示方法为符号"Q["加上截面高度厘米数。我国目前生产的最大槽钢为 [40c，长度一般为 5~19 m。

工字钢、槽钢的截面尺寸、外形允许偏差应符合表 2-16 的规定。

表 2-16 工字钢、槽钢截面尺寸、外形允许偏差 mm

项 目		允许偏差	图 示
高度 (h)	$h<100$	±1.5	
	$100\leqslant h<200$	±2.0	
	$200\leqslant h<400$	±3.0	
	$h\geqslant400$	±4.0	
腿宽度 (b)	$h<100$	±1.5	
	$100\leqslant h<150$	±2.0	
	$150\leqslant h<200$	±2.5	
	$200\leqslant h<300$	±3.0	
	$300\leqslant h<400$	±3.5	
	$h\geqslant400$	±4.0	
腰厚度 (d)	$h<100$	±0.4	
	$100\leqslant h<200$	±0.5	
	$200\leqslant h<300$	±0.7	
	$300\leqslant h<400$	±0.8	
	$h\geqslant400$	±0.9	
外缘斜度(T_1、T_2)		T_1、$T_2\leqslant1.5\%b$ $T_1+T_2\leqslant2.5\%b$	
弯腰挠度(W)		$W\leqslant1.5d$	
弯曲度	工字钢	每米弯曲度≤2 mm 总弯曲度≤总长度的0.20%	适用于上下、左右大弯曲
	槽钢	每米弯曲度≤3 mm 总弯曲度≤总长度的0.30%	

(3)热轧 H 型钢。H 型钢是使用很广泛的热轧型钢，其截面形状经济合理，力学性能好，轧制时截面上各点延伸较均匀、内应力小。与普通工字钢比较，热轧型钢具有截面模数大、重量轻、节省金属的优点，可使建筑结构减重 30％～40％；又因其腿内外侧平行，腿端是直角，拼装组合成构件，可节约焊接、铆接工作量达 25％。常用于要求承载能力大、截面稳定性好的大型建筑(如厂房、高层建筑等)，以及桥梁、船舶、起重运输机械、设备基础、支架、基础桩等。我国生产的 H 型钢分为宽翼缘(HW)、中翼缘(HM)和窄翼缘(HN)三种类型。

H 型钢的尺寸表示方法可采用高度×宽度×腹板厚度×翼缘厚度的毫米数表示。

宽翼缘 H 型钢(HW，W 是英文 Wide 的字头)是高度 H 和翼缘宽度 B 基本相等的型钢。其具有良好的受压承载力。截面规格为：100 mm×100 mm～400 mm×400 mm。在钢结构中主要用于柱，在钢筋混凝土框架结构柱中主要用于钢芯柱，也称为劲性钢柱。

中翼缘 H 型钢(HM，M 是英文 Middle 的字头)高度和翼缘宽度比例大致为 1.33～1.75 或 $B＝(1/2～2/3)H$。截面规格为：150 mm×100 mm～600 mm×300 mm。其主要用作钢框架柱，在承受动力荷载的框架结构中用作框架梁。

窄翼缘 H 型钢(HN，N 是英文 Narrow 的字头)翼缘宽度和高度比为(1∶3)～(1∶2)，其具有良好的受弯承载力，截面高度 100～900 mm，主要用于梁。

热轧 H 型钢截面尺寸、外形允许偏差见表 2-17。

表 2-17　热轧 H 型钢尺寸、外形允许偏差

项　　目		允许偏差/mm	图示
高度 H/mm (按型号)	＜400	±2.0	
	≥100～＜600	±3.0	
	≥600	±4.0	
宽度 B/mm (按型号)	＜100	±2.0	
	≥100～＜200	±2.5	
	≥200	±3.0	
厚度 /mm	t_1	＞5	±0.5	
		≥5～＜16	±0.7	
		≥16～＜25	±1.0	
		≥25～＜40	±1.5	
		≥40	±2.0	
	t_2	＜5	±0.7	
		≥5～＜16	±1.0	
		≥16～＜25	±1.5	
		≥25～＜40	±1.7	
		≥40	±2.0	
长度	≤7 m	±60 0	
	＞7 m	长度每增加 1 m 或不足 1 m 时，正偏差在上述基础上加 5 mm	

(4)热轧圆钢和方钢。圆钢尺寸以直径 d 的毫米数标定。方钢尺寸以边长 a 的毫米数标定。热轧圆钢和方钢的截面尺寸允许偏差见表 2-18。

表 2-18　热轧圆钢和方钢的尺寸允许偏差　　　　　　　　　　mm

截面公称尺寸 （圆钢直径或方钢边长）	尺寸允许偏差		
	1组	2组	3组
>5.5～20	±0.25	±0.35	±0.40
>20～30	±0.30	±0.40	±0.50
>30～50	±0.40	±0.50	±0.60
>50～80	±0.50	±0.70	±0.80
>80～110	±0.90	±1.00	±1.10
>110～150	±1.20	±1.30	±1.40
>150～200	±1.60	±1.80	±2.00
>200～280	±2.00	±2.50	±3.00
>280～310	±2.50	±3.00	±4.00
>310～380	±3.00	±4.00	±5.00

3. 常用钢板

建筑钢结构使用的钢板（钢带）根据轧制方法可分为冷轧钢板和热轧钢板。其中，热轧钢板是建筑钢结构应用最多的钢材之一。

钢板和钢带的不同，主要体现在其成品形状上。钢板是指平板状、矩形的，可直接轧制或由宽钢带剪切而成的板材。一般情况下，钢板是指一种宽厚比和表面积都很大的扁平钢材。钢带一般成卷交货。

(1)钢板、钢带的规格。

1)根据钢板的薄厚程度，钢板大致可分为薄钢板（厚度≤4 mm）和厚钢板（厚度>4 mm）两种类型。在实际工作中，常将厚度为 4～20 mm 的钢板称为中板；将厚度为 20～60 mm 的钢板称为厚板；将厚度>60 mm 的钢板称为特厚板。成张钢板的规格以符号"—"加"宽度×厚度×长度"或"宽度×厚度"的毫米数表示，如—450×10×300，—450×10。

2)钢带也分为两种，当宽度大于或等于 600 mm 时为宽钢带；当宽度小于 600 mm 时为窄钢带。钢带的规格以"厚度×宽度"的毫米数表示。

(2)热轧花纹钢板及钢带的厚度允许偏差。热轧花纹钢板及钢带的厚度允许偏差见表 2-19。

表 2-19　热轧花纹钢板及钢带的厚度允许偏差　　　　　　　　　　mm

基本厚度	允许偏差	纹高不小于
1.4	±0.25	0.18
1.5	±0.25	0.18
1.6	±0.25	0.20
1.8	±0.25	0.25
2.0	±0.25	0.28
2.5	±0.25	0.30
3.0	±0.30	0.40
3.5	±0.30	0.40
4.0	±0.40	0.60

基本厚度	允许偏差	纹高不小于
4.5	±0.40	0.60
5.0	+0.40 −0.50	0.60
5.5	+0.40 −0.50	0.70
6.0	+0.40 −0.50	0.70
7.0	+0.40 −0.50	0.70
8.0	+0.50 −0.70	0.90
10.0	+0.50 −0.70	1.00
11.0	+0.50 −0.70	1.00
12.0	+0.50 −0.70	1.00
13.0	+0.50 −0.70	1.00
14.0	+0.50 −0.70	1.00
15.0	+0.50 −0.70	1.00
16.0	+0.50 −0.70	1.00

(3)冷轧、热轧钢板和钢带厚度允许偏差。最小屈服强度小于 280 MPa 的冷轧钢板和钢带的厚度允许偏差见表 2-20。热轧钢带的厚度允许偏差见表 2-21。

表 2-20 冷轧钢板和钢带的厚度允许偏差   mm

公称厚度	厚度允许偏差[a]					
	普通精度 PT. A			较高精度 PT. B		
	公称宽度			公称宽度		
	≤1 200	>1 200～1 500	>1 500	≤1 200	>1 200～1 500	>1 500
≤0.40	±0.04	±0.05	±0.06	±0.025	±0.035	±0.045
>0.40～0.60	±0.05	±0.06	±0.07	±0.035	±0.045	±0.050
>0.60～0.80	±0.06	±0.07	±0.08	±0.040	±0.050	±0.050
>0.80～1.00	±0.07	±0.08	±0.09	±0.045	±0.060	±0.060
>1.00～1.20	±0.08	±0.09	±0.10	±0.055	±0.070	±0.070

公称厚度	厚度允许偏差[a]					
	普通精度 PT. A			较高精度 PT. B		
	公称宽度			公称宽度		
	≤1 200	>1 200～1 500	>1 500	≤1 200	>1 200～1 500	>1 500
>1.20～1.60	±0.10	±0.11	±0.11	±0.070	±0.080	±0.080
>1.60～2.00	±0.12	±0.13	±0.13	±0.080	±0.090	±0.090
>2.00～2.50	±0.14	±0.15	±0.15	±0.100	±0.110	±0.110
>2.50～3.00	±0.15	±0.17	±0.17	±0.110	±0.120	±0.120
>3.00～4.00	±0.17	±0.19	±0.19	±0.140	±0.150	±0.150

a 距钢带焊缝 15 m 内的厚度允许偏差比表 2-20 规定值增加 60%；距钢带两端各 15 m 内的厚度允许偏差比表 2-20 规定值增加 60%。

表 2-21　热轧钢带(包括连轧钢板)的厚度允许偏差　　　　mm

公称厚度	钢带厚度允许偏差[a]							
	普通精度 PT. A				较高精度 PT. B			
	公称宽度				公称宽度			
	600～1 200	>1 200～1 500	>1 500～1 800	>1 800	600～1 200	>1 200～1 500	>1 500～1 800	>1 800
0.8～1.5	±0.15	±0.17	—	—	±0.10	±0.12	—	—
>1.5～2.0	±0.17	±0.19	±0.21	—	±0.13	±0.14	±0.14	—
>2.0～2.5	±0.18	±0.21	±0.23	±0.25	±0.14	±0.15	±0.17	±0.20
>2.5～3.0	±0.20	±0.22	±0.24	±0.26	±0.15	±0.17	±0.19	±0.21
>3.0～4.0	±0.22	±0.24	±0.26	±0.27	±0.17	±0.18	±0.21	±0.22
>4.0～5.0	±0.24	±0.26	±0.28	±0.29	±0.19	±0.21	±0.22	±0.23
>5.0～6.0	±0.25	±0.28	±0.29	±0.31	±0.21	±0.22	±0.24	±0.25
>6.0～8.0	±0.29	±0.30	±0.31	±0.35	±0.23	±0.24	±0.25	±0.28
>8.0～10.0	±0.32	±0.33	±0.34	±0.40	±0.26	±0.26	±0.27	±0.32
>10.0～12.5	±0.35	±0.36	±0.37	±0.43	±0.28	±0.29	±0.30	±0.35
>12.5～15.0	±0.37	±0.38	±0.40	±0.45	±0.30	±0.31	±0.33	±0.39
>15.0～25.4	±0.40	±0.42	±0.45	±0.50	±0.32	±0.34	±0.37	±0.42

a 规定最小屈服强度 R_a≥345 MPa 的钢带，厚度偏差应增加 10%。

4. 冷弯型钢

冷弯型钢也称为钢制冷弯型材或冷弯型材，是以热轧或冷轧钢带为坯料经弯曲成型制成的各种截面形状尺寸的型钢。建筑中常用的厚度为 1.5～12 mm 薄钢板或钢带(一般采用 Q235 或 Q345 钢)是经冷轧(弯)或模压而成的，故也称为冷弯薄壁型钢，是一种经济的截面轻型薄壁钢材。其广泛用于矿山、建筑、农业机械、交通运输、桥梁、石油化工、轻工、电子等工业。

冷弯薄壁型钢的表示方法为：字母 B 或 BC 加"截面形状符号"加"长边宽度×短边宽度×卷

边宽度×壁厚"，单位为 mm。常用的截面形式有等肢角钢、卷边等肢角钢、Z 型钢、卷边 Z 型钢、槽钢、卷边槽钢(C 型钢)、焊接薄壁钢管、方钢管等，如图 2-4 所示。

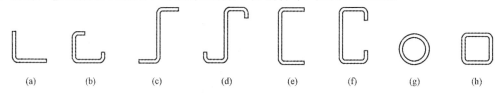

图 2-4　冷弯薄壁型钢截面

(a)等肢角钢；(b)卷边等肢角钢；(c)Z 型钢；(d)卷边 Z 型钢；(e)槽钢；(f)卷边槽钢；(g)焊接薄壁钢管；(h)方钢管

冷弯型钢具有以下特点：

(1)截面经济合理，节省材料。冷弯型钢的截面形状可根据需要设计，结构合理，单位重量的截面系数高于热轧型钢。在同样负荷下，可减轻构件重量，节约材料。冷弯型钢用于建筑结构时可比热轧型钢节约 38%～50%的金属。因其具有方便施工，降低综合费用的特点，故在轻钢结构中得到广泛应用。

(2)品种繁多，可以生产用一般热轧方法难以生产的壁厚均匀、截面形状复杂的各种型材和各种不同材质的冷弯型钢。冷弯型钢表面光洁，外形美观，尺寸精确，而且其长度也可以根据需要灵活调整，全部按定尺或倍尺供应，提高材料的利用率。

(3)生产中还可与冲孔等工序相配合，以满足不同的需要。冷弯型钢品种繁多，从截面形状可分为开口的、半闭口和闭口的三种。通常生产的冷弯型钢，厚度在 6 mm 以下，宽度在 500 mm 以下。

5. 常用钢管

钢管是一种具有中空截面的长条形管状钢材，与圆钢等实心钢材相比，在抗弯抗扭强度相同时，其重量较轻，是一种经济截面的钢材，广泛用于制造结构构件和各种机械零件。

钢管可分为无缝钢管和焊接钢管两种。无缝钢管用符号"ϕ"后面加"外径×厚度"表示，如 $\phi400\times6$ 为外径 400 mm，厚度 6 mm 的钢管。

直缝电焊钢管一般以钢管的外径 D 和壁厚 S 的毫米数标定。其壁厚和外径尺寸允许偏差见表 2-22 和表 2-23。

表 2-22　直缝电焊钢管的壁厚允许偏差　　　　　　　　　　mm

壁厚(t)	普通精度(PT. A)[a]	较高精度(PT. B)	高精度(PT. C)	壁厚不均[b]
0.50～0.60		±0.04	±0.03	
＞0.70～1.0	±0.10	±0.05	±0.04	
＞1.0～1.5		±0.06	±0.05	
＞1.5～2.5		±0.12	±0.06	≤7.5%t
＞2.5～3.5		±0.16	±0.10	
＞3.5～4.5	±10%t	±0.22	±0.18	
＞4.5～5.5		±0.26	±0.21	
＞5.5		±7.5%t	±5.0%t	
a　不适用于带式输送机托辊用钢管。				
b　不适用普通精度钢管。壁厚不均指同一截面上实测壁厚的最大值与最小值之差。				

表 2-23　直缝电焊钢管的外径尺寸允许偏差　　　　　　　　mm

外径(D)	普通精度(PT. A)[a]	较高精度(PT. B)	高精度(PT. C)
5~20	±0.30	±0.15	±0.05
>20~35	±0.40	±0.20	±0.10
>35~50	±0.50	±0.25	±0.15
>50~80		±0.35	±0.25
>80~114.3	±1%D	±0.60	±0.40
>114.3~168.3		±0.70	±0.50
>168.3~219.1		±0.80	±0.60
>219.1~711		±0.75%D	±0.5%D
a　不适用于带式输送机托辊用钢管。			

六、钢材的验收

(一)钢材的检验

1. 钢材检验的类型

根据钢材信息和保证资料的具体情况，其质量检验分为免检、抽检和全部检验三种类型。

(1)免检。 免检即免去质量检验过程。对有足够质量保证的一般材料，以及实践证明质量长期稳定且质量保证资料齐全的材料，可予免检。

(2)抽检。 抽检即按随机抽样的方法对材料进行抽样检验。当对材料的性能不清楚，或对质量保证有怀疑，或成批生产的构配件，均应按一定比例进行抽样检验。

(3)全部检验。 对进口的材料、设备和重要工程部位的材料以及贵重的材料，应进行全部检验，以确保材料和工程质量。

2. 钢材检验的方法

钢材的质量检验方法有书面检验、外观检验、理化检验和无损检验四种方法。

(1)书面检验。 通过对提供的材料质量保证资料、试验报告等进行审核，取得认可后方能使用。

(2)外观检验。 对材料从品种、规格、标志、外形尺寸等方面进行直观检查，看其有无质量问题。

(3)理化检验。 借助试验设备和仪器对材料样品的化学成分、机械性能等进行科学的鉴定。

(4)无损检验。 在不破坏材料样品的前提下，利用超声波、X 射线、表面探伤仪等进行检测。

钢材的质量检验项目要求，见表 2-24。

表 2-24　钢材的质量检验项目要求

材料名称	书面检验	外观检验	理化检验	无损检验
钢板	必须	必须	必要时	必要时
型钢	必须	必须	必要时	必要时

3. 钢材检验的内容

(1)钢材的数量和品种应与订货合同相符。

(2)钢材的质量保证书应与钢材上打印的记号相符。每批钢材必须具备生产厂家提供的材质证明书，写明钢材的炉号、钢号、化学成分和机械性能。对钢材的各项指标，可根据相关国家标准的规定进行核验。

（3）核对钢材的规格尺寸。各类钢材尺寸的容许偏差，可参照有关国标或冶标中的规定进行核对。

（4）钢材表面质量检验。无论扁钢、钢板和型钢，其表面均不允许有结疤、裂纹、折叠和分层等缺陷。有上述缺陷的应另行堆放，以便研究处理。钢材表面的锈蚀深度，不得超过其厚度负偏差值的 1/2。

经检验发现"钢材质量保证书"上有数据不清、不全，材质标记模糊，表面质量、外观尺寸不符合有关标准要求的内容时，应视具体情况重新进行复核和复验鉴定。经复核复验鉴定合格的钢材方可准予正式入库，不合格钢材应另行处理。

（二）钢材的复验

（1）钢材的进场验收，除应符合相关规范的规定外，还应符合现行国家标准《钢结构工程施工质量验收规范》（GB 50205—2001）的有关规定。对属于下列情况之一的钢材，应进行抽样复验。

1）国外进口钢材。

2）钢材混批。

3）板厚等于或大于 40 mm，且设计有 Z 向性能要求的厚板。

4）建筑结构安全等级为一级，大跨度钢结构中主要受力构件所采用的钢材。

5）设计有复验要求的钢材。

6）对质量有疑义的钢材。

（2）钢材复验内容应包括力学性能试验和化学成分分析，其取样、制样及试验方法可按相关标准执行。

（3）当设计文件无特殊要求时，钢结构工程中常用牌号钢材的抽样复验检验批应按下列规定执行。

1）牌号为 Q235、Q345 且板厚小于 40 mm 的钢材，应按同一生产厂家、同一牌号、同一质量等级的钢材组成检验批，每批质量不应大于 150 t；同一生产厂家、同一牌号的钢材供货质量超过 600 t 且全部复验合格时，每批的组批质量可扩大至 400 t。

2）牌号为 Q235、Q345 且板厚大于或等于 40 mm 的钢材，应按同一生产厂家、同一牌号、同一质量等级的钢材组成检验批，每批质量不应大于 60 t；同一生产厂家、同一牌号的钢材供货质量超过 600 t 且全部复验合格时，每批的组批质量可扩大至 400 t。

3）牌号为 Q390 的钢材，应按同一生产厂家、同一质量等级的钢材组成检验批，每批质量不应大于 60 t；同一生产厂家的钢材供货质量超过 600 t 且全部复验合格时，每批的组批质量可扩大至 300 t。

4）牌号为 Q235GJ、Q345GJ、Q390GJ 的钢板，应按同一生产厂家、同一牌号、同一质量等级的钢材组成检验批，每批质量不应大于 60 t；同一生产厂家、同一牌号的钢材供货质量超过 600 t 且全部复验合格时，每批的组批质量可扩大至 300 t。

5）牌号为 Q420、Q460、Q420GJ、Q460GJ 的钢材，每个检验批应由同一牌号、同一质量等级、同一炉号、同一厚度、同一交货状态的钢材组成，每批质量不应大于 60 t。

6）有厚度方面要求的钢板，应附加逐张超声波无损探伤复验。

（4）进口钢材复验的取样、制样及试验方法应按设计文件和合同规定执行。海关商检结果经监理工程师认可后，可作为有效的材料复验结果。

由于翼缘的厚度比腹板大，屈服点比腹板低，而且翼缘是受力构件的关键部位，所以做热轧型钢的力学性能试验时，原则上应该从翼缘上切取试样，但有些热轧型钢翼缘内侧有坡度，不便作试样，所以，工字钢、槽钢、角钢、T型钢等都是从腹板上切取样坯，H型钢和剖分T型钢可从翼缘上切取样坯。由于钢板的轧制过程可使其纵向力学性能优于横向力学性能。因此，采用纵向试样或横向试样，试样结果会有差别。国家标准中要求钢板、钢带的拉伸和弯曲试验取横向试件，而冲击韧性试验则取纵向试件。各种型材和钢板的取样部位如图2-5所示。

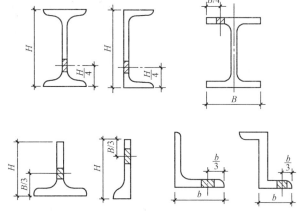

图 2-5　各种型材和钢板的取样部位

第二节　焊接材料

钢结构中焊接材料需适应焊接场地、焊接方法、焊接方式，特别要与焊件钢材的强度和材质要求相适应。焊接材料的品种、规格、性能等应符合国家现行有关产品标准和设计要求，常用焊接材料产品标准应按表2-25采用。焊条、焊丝、焊剂、电渣焊熔嘴等焊接材料应与设计选用的钢材相匹配，且应符合现行国家标准《钢结构焊接规范》（GB 50661—2011）的有关规定。用于重要焊缝的焊接材料，或对质量合格证明文件有疑义的焊接材料，应对其进行抽样复验，复验时焊丝应按五个批（相当炉批）取一组试验，焊条应按三个批（相当炉批）取一组试验。用于焊接切割的气体应符合现行国家标准《钢结构焊接规范》（GB 50661—2011）和表2-26所列标准的规定。

表 2-25　常用焊接材料产品标准

标准编号	标准名称
GB/T 5117—2012	《非合金钢及细晶粒钢焊条》
GB/T 5118—2012	《热强钢焊条》
GB/T 14957—94	《熔化焊用钢丝》
GB/T 8110—2008	《气体保护电弧焊用碳钢、低合金钢焊丝》
GB/T 10045—2018	《非合金钢及细晶粒钢药芯焊丝》
GB/T 17493—2018	《热强钢药芯焊丝》
GB/T 5293—2018	《埋弧焊用非合金钢及细晶粒钢实心焊丝、药芯焊丝和焊丝-焊剂组合分类要求》
GB/T 12470—2018	《埋弧焊用热强钢实心焊丝、药芯焊丝和焊丝-焊剂组合分类要求》
GB/T 10432.1—2010	《电弧螺柱焊用无头焊钉》
GB/T 10433—2002	《电弧螺柱焊用圆柱头焊钉》
GB/T 36037—2018	《埋弧焊和电渣焊用焊剂》

表 2-26　常用焊接切割用气体标准

标准编号	标准名称
GB/T 4842—2017	《氩》
GB/T 6052—2011	《工业液体二氧化碳》
GB 16912—2016	《深度冷冻法生产氧气及相关气体安全技术规程》
GB 6819—2004	《溶解乙炔》
HG/T 3661.1—2016	《工业燃气　切割焊接用丙烯》
HG/T 3661.2—2016	《工业燃气　切割焊接用丙烷》
GB/T 13097—2015	《工业用环氧氯丙烷》
HG/T 3728—2004	《焊接用混合气体　氩-二氧化碳》

一、焊条

涂有药皮的供焊条电弧焊用的熔化电极称为焊条。在焊条电弧焊时，焊条既可作为电极传导电流而产生电弧，为焊接提供所需热量；又可在熔化后作为填充金属过渡到熔池，与熔化的焊件金属熔合，凝固后形成焊缝。

1. 焊条的组成

焊条由焊芯和药皮两部分组成，如图 2-6 所示。焊条前端药皮有 45°左右的倒角，以便于引弧；尾部的夹持端用于焊钳夹持并利于导电。焊条直径指的是焊芯直径，是焊条的重要尺寸，共有 $\phi 1.6 \sim 8$ 八种规格。焊条长度由焊条直径而定，在 $200 \sim 650$ mm 之间。生产中应用最多的是 $\phi 3.2$ mm、$\phi 4$ mm、$\phi 5$ mm 三种，长度分别为 350 mm、400 mm 和 450 mm。

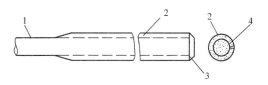

图 2-6　焊条组成示意
1—夹持端；2—药皮；3—引弧端；4—焊芯

(1)焊芯。 焊芯的主要作用是传导电流维持电弧燃烧和熔化后作为填充金属进入焊缝。焊条电弧焊时，焊芯在焊缝金属中占 $50\% \sim 70\%$。可以看出，焊芯的成分直接决定了焊缝的成分与性能。因此，焊芯用钢应是经过特殊冶炼，并单独规定牌号与技术条件的专用钢，通常称之为焊条用钢。焊条用钢的化学成分与普通钢的主要区别在于严格控制磷、硫杂质的含量，并限制碳含量，以提高焊缝金属的塑性、韧性，防止产生焊接缺陷。

(2)药皮。 焊条药皮是指压涂在焊芯表面的涂层，其具有保护电弧及熔池、改善工艺性能及焊缝质量的作用。焊条药皮的质量应符合下列规定。

1)焊条药皮应均匀、紧密地包覆在焊芯周围，整根焊条药皮上不应有影响焊接质量的裂纹、气泡、杂质及剥落等缺陷。

2)焊条引弧端药皮应倒角，焊芯端面应露出，以保证易于引弧。焊条露芯应符合如下规定：

①E××15※、E××16、E5018、E××28 及 E5048 型焊条，沿长度方向的露芯长度应不大于焊芯直径的 1/2 或 1.6 mm，取两者的较小值。

注：※表示"43"或"50"。

②其他型号焊条，沿长度方向的露芯应不大于圆周的一半。

3)焊条药皮应具有足够的强度，不会在正常搬运或使用过程中损坏。

2. 焊条的型号及牌号

(1)焊条型号。焊条型号是指国家标准中规定的焊条代号。按《非合金钢及细晶粒钢焊条》(GB/T 5117—2012)、《热强钢焊条》(GB/T 5118—2012)规定,碳钢焊条的型号根据熔敷金属的抗拉强度、药皮类型、焊接位置和焊接电流类型划分,以字母E后加四位数字表示,即E×××
××,见表2-27~表2-29。

表 2-27　焊条型号编制方法

第一部分E	第二部分××	第三部分××	第四部分后缀字母	第五部分焊后状态代号
字母"E"表示焊条	"E"后第一、二两位数字表示熔敷金属抗拉强度代号,即最小值(MPa)	"E"后第三、四两位数字表示药皮类型、焊接位置和电流类型(表2-28) "0""1"适用于全位置焊;"2"适用于平焊及平角焊;"4"适用于向下立焊	为熔敷金属化学成分分类代号,可为"无标记"或短画"-"后的字母、数字或字母和数字的组合,见表2-29	熔敷金属化学成分代号后的焊后状态代号,其中"无标记"表示焊态,"P"表示热处理状态,"AP"表示焊态和焊后热处理两种状态均可。除以上强制分类代号外,可在型号后依次附加可选代号:①字母U表示在规定试验温度下,冲击吸收能量可达到47 J以上;②扩散氢代号"HX",其中X代表15、10或5,分别表示每100 g熔敷金属中扩散氢含量的最大值(mL)

表 2-28　碳钢和合金钢焊条型号的第三、四位数字组合的含义

焊条型号	药皮类型	焊接位置	电流类型	焊条型号	药皮类型	焊接位置	电流类型
E××03	钛型	全位置②	交流或直流正、反接	E××16 E××18	碱性 碱性+铁粉	全位置②	交流或直流反接
				E××19	铁钛矿	全位置②	交流或直流正、反接
E××10	纤维素	全位置	直流反接	E××20	氧化铁	平焊 PA、平角焊 PB	交流或直流正、反接
E××11	纤维素		交流或直流反接	E××24	金红石+铁粉		
				E××27	氧化铁+铁粉		
E××12	金红石	全位置②	交流或直流正接	E××28	碱性+铁粉	平焊 PA、平角焊 PB、PC	交流或直流反接
E××13	金红石		交流或直流正、反接	E××40	不作规定	由制造商确定	
E××14	金红石+铁粉			E××45	碱性	全位置	直流反接
E××15	碱性		直流反接	E××48	碱性	全位置	交流或直流反接

①焊接位置见《焊缝—工作位置—倾角和转角的定义》(GB/T 16672—1996),PA=平焊、PB=平角焊、PC=横焊、PG=向下立焊;

②此处"全位置"并不一定包含向下立焊,由制造商确定。

表 2-29 焊条熔敷金属化学成分的分类

焊条型号	分类	焊条型号	分类
E××××-A1	碳钼钢焊条	E××××-NM	镍钼钢焊条
E××××-B1～5	铬钼钢焊条	E××××-D1～3	锰钼钢焊条
E××××-C1～3	镍钢焊条	E××××-G、M、M1、W	所有其他低合金钢焊条

完整的焊条型号示例如下：

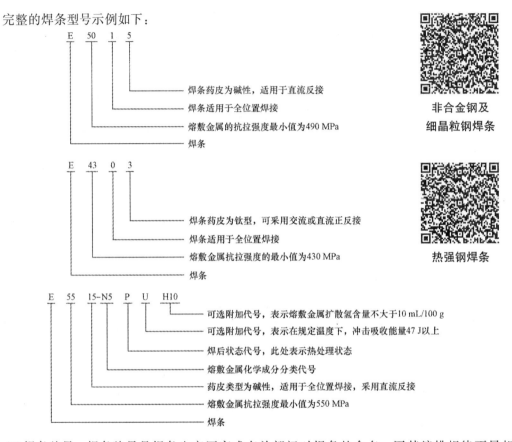

E 50 1 5
　　焊条药皮为碱性，适用于直流反接
　　焊条适用于全位置焊接
　　熔敷金属的抗拉强度最小值为490 MPa
　　焊条

非合金钢及
细晶粒钢焊条

E 43 0 3
　　焊条药皮为钛型，可采用交流或直流正反接
　　焊条适用于全位置焊接
　　熔敷金属抗拉强度的最小值为430 MPa
　　焊条

热强钢焊条

E 55 15-N5 P U H10
　　可选附加代号，表示熔敷金属扩散氢含量不大于10 mL/100 g
　　可选附加代号，表示在规定温度下，冲击吸收能量47 J以上
　　焊后状态代号，此处表示热处理状态
　　熔敷金属化学成分分类代号
　　药皮类型为碱性，适用于全位置焊接，采用直流反接
　　熔敷金属抗拉强度最小值为550 MPa
　　焊条

(2)焊条牌号。焊条牌号是焊条生产厂家或有关部门对焊条的命名。因其编排规律不尽相同，故大多数焊条牌号是用在三位数字前面冠以代表厂家或用途的字母（或符号）表示。前面两位数字表示各大类中的若干小类，不同用途焊条的前两位数字表示的内容及编排规律也不尽相同。第三位数表示焊条药皮的类型及焊接电流种类，适用于各种焊条，具体内容见表 2-30。

表 2-30 焊条牌号中第三位数字的含义

焊条牌号	药皮类型	电流种类	焊条牌号	药皮类型	电流种类
□××0	不属已规定类型	不规定	□××5	纤维素型	交直流
□××1	氧化钛型	交直流	□××6	低氢钾型	交直流
□××2	钛钙型	交直流	□××7	低氢钠型	直流
□××3	钛铁矿型	交直流	□××8	石墨型	交直流
□××4	氧化铁型	交直流	□××9	盐基型	直流

结构钢焊条是品种最多、应用最广的一大类焊条，其牌号编制方法是前两位数字表示焊缝金属抗拉强度等级，从 42 kgf/mm² 到 100 kgf/mm²（420～980 MPa）共有 8 个等级。按照原国家

机械委的规定，结构钢焊条在三位数字前冠以汉语拼音字母 J（结）。碳钢焊条即为 J422、J507、J427、J502 等牌号，而强度级别大于等于 55 kgf/mm² 的结构钢焊条不属于碳钢焊条。

J 5 0 7
— 低氢型药皮、直流
— 焊缝金属抗拉强度不低于490 MPa
— 结构钢焊条

焊条牌号示例如下：

3. 焊条的选用

焊条的选用应遵循以下原则：

(1) 等强度原则。 对于承受静载或一般载荷的工件或结构，通常选用抗拉强度与母材相等的焊条。例如，焊接 20 号钢等抗拉强度在 400 MPa 左右的钢可以选用 E43 系列的焊条。

(2) 等性能原则。 在特殊环境下工作的结构如要求耐磨、耐腐蚀、耐高温或低温等具有较高的力学性能，则应选用能保证熔敷金属的性能与母材相近或相近似的焊条。如焊接不锈钢时，应选用不锈钢焊条。

(3) 等条件原则。 根据工件或焊接结构的工作条件和特点选择焊条。如焊接需要受动载荷或冲击载荷的工件，应选用熔敷金属冲击韧性较高的低氢型碱性焊条。反之，焊接一般结构时，应选用酸性焊条。

4. 焊条检验

为保证焊条质量，焊条应具有质量合格证，不得使用无合格证的焊条。对有合格证但怀疑质量的，应按批抽查检验，合格后方可使用。焊条检验主要有以下几种方法：

焊条的烘干与保管

(1) 焊接检验。 质量好的焊条在焊接中电弧燃烧稳定，焊条药皮和焊芯熔化均匀同步，电弧无偏移，飞溅少，焊缝表面熔渣薄厚覆盖均匀，保护性能好，焊缝成形美观，脱渣容易。此外，还应对焊缝金属的化学成分、力学性能和抗裂性能进行检验，保证各项指标在国家标准或部级标准规定的范围内。

(2) 焊条药皮外表检验。 用肉眼观察药皮表面应光滑细腻、无气孔、无药皮脱落和机械损伤，药皮偏心应符合《非合金钢及细晶粒钢焊条》(GB/T 5117—2012) 规定，焊芯无锈蚀现象。

(3) 焊条药皮强度检验。 将焊条平置 1 m 高，自由平行落到光滑的厚钢板表面，如果药皮无脱落，即证明药皮强度达到了质量要求。

(4) 焊条受潮检验。 将焊条在焊接回路中短路数秒钟，如果药皮有气，或焊接中有药皮成块脱落，或产生大量水汽，有爆裂现象，说明焊条受潮。受潮严重的焊条不得使用，受潮不严重的焊条可在干燥后再用。

二、焊剂

埋弧焊时，能够熔化形成熔渣和气体，对熔化金属起保护并进行复杂的冶金反应的一种颗粒状物质称为焊剂。

埋弧焊和
电渣焊用焊剂

1. 焊剂的型号

按照《埋弧焊和电渣焊用焊剂》(GB/T 36037—2018) 标准，焊剂型号由以下四部分组成：

第一部分：表示焊剂适用的焊接方法，"S"表示适用于埋弧焊，"ES"表示适用于电渣焊；

第二部分：表示焊剂制造方法，"F"表示熔炼焊剂，"A"表示烧结焊剂，"M"表示混合焊剂；

第三部分：表示焊剂类型代号，见表2-31；

第四部分：表示焊剂适用范围代号，见表2-32。

表 2-31　焊剂类型代号及主要化学成分

焊剂类型代号	主要化学成分（质量分数）/%	
MS （硅锰型）	$MnO+SiO_2$	≥50
	CaO	≤15
CS （硅钙型）	$CaO+MgO+SiO_2$	≥55
	$CaO+MgO$	≥15
CG （镁钙型）	$CaO+MgO$	5～50
	CO_2	≥2
	Fe	≤10
CB （镁钙碱型）	$CaO+MgO$	30～80
	CO_2	≥2
	Fe	≤10
CG-Ⅰ （铁粉镁钙型）	$CaO+MgO$	5～45
	CO_2	≥2
	Fe	15～60
CB-Ⅰ （铁粉镁钙碱型）	$CaO+MgO$	10～70
	CO_2	≥2
	Fe	15～60
GS （硅镁型）	$MgO+SiO_2$	≥42
	Al_2O_3	≤20
	CO_2+CaF_2	≤14
GS （硅镁型）	$MgO+SiO_2$	≥42
	Al_2O_3	≤20
	CO_2+CaF_2	≤14
ZS （硅锆型）	ZrO_2+SiO_2+MnO	≥45
	ZrO_2	≤15
RS （硅钛型）	TiO_2+SiO_2	≥50
	TiO_2	≤20
AR （铝钛型）	$Al_2O_3+TiO_2$	≥40
BA （碱铝型）	$Al_2O_3+CaF_2+SiO_2$	≥50
	CaO	≥8
	SiO_2	≤20
AAS （硅铝酸型）	$Al_2O_3+SiO_2$	≥50
	CaF_2+MgO	≥20
AB （铝碱型）	$Al_2O_3+CaO+MgO$	≥40
	Al_2O_3	≥20
	CaF_2	≤22

焊剂类型代号	主要化学成分(质量分数)/%	
AS (硅铝型)	$Al_2O_3 + SiO_2 + ZrO_2$	≥40
	$CaF_2 + MgO$	≥30
	ZrO_2	≥5
AF (铝氟碱型)	$Al_2O_3 + CaF_2$	≥70
FB (氟碱型)	$CaO + MgO + CaF_2 + MnO$	≥50
	SiO_2	≤20
	CaF_2	≥15
G[a]	其他协定成分	

注：主要化学成分的确定参见 GB/T 36037—2018 附录 A，焊剂类型说明参见附录 B。

a 表中未列出的焊剂类型可用相类似的符号表示，词头加字母"G"，化学成分范围不进行规定，两种分类之间不可替换。

表2-32 焊剂适用范围代号

代号[a]	适用范围
1	用于非合金钢及细晶粒钢、高强钢、热强钢和耐候钢，适合于焊接接头和/或堆焊。 在接头焊接时，一些焊剂可应用于多道焊和单/双道焊
2	用于不透钢和/或镍及镍合金。 主要适用于接头焊接，也能用于带极堆焊
2B	用于不透钢和/或镍及镍合金。 主要适用于带极堆焊
3	主要用于耐磨堆焊
4	1类～3类都不适用的其他焊剂，例如铜合金用焊剂

a 由于匹配的焊丝、焊带或应用条件不同，焊剂按此划分的适用范围代号可能不止一个，在型号中应至少标出一种适用范围代号。

除以上强制分类代号外，根据供需双方协商，可在型号后依次附加可选代号：

(1)冶金性能代号，用数字、元素符号、元素符号和数字组合等表示焊剂烧损或增加合金的程度，参见表2-33和表2-34。

表2-33 1类适用范围焊剂的冶金性能代号

冶金性能	代号	化学成分差值(质量分数)/%	
		Si	Mn
烧损	1	—	＞0.7
	2	—	0.5～0.7
	3	—	0.3～0.5
	4	—	0.1～0.3
中性	5	0～0.1	
增加	6	0.1～0.3	
	7	0.3～0.5	
	8	0.5～0.7	
	9	＞0.7	

表 2-34 2 类和 2B 类适用范围焊剂的冶金性能代号

冶金性能	代号	化学成分差值（质量分数）/%			
		C	Si	Cr	Nb
烧损	1	>0.020	>0.7	>2.0	>0.20
	2	—	0.5~0.7	1.5~2.0	0.15~0.20
	3	0.010~0.020	0.3~0.5	1.0~1.5	0.10~0.15
	4	—	0.1~0.3	0.5~1.0	0.05~0.10
中性	5	0~0.010	0~0.1	0~0.5	0~0.05
增加	6	—	0.1~0.3	0.5~1.0	0.05~0.10
	7	0.010~0.020	0.3~0.5	1.0~1.5	0.10~0.15
	8	—	0.5~0.7	1.5~2.0	0.15~0.20
	9	>0.020	>0.7	>2.0	>0.20

（2）电流类型代号，用字母表示，"DC"表示适用于直流焊接，"AC"表示适用于交流和直流焊接。

（3）扩散氢代号"HX"，其中 X 可为数字 2、4、5、10 或 15，分别表示每 100g 熔敷金属中扩散氢含量的最大值（mL），见表 2-35。

表 2-35 熔敷金属扩散氢代号及含量

扩散氢代号	扩散氢含量/（mL/100 g）
H15	≤15
H10	≤10
H5	≤5
H4	≤4
H2	≤2

型号示例如下：

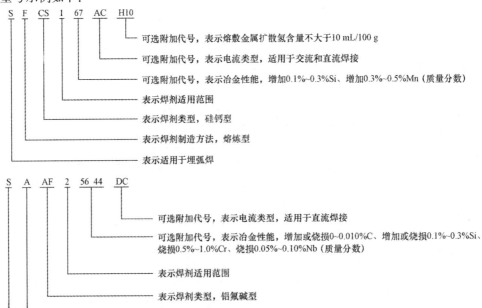

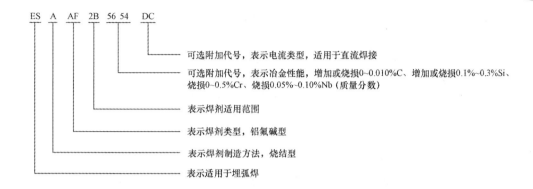

ES A AF 2B 56 54 DC

可选附加代号，表示电流类型，适用于直流焊接

可选附加代号，表示冶金性能，增加或烧损0~0.010%C、增加或烧损0.1%~0.3%Si、烧损0~0.5%Cr、烧损0.05%~0.10%Nb（质量分数）

表示焊剂适用范围

表示焊剂类型，铝氟碱型

表示焊剂制造方法，烧结型

表示适用于埋弧焊

2. 焊剂的牌号

焊剂牌号是焊剂的商品代号，其编制方法与焊剂型号不同，焊剂牌号所表示的是焊剂中的主要化学成分。由于在实际应用中，熔炼焊剂使用较多，因此，本节重点介绍熔炼焊剂牌号的表示方法，关于烧结焊剂的牌号请查阅相关资料。

熔炼焊剂牌号表示方法如下：

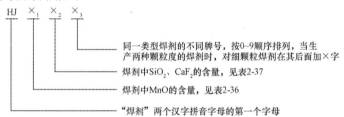

HJ $\times_1$ $\times_2$ $\times_3$

同一类型焊剂的不同牌号，按0~9顺序排列，当生产两种颗粒度的焊剂时，对细颗粒焊剂在其后面加×字

焊剂中SiO$_2$、CaF$_2$的含量，见表2-37

焊剂中MnO的含量，见表2-36

"焊剂"两个汉字拼音字母的第一个字母

表 2-36　熔炼焊剂牌号第一个字母$\times_1$含义

牌号	焊剂类型	MnO 平均含量	牌号	焊剂类型	MnO 平均含量
HJ1××	无锰	<2%	HJ3××	中锰	15%~30%
HJ2××	低锰	2%~15%	HJ4××	高锰	>30%

表 2-37　熔炼焊剂牌号第二个字母$\times_2$含义

牌号	焊剂类型	SiO$_2$、CaF$_2$ 的平均含量	
HJ$\times_1$1$\times_3$	低硅低氟	SiO$_2$<10%	CaF$_2$<10%
HJ$\times_1$2$\times_3$	中硅低氟	SiO$_2$≈10%~30%	CaF$_2$<10%
HJ$\times_1$3$\times_3$	高硅低氟	SiO$_2$>30%	CaF$_2$<10%
HJ$\times_1$4$\times_3$	低硅中氟	SiO$_2$<10%	CaF$_2$≈10%~30%
HJ$\times_1$5$\times_3$	中硅中氟	SiO$_2$≈10%~30%	CaF$_2$≈10%~30%
HJ$\times_1$6$\times_3$	高硅中氟	SiO$_2$<10%	CaF$_2$≈10%~30%
HJ$\times_1$7$\times_3$	低硅高氟	SiO$_2$<10%	CaF$_2$>30%
HJ$\times_1$8$\times_3$	中硅高氟	SiO$_2$≈10%~30%	CaF$_2$>30%

三、焊丝

1. 焊丝的分类

焊丝的分类方法很多，常用的分类方法如下。

(1)按被焊的材料性质可分为碳钢焊丝、低合金钢焊丝、不锈钢焊丝、铸铁焊丝和有色金属焊丝等。

(2)按使用的焊接工艺方法分有埋弧焊用焊丝、气体保护焊用焊丝、电渣焊用焊丝、堆焊用焊丝和气焊用焊丝等。

(3)按不同的制造方法分有实芯焊丝和药芯焊丝两大类。其中药芯焊丝又可分为气保护焊丝和自保护焊丝两种。这里主要介绍实芯焊丝的型号、牌号表示方法。

2. 焊丝的牌号

H×××表示焊丝的牌号，焊丝的牌号按《熔化焊用钢丝》(GB/T 14957—1994)和《焊接用钢盘条》(GB/T 3429—2015)的规定。如果需要标注熔敷金属中扩散氢含量时，可用后缀"H×"表示，见表2-38。

表2-38　100 g熔敷金属中扩散氢含量

焊剂型号	扩散氢含量/(mL·g^{-1})	焊剂型号	扩散氢含量/(mL·g^{-1})
F××$_1$×$_2$×$_3$—H×××—H16	16.0	F××$_1$×$_2$×$_3$—H×××—H4	4.0
F××$_1$×$_2$×$_3$—H×××—H8	8.0	F××$_1$×$_2$×$_3$—H×××—H2	2.0

实芯焊丝的牌号都是以字母"H"开头，后面的符号及数字用来表示该元素的近似含量。具体表示方法如下：

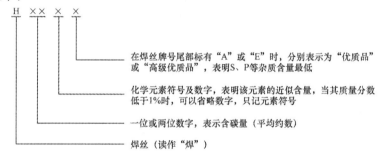

在焊丝牌号尾部标有"A"或"E"时，分别表示为"优质品"或"高级优质品"，表明S、P等杂质含量最低

化学元素符号及数字，表明该元素的近似含量，当其质量分数低于1%时，可以省略数字，只记元素符号

一位或两位数字，表示含碳量（平均约数）

焊丝（读作"焊"）

3. 常用焊丝

(1)管状焊丝。管状焊丝是一种新的焊接材料，它是用H08A薄钢带通过一系列轧辊，并在某一成形时，加入所要求的粉剂轧制拉拔而成。其适于自动、半自动焊接，用气体、焊剂保护或自保护，可用于结构焊接、堆焊等；焊丝截面有E形、T形、O形等各种形状。

1)管状焊丝的牌号、规格、成分、特征和用途，见表2-39。

表2-39　管状焊丝的牌号、规格、特征及用途

牌　号	焊丝直径/mm	粉剂类型	焊接电源	焊缝金属主要成分/%	主要用途
管结420—1强 (GJ 502—1Q)	2.4	铁合金，铁粉	交直流	碳—0.1 锰—1.2 硅—0.5	用于立向强迫成形自动焊。焊接重要的低碳钢和强度等级低的低合金钢结构
管结502—1 (GJ 502—1)	2.1，2.8，3.2	钛钙型	交直流	碳—0.1 锰—1.2 硅—0.5	用于焊接较重要的低碳钢和相应强度等级的低合金钢

2)管状焊丝焊缝金属的力学性能和焊接参考电流，见表2-40。

表2-40　管状焊丝焊缝金属力学性能和焊接参考电流

牌　号	焊接参考电流/A				焊缝金属的力学性能				
	焊条直径/mm				抗拉强度 /(N·mm^{-2})	延伸率 /%	冲击值/(N·cm^{-2})		冷弯角度 /(°)
	2.1	2.4	2.8	3.2			常温	−40 ℃	
管结 420−1 强 (GJ 502−1Q)	250~ 350	350~ 450	300~ 400	350~ 500	450~ 550≥500	25~35	10~ 16≥8	35~100	120

3)由于管状焊丝的刚性、挺度不如实芯焊丝，因此，在使用管状焊丝时最好采用双主动的送丝机构。

(2)碳钢焊丝。碳钢焊丝规格见表2-41。

表2-41　碳钢焊丝

牌　号	名　称	主要元素含量/%						
		C	Mn	Si≤	Cr≤	Ni≤	S≤	P≤
H08	焊 08	≤0.10	0.30~0.55	0.03	0.20	0.30	0.040	0.040
H08A	焊 08 高	≤0.10	0.30~0.55	0.03	0.20	0.03	0.030	0.030
H08E	焊 08 特	≤0.10	0.30~0.55	0.03	0.20	0.30	0.025	0.025
H08Mn	焊 08 锰	≤0.10	0.80~1.10	0.07	0.20	0.30	0.040	0.040
H08MnA	焊 08 锰高	≤0.10	0.80~1.10	0.07	0.20	0.30	0.030	0.035
H15A	焊 15 高	0.11~0.18	0.35~0.65	0.03	0.20	0.30	0.030	0.030
H15Mn	焊 15 锰	0.11~0.18	0.80~1.10	0.03	0.20	0.30	0.040	0.040

(3)合金钢焊丝。合金钢焊丝规格见表2-42。

表2-42　合金钢焊丝

牌　号	名　称	主要元素含量/%								
		C≤	Mn	Si≤	Cr≤	Ni≤	Mo	V	S≤	P≤
H10Mn2	焊 10 锰 2	0.12	1.50~ 1.90	0.07	0.20	0.30			0.040	0.040
H08Mn2Si	焊 08 锰 2 硅	0.11	1.70~ 2.10	0.65~ 0.95	0.20	0.30			0.040	0.040
H08Mn2SiA	焊 08 锰 2 硅高	0.11	1.80~ 2.10	0.65~ 0.95	0.20	0.30			0.030	0.030
H10MnSi	焊 10 锰硅	0.14	0.80~ 1.10	0.60~ 0.90	0.20	0.30			0.030	0.040
H10MnSiMo	焊 10 锰硅钼	0.14	0.90~ 1.20	0.70~ 1.10	0.20	0.30	0.15~ 0.25		0.030	0.040

牌　　号	名　　称	主要元素含量/%								
		C≤	Mn	Si≤	Cr≤	Ni≤	Mo	V	S≤	P≤
H10MnSiMoTiAl	焊 10 锰硅钼钛高	0.08～0.12	1.00～1.30	0.40～0.70	0.20	0.30	0.20～0.40		0.025	0.030
H08MnMoA	焊 08 锰钼高	0.10	1.20～1.60	0.25	0.20	0.30	0.30～0.50		0.03	0.030
H08Mn2MoA	焊 08 锰 2 钼高	0.68～0.11	1.60～1.90	0.25	0.20	0.30	0.50～0.20		0.030	0.030
H10Mn2MoA	焊 10 锰 2 钼高	0.08～0.13	1.70～2.00	0.40	0.20	0.30	0.60～0.80		0.030	0.030
M08Mn2MoVA	焊 8 锰 2 钼钒高	0.06～0.11	1.60～1.90	0.25	0.20	0.30	0.50～0.70	0.06～0.12	0.30	0.30
H10Mn2MoVA	焊 10 锰 2 钼钒高	0.08～0.13	1.70～2.00	0.40	0.20	0.30	0.60～0.80	0.06～0.12	0.030	0.30
H08CrMoA	焊 08 铬钼高	0.10	0.40～0.70	0.15～0.35	0.80～1.10	0.30	0.40～0.60		0.030	0.030
H13CrMoA	焊 13 铬钼高	0.11～0.16	0.40～0.70	0.15～0.35	0.80～1.10	0.30	0.40～0.60		0.030	0.030
H8CrMoA	焊 18 铬钼高	0.15～0.22	0.40～0.70	0.15～0.35	0.80～1.10	0.30	0.15～0.25		0.025	0.030
H08CrMoVA	焊 08 铬钼钡高	0.10	0.40～0.70	0.15～0.35	1.00～1.30	0.30	0.50～0.70	0.15～0.35	0.030	0.030
H08CrNi2MoA	焊 08 铬镍 2 钼高	0.05～0.10	0.50～0.85	0.10～0.30	0.70～1.00	1.40～1.80	0.20～0.40		0.025	0.030

注：凡含钛的合金钢焊丝均加入 0.15% 的钛，仅 H10MnSiMoTiA 中加入 0.05%～0.15% 的钛。

第三节　紧固材料

一、材料要求

1. 普通螺栓

普通螺栓作为永久性连接螺栓，当设计有要求或对其质量有疑义时，应进行螺栓实物最小拉力载荷复验。检查数量为每一规格螺栓随机抽查 8 个，其质量应符合现行国家标准《紧固件机械性能　螺栓、螺钉和螺柱》(GB/T 3098.1—2010)的规定。

普通螺栓的材料采用 Q235，分为 A、B、C 三级。A 级和 B 级螺栓采用钢材性能等级 5.6 级或 8.8 级制造，C 级螺栓则采用 4.6 级或 4.8 级制造。其中，"."前数字表示公称抗拉强度 f_u 的 $1/100$；"."后数字表示公称屈服点 f_y 与公称抗拉强度 f_u 之比（屈强比）的 10 倍。如 4.8 级表示 f_u 不小于 $400\ N/mm^2$，而最低值 $0.8 \times 400\ N/mm^2 = 320\ N/mm^2$。

A 级和 B 级螺栓尺寸准确，精度较高，受剪性能良好，但是因其制造和安装过于费工，并且高强度螺栓可代替其用于受剪连接，所以，目前已很少采用。C 级螺栓一般用圆钢冷镦压制而成。因其表面不加工，尺寸不准确，故只需配用孔的精度和孔壁表面粗糙度不太高的 II 类孔即可。C 级螺栓在沿其杆轴方向的受拉性能较好，可用于受拉螺栓连接。对于受剪连接，适宜于承受静力荷载或间接承受动力荷载结构中的次要连接，临时固定构件用的安装连接，以及不承受动力荷载的可拆卸结构的连接等。钢结构中常用普通螺栓的性能等级、化学成分及力学性能见表 2-43。

表 2-43　普通螺栓的性能等级、化学成分、力学性能

性能等级		3.6	4.6	4.8	5.6	5.8	6.8
材料		低碳钢	低碳钢或中碳钢	低碳钢或中碳钢	低碳钢或中碳钢	低碳钢或中碳钢	低碳钢或中碳钢
化学成分 /%	C	≤0.20	≤0.55	≤0.55	≤0.55	≤0.55	≤0.55
	P	≤0.05	≤0.05	≤0.05	≤0.05	≤0.05	≤0.05
	S	≤0.06	≤0.06	≤0.06	≤0.06	≤0.06	≤0.06
抗拉强度 /MPa	公称	300	400	400	500	500	600
	最小	330	400	420	500	520	600
维氏硬度 HV_{30}	最小	95	115	121	148	154	178
	最大	206	206	206	206	206	227

2. 螺母

建筑钢结构中选用螺母应与相匹配的螺栓性能等级一致，当拧紧螺母达到规定程度时，不允许发生螺纹脱扣现象。为此可选用栓接结构用六角螺母及相应的栓接结构大六角头螺栓、平垫圈，使连接副能防止因超拧而引起螺纹脱扣。

螺母性能等级分 4、5、6、8、9、10、12 等，其中 8 级（含 8 级）以上螺母与高强度螺栓匹配，8 级以下螺母与普通螺栓匹配，表 2-44 为螺母与螺栓性能等级相匹配的参照表。

表 2-44　螺母与螺栓性能等级相匹配的参照表

螺母性能等级	相匹配的螺栓性能等级		螺母性能等级	相匹配的螺栓性能等级	
	性能等级	直径范围/mm		性能等级	直径范围/mm
4	3.6、4.6、4.8	>16	9	8.8	16<直径≤39
5	3.6、4.6、4.8	≤16		9.8	≤16
	5.6、5.8	所有的直径	10	10.9	所有的直径
6	6.8	所有的直径	12	12.9	≤39
8	8.8	所有的直径			

螺母的螺纹应和螺栓相一致，一般应为粗牙螺纹（除非特殊注明用细牙螺纹），螺母的机械性能主要是螺母的保证应力和硬度，其值应符合《紧固件机械性能　螺母》(GB 3098.2—2015)的规定。

3. 垫圈

常用钢结构螺栓连接的垫圈，按其形状及使用功能可分为以下四类。

(1)圆平垫圈。圆平垫圈一般放置于紧固螺栓头及螺母的支承面下面，用以增加螺栓头及螺母的支承面，同时防止被连接件表面损伤。

(2)方型垫圈。方型垫圈一般放置于地脚螺栓头及螺母的支承面下面，用以增加支承面及遮盖较大螺栓孔眼。

(3)斜垫圈。主要用于工字钢、槽钢翼缘倾斜面的垫平，使螺母支承面垂直于螺杆，避免紧固时造成螺母支承面和被连接的倾斜面局部接触，以确保连接安全。

(4)弹簧垫圈。为防止螺栓拧紧后因动载作用产生振动和松动，依靠垫圈的弹性功能及斜口摩擦面来防止螺栓松动，一般用于有动荷载(振动)或经常拆卸的结构连接处。

4. 高强度螺栓

施工使用的高强度螺栓必须符合《钢结构用高强度大六角头螺栓》(GB/T 1228—2006)、《钢结构用高强度大六角螺母》(GB/T 1229—2006)、《钢结构用高强度垫圈》(GB/T 1230—2006)、《钢结构用高强度大六角螺栓、大六角螺母、垫圈技术条件》(GB/T 1231—2006)、《钢结构用扭剪型高强度螺栓连接副》(GB/T 3632—2008)以及其他有关标准的质量要求。高强度螺栓表面要进行表面发黑处理，不允许存在任何淬火裂纹并应符合下列要求：

(1)螺栓、螺母、垫圈均应附有质量证明书，并应符合设计要求和国家标准的规定。高强度螺栓(六角头螺栓、扭剪型螺栓等)、半圆头铆钉等孔的直径应比螺栓杆、钉杆公称直径大1.0～3.0 mm。螺栓孔应具有 H14(H15)的精度。

(2)高强度螺栓制造厂应对原材料(按加工高强度螺栓的同样工艺进行热处理)进行抽样试验，其性能等级应符合表 2-45 的规定。

表 2-45　高强度螺栓性能等级

性能等级	抗拉强度 σ_b /(N·mm^{-2})		最大屈服点 σ_s /(N·mm^{-2})	伸长率 δ_5 /%	收缩率 ψ /%	冲击韧度 a_k /(J·cm^{-2})
	公称值	幅度值	不小于			
10.9S	1 000	1 000/1 124	900	10	42	59
8.8S	800	810/984	640	12	45	78

当高强度螺栓的性能等级为 8.8S 时，热处理后硬度为 21～29 HRC；性能等级为 10.9S 时，热处理后硬度为 32～36 HRC。

(3)高强度螺栓不允许存在任何淬火裂纹。

(4)高强度螺栓表面要进行发黑处理。

(5)高强度螺栓抗拉极限承载力应符合表 2-46 的规定。

表 2-46　高强度螺栓抗拉极限承载力

公称直径 d /mm	公称应力截面面积 A_s /mm^2	抗拉极限承载力/kN	
		10.9S	8.8S
12	84	84～95	68～83
14	115	115～129	93～113
16	157	157～176	127～154

续表

公称直径 d /mm	公称应力截面面积 A_s /mm²	抗拉极限承载力/kN	
		10.9S	8.8S
18	192	192～216	156～189
20	245	245～275	198～241
22	303	303～341	245～298
24	353	353～397	286～347
27	459	459～516	372～452
30	561	561～631	454～552
33	694	694～780	562～663
36	817	817～918	662～804
39	976	976～1 097	791～960
42	1 121	1 121～1 260	908～1 103
45	1 306	1 306～1 468	1 058～1 285
48	1 473	1 473～1 656	1 193～1 450
52	1 758	1 758～1 976	1 424～1 730
56	2 030	2 030～2 282	1 644～1 998
60	2 362	2 362～2 655	1 913～2 324

(6)高强度螺栓极限偏差应符合表2-47的规定。

表2-47　高强度螺栓的允许极限偏差　　　　　mm

公称直径	12	16	20	(22)	24	(27)	30
允许偏差	±0.43			±0.52			±0.84

(7)高强度螺栓连接副必须经过以下试验,符合规范要求后方可出厂。

1)材料、炉号、制作批号、化学成分与机械性能证明或试验数据。

2)螺栓的楔负载试验。

3)螺母的保证荷载试验。

4)螺母及垫圈的硬度试验。

5)连接副的扭矩系数试验(注明试验温度)。大六角头连接副的扭矩系数平均值和标准偏差;扭剪型连接副的紧固轴力平均值和标准偏差。

高强度螺栓采用的钢材性能等级按其热处理后强度划分为8.8S和10.9S。8.8S改用于大六角头高强度螺栓;10.9S改用于大六角头高强度螺栓及扭剪型高强度螺栓。高强度螺栓采用的钢号和力学性能见表2-48,与其配套的螺母、垫圈制作材料见表2-49。

表2-48　高强度螺栓采用的钢号和力学性能

螺栓种类	性能等级	采用钢号	屈服强度 f_y/(N·mm⁻²),≥	抗拉强度 f_u/(N·mm⁻²)
大六角头	8.8S	40B钢、45钢、35钢	660	860～1 030
	10.9S	20MnTiB、35VB	940	1 040～1 240
扭剪型	10.9S	20MnTiB	940	1 040～1 240

表 2-49　高强度螺栓的等级及其配套的螺母、垫圈制作材料

螺栓种类	性能等级	螺杆用钢材	螺　母	垫　圈	适用规格/mm
扭剪型	10.9S	20MnTiB	35 钢 10H	45 钢 HRC35~45	$d=16$、20、(22)、30
大六角头	10.9S	35VB	45 钢、 35 钢	45 钢、35 钢 HRC35~45	$d=12$、16、20、(22)、24、(27)、30
		20MnTiB			$d\leqslant24$
		40B	15MnVTi10H		$d\leqslant24$
	8.8S	45 钢	35 钢	45 钢、35 钢 HRC35~45	$d\leqslant22$
		35 钢			$d\leqslant16$

注：表中螺栓直径为目前生产的规格，其中带括号者为非标准型，尽量少用。

二、进场检验

(1)钢结构连接用的普通螺栓、高强度大六角头螺栓连接副、扭剪型高强度螺栓连接副等紧固件，应符合表 2-50 所列标准的规定。

表 2-50　钢结构连接用紧固件标准

标准编号	标准名称
GB/T 5780—2016	《六角头螺栓　C 级》
GB/T 5781—2016	《六角头螺栓　全螺纹　C 级》
GB/T 5782—2016	《六角头螺栓》
GB/T 5783—2016	《六角头螺栓　全螺纹》
GB/T 1228—2006	《钢结构用高强度大六角头螺栓》
GB/T 1229—2006	《钢结构用高强度大六角螺母》
GB/T 1230—2006	《钢结构用高强度垫圈》
GB/T 1231—2006	《钢结构用高强度大六角头螺栓、大六角螺母、垫圈技术条件》
GB/T 3632—2008	《钢结构用扭剪型高强度螺栓连接副》
GB/T 3098.1—2010	《紧固件机械性能　螺栓、螺钉和螺柱》

(2)高强度大六角头螺栓连接副和扭剪型高强度螺栓连接副，应分别有扭矩系数和紧固轴力(预拉力)的出厂合格检验报告，并随箱附带。当高强度螺栓连接副保管时间超过 6 个月后使用时，应按相关要求重新进行扭矩系数或紧固轴力试验，并应在合格后再使用。

(3)高强度大六角头螺栓连接副和扭剪型高强度螺栓连接副，应分别进行扭矩系数和紧固轴力(预拉力)复验，试验螺栓应从施工现场待安装的螺栓批中随机抽取，每批应抽取 8 套连接副进行复验。

1)高强度大六角头螺栓连接副应按规定检验其扭矩系数。复验用螺栓应在施工现场待安装的螺栓批中随机抽取，每批应抽取 8 套连接副进行复验。连接副扭矩系数复验用的计量器具应在试验前进行标定，误差不得超过 2%。

每套连接副只应做一次试验，不得重复使用。在紧固中垫圈发生转动时，应更换连接副，重新试验。

连接副扭矩系数的复验应将螺栓穿入轴力计，在测出螺栓预拉力 P 的同时，应测定施加于螺母上的施拧扭矩值 T，并应按下式计算扭矩系数 K：

$$K = \frac{T}{P \cdot d}$$

式中　T——施拧扭矩($\mathrm{N \cdot m}$)；

d——高强度螺栓的公称直径(mm)；

P——螺栓预拉力(kN)。

进行连接副扭矩系数试验时，螺栓预拉力值应符合表 2-51 的规定。

表 2-51　螺栓预拉力值范围

螺栓规格/mm		M16	M20	M22	M24	M27	M30
预拉力值 P/kN	10.9 S	93～113	142～177	175～215	206～250	265～324	325～390
	8.8 S	62～78	100～120	125～150	140～170	185～225	230～275

每组 8 套连接副扭矩系数的平均值应为 0.110～0.150，标准偏差应小于或等于 0.010。

2)扭剪型高强度螺栓连接副应按规定检验预拉力。复验用的螺栓应在施工现场待安装的螺栓批中随机抽取，每批应抽取 8 套连接副进行复验。

连接副预拉力可采用经计量检定、校准合格的轴力计进行测试。

试验用的电测轴力计、油压轴力计、电阻应变仪、扭矩扳手等计量器具，应在试验前进行标定，其误差不得超过 2%。

采用轴力计方法复验连接副预拉力时，应将螺栓直接插入轴力计。紧固螺栓分初拧、终拧两次进行，初拧应采用手动扭矩扳手或专用定扭电动扳手。初拧值应为预拉力标准值的 50% 左右。终拧应采用专用电动扳手，至尾部梅花头拧掉，读出预拉力值。

每套连接副应只做一次试验，不得重复使用。在紧固中垫圈发生转动时，应更换连接副，重新试验。

复验螺栓连接副的预拉力平均值和标准偏差应符合表 2-52 的规定。

表 2-52　扭剪型高强度螺栓紧固预拉力和标准偏差　　　　　　　kN

螺栓直径/mm	16	20	(22)	24
紧固预拉力的平均值 $\overline{P}$	99～120	154～186	191～231	222～270
标准偏差 σ_p	10.1	15.7	19.5	22.7

(4)建筑结构安全等级为一级，跨度为 40 m 及以上的螺栓球节点钢网架结构，其连接高强度螺栓应进行表面硬度试验，8.8S 的高强度螺栓其表面硬度应为 HRC21～29，10.9S 的高强度螺栓其表面硬度应为 HRC32～36，且不得有裂纹或损伤。

(5)普通螺栓作为永久性连接螺栓，在设计文件要求或对其质量有疑义时，应进行螺栓实物最小拉力载荷复验，复验时每一规格螺栓应抽查 8 个。

本章小结

本章主要介绍了钢结构的常用材料(包括钢材、钢铸件、焊接材料和紧固件)的品种、规格、主要性能及质量检验。其中，着重讲述了屈服强度、抗拉强度、断后伸长率、耐疲劳性和冲击韧性等钢材的机械性能，影响钢材力学性能的各种因素以及在不同情况下如何选择钢号和材质。

一、填空题

1. 按照化学成分的不同，可以把钢材分为_____和_____两大类。

2. 根据钢中所含有害杂质的多少，工业用钢通常分为_____、_____和_____三大类。

3. 钢产品牌号中的元素含量用_____表示。

4. 建筑钢结构使用的钢板(钢带)根据轧制方法可分为_____和_____。

5. 钢材的质量检验方法有_____、_____、_____和_____四种。

二、选择题

1. 低合金钢中合金元素的总质量分数小于(　　)%。

    A. 5 　　　　　　　B. 10 　　　　　　　C. 15 　　　　　　　D. 20

2. 钢是碳含量小于(　　)%的铁碳合金。

    A. 1 　　　　　　　B. 1.5 　　　　　　　C. 2 　　　　　　　D. 2.11

3. (　　)是衡量钢材塑性及延性性能的指标。

    A. 耐疲劳性 　　　B. 伸长率 　　　　　C. 抗拉强度 　　　　D. 冲击韧性

4. 钢材的主要化学成分是(　　)。

    A. 铁 　　　　　　B. 碳 　　　　　　　C. 铁和碳 　　　　　D. 铁和锰

5. 钢材表面的锈蚀深度，不得超过其厚度负偏差值的(　　)。

    A. 1/2 　　　　　　B. 1/3 　　　　　　　C. 1/4 　　　　　　D. 1/5

三、简答题

1. 钢材的工艺性能包括哪些内容？

2. 热处理及残余应力对钢材性能的影响体现在哪些方面？

3. 钢材检验的类型有哪几种？

4. 焊条药皮质量应符合哪些规定？

5. 如何选择焊条？

第三章 钢结构连接工程

1. 具备进行钢结构连接施工的能力。
2. 具备进行钢结构连接质量验评的能力。

1. 了解钢结构焊接人员的基本要求与职责；熟悉焊接的常用方法与形式；熟悉焊缝连接的特性及焊接应力与焊接变形；掌握钢结构焊接技术。

2. 了解钢结构普通螺栓的分类及其排列方法与构造要求；掌握钢结构普通螺栓连接技术；掌握钢结构普通螺栓螺纹防松技术。

3. 了解高强度螺栓的分类；掌握高强度螺栓孔的加工方法；掌握高强度螺栓连接构造和计算方法；掌握钢结构高强度螺栓连接技术；掌握钢结构高强度螺栓螺纹防松技术及摩擦面处理技术。

钢结构的基本构件由钢板、型钢等连接而成，再由构件通过一定的连接方式组合成整体结构。钢结构的连接方式通常有焊缝连接、螺栓连接和铆钉连接三种（图 3-1）。连接时一般可采用一种连接方式，有时也可采用螺栓连接和焊缝连接的混合连接方式。因铆钉连接费工、费料，目前已基本被焊缝连接和高强度螺栓连接取代，因此，本章重点介绍焊缝连接和螺栓连接。

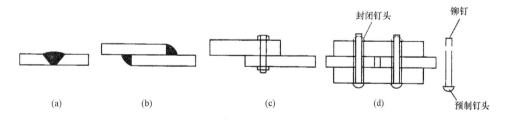

图 3-1 钢结构的连接方式

（a），（b）焊缝连接；（c）螺栓连接；（d）铆钉连接

第一节 钢结构焊缝连接

焊接是指用加热、加压等方法把两个金属元件永久连接起来的一种方法，如电弧焊、电阻焊、气焊等。

一、焊接工艺过程及焊接人员要求

1. 焊接工艺过程

焊接结构种类繁多，虽然其制造、用途和要求有所不同，但其所有结构的生产工艺过程都大致相近。

(1)生产准备。 生产准备包括审查与熟悉施工图纸，了解技术要求，进行工艺分析，制定生产工艺流程、工艺文件、质量保证文件，进行工艺评定及工艺方法的确认，原材料及辅助材料的订购，焊接工艺装备的准备等。

(2)金属材料的预处理。 金属材料的预处理包括材料的验收、分类、储存、矫正、除锈、表面保护处理、预落料等工序，以便为焊接结构生产提供合格的原材料。

(3)备料及成形加工。 备料及成形加工包括划线、放样、号料、下料、边缘加工、冷热成形加工、端面加工及制孔等工序，以便为装配与焊接提供合格的元件。

(4)装配-焊接。 装配-焊接包括欲焊部位的清理、装配、焊接等工序。装配是将制造好的各个元件，采用适当的工艺方法，按安装施工图的要求组合在一起。焊接是指将组合好的构件，用选定的焊接方法和正确的焊接工艺进行焊接加工，使之连接成为一个整体，以便使金属材料最终变成所要求的金属结构。装配和焊接是整个焊接结构生产过程中两个最重要的工序。

(5)质量检验与安全评定。 在焊接结构生产过程中，产品质量十分重要，质量检验应贯穿于生产的全过程。全面质量管理必须明确三个基本观点，以此来指导焊接生产的检验工作：一是树立下道工序是用户、工作对象是用户、用户第一的观点；二是树立预防为主、防检结合的观点；三是树立质量检验是全企业每个员工本职工作的观点。

2. 焊接人员资格与要求

钢结构施工单位应具备现行国家标准《钢结构焊接规范》(GB 50661—2011)规定的基本条件和人员资格。

(1)钢结构焊接有关人员的资格。

1)焊接技术人员应接受过专门的焊接技术培训，且有一年以上焊接生产或施工实践经验。

2)焊接技术负责人除应满足1)的规定外，还应具有中级以上技术职称。承担焊接难度等级为C级和D级焊接工程的施工单位，其焊接技术负责人应具有高级技术职称。

3)焊接检验人员应接受过专门的技术培训，有一定的焊接实践经验和技术水平，并具有检验人员上岗资格证。

4)无损检测人员必须由专业机构考核合格，其资格证应在有效期内，并按考核合格项目及权限从事无损检测和审核工作。承担焊接难度等级为C级和D级焊接工程的无损检测审核人员应具备现行国家标准《无损检测　人员资格鉴定与认证》(GB/T 9445—2015)中的3级资格要求。

5)焊工应按所从事钢结构的钢材种类、焊接节点形式、焊接方法、焊接位置等要求进行技术资格考试，并取得相应的资格证书。其施焊范围不得超越资格证书的规定。

6)焊接热处理人员应具备相应的专业技术。用电加热设备加热时，其操作人员应经过专业培训。

(2)钢结构焊接有关人员的职责。

1)焊接技术人员负责组织进行焊接工艺评定，编制焊接工艺方案及技术措施和焊接作业指导书或焊接工艺卡，处理施工过程中的焊接技术问题。

2)焊接检验人员负责对焊接作业进行全过程的检查和控制，出具检查报告。

3)无损检测人员应按设计文件或相应规范规定的探伤方法及标准对受检部位进行探伤，出具检测报告。

4)焊工应按照焊接工艺文件的要求施焊。

5)焊接热处理人员应按照热处理作业指导书及相应的操作规程进行作业。

二、焊接常用方法

(一)焊条电弧焊

焊条电弧焊是最常用的熔焊方法之一。焊接过程如图 3-2 所示。在焊条末端和工件之间燃烧的电弧所产生的高温使药皮、焊芯和焊件熔化。在药皮熔化过程中产生的气体和熔渣，不仅使熔池与电弧周围的空气隔绝，而且和熔化了的焊芯、母材发生一系列冶金反应，使熔池金属冷却结晶后形成符合要求的焊缝。

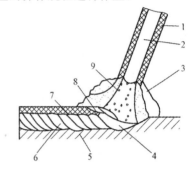

图 3-2　焊条电弧焊构成示意
1—药皮；2—焊芯；3—保护气体；4—熔池；
5—母材；6—焊缝；7—渣壳；8—熔渣；9—熔滴

1. 焊条电弧焊的特点

(1)焊条电弧焊具有以下优点：

1)设备简单，维护方便。焊条电弧焊可用交流弧焊机或直流弧焊机进行焊接，这些设备都比较简单，购置设备的投资少，而且维护方便，这是它应用广泛的原因之一。

2)操作灵活。在空间任意位置的焊缝，凡焊条能够到的地方都能进行焊接。

3)应用范围广。选用合适的焊条可以焊接低碳钢、低合金高强度钢、高合金钢及有色金属。不仅可以焊接同种金属，而且可以焊接异种金属，还可以在普通钢上堆焊具有耐磨、耐腐蚀、高硬度等特殊性能的材料，应用范围很广。

(2)焊条电弧焊的缺点。

1)对焊工要求高。焊条电弧焊的焊接质量，除靠选用合适的焊条、焊接参数及焊接设备外，主要靠焊工的操作技术和经验保证。在相同的工艺设备条件下，技术水平高、经验丰富的焊工更能焊出优良的焊缝。

2)劳动条件差。焊条电弧焊主要靠焊工的手工操作控制焊接的全过程，焊工不仅要完成引弧、运条、收弧等动作，而且要随时观察熔池，根据熔池情况，不断地调整焊条角度、摆动方式和幅度，以及电弧长度等。在整个焊接过程中，焊工需要手脑并用、精神高度集中。焊工在有毒的烟尘及金属和金属氧氮化合物的蒸汽、高温环境中工作，劳动条件是比较差的，需要加强劳动保护。

3)生产效率低。由于焊材利用率不高，熔敷率低，难以实现机械化和自动化，故生产效率低。

2. 焊条电弧焊工艺

(1)焊前准备。焊前准备主要包括坡口的制备、欲焊部位的清理、焊条焙烘、预热等。对上述工作必须给予足够的重视，否则会影响焊接质量，严重时还会造成焊后返工或使工件报废。因焊件材料不同等因素，焊前准备工作也各不相同。下面仅以碳钢及普通低合金钢为例加以说明。

1)坡口的制备。坡口制备的方法很多，应根据焊件的尺寸、形状与本厂的加工条件综合考虑进行选择。目前，工厂中常用剪切、气割、刨边、车削、碳弧气刨等方法制备坡口。

2)欲焊部位的清理。对于焊接部位，焊前要清除水分、铁锈、油污、氧化皮等杂物，以利于获得高质量的焊缝。清理时，可根据被清物的种类及具体条件，分别选用钢丝刷刷、砂轮磨或喷丸处理等手工或机械方法，也可用除油剂(汽油、丙酮)清洗的化学方法，必要时，也可用氧-乙炔焰烘烤清理的部位，以去除焊件表面的油污和氧化皮。

3)焊条焙烘。焊条的焙烘温度因药皮类型不同而异，应按焊条说明书的规定进行。低氢型焊条的焙烘温度为 300 ℃～350 ℃，其他焊条在 70 ℃～120 ℃之间。温度过低，达不到去除水分的目的；温度过高，则容易引起药皮开裂，导致焊接时成块脱落，而且药皮中的组成物会分解或氧化，直接影响焊接质量。焊条焙烘一般采用专用的烘箱，应遵循使用多少烘多少，随烘随用的原则，烘后的焊条不宜在露天放置过久，可放在低温烘箱或专用的焊条保温筒内。

4)焊前预热。预热是指焊接开始前对焊件的全部或局部进行加热的工艺措施。预热的目的是降低焊接接头的冷却速度，以改善组织，减小应力，防止焊接缺陷。

焊件是否需要预热及预热温度的选择，要根据焊件材料、结构的形状与尺寸而定。整体预热一般在炉内进行；局部预热可用火焰加热、工频感应加热或红外线加热。

(2)焊接参数的选择。在焊接时，为保证焊接质量而选定的诸个物理量，如焊条直径、焊接电流、电弧电压和焊接速度、焊接层数等，总称为焊接工艺参数。

1)焊条直径的选择。为了提高生产效率，应尽可能地选用直径较大的焊条，但用直径过大的焊条焊接，容易造成未焊透或焊缝成形不良等缺陷。选用焊条直径应考虑焊件的位置及厚度，平焊位置或厚度较大的焊件应选用直径较大的焊条，在横焊、立焊、仰焊位置焊接时，焊接电流应比平焊位置小 10%～20%；较薄焊件应选用直径较小的焊条，见表 3-1。另外，在焊接同样厚度的 T 形接头时，选用的焊条直径应比对接接头的焊条直径大些。

表 3-1　焊接直径与焊件厚度的关系

焊件厚度/mm	2	3	4～5	6～12	>13
焊条直径/mm	2	3.2	3.2～4	4～5	4～6

2)焊接电流的选择。在选择焊接电流时，要考虑的因素有很多，如焊条直径、药皮类型、焊件厚度、接头类型、焊接位置、焊道层次等。一般的，焊条直径越粗，熔化焊条所需的热量越大，则必须增大焊接电流。每种直径的焊条都有一个最合适的焊接电流范围。常用焊条焊接电流值见表 3-2。

表 3-2　各种直径焊条使用焊接电流的参考值

焊条直径/mm	1.6	2.0	2.5	3.2	4.0	5.0	5.8
焊接电流/A	0～25	40～65	50～80	100～130	160～210	200～270	260～300

还可以根据选定的焊条直径用经验公式计算焊接电流。即

$$I = 10d^2$$

式中　I——焊接电流(A)；

　　　d——焊条直径(mm)。

通常在焊接打底焊道时，特别是在焊接单面焊双面成形的焊道时，使用的焊接电流较小，才便于操作和保证背面焊道的质量；在焊接填充焊道时，为了提高效率，保证熔合良好，通常都使用较大的焊接电流；而在焊接盖面焊道时，为防止咬边和获得较美观的焊道，使用的焊接电流应稍小些。

3)电弧电压。电弧电压主要影响焊缝的宽窄。电弧电压越高，焊缝就越宽，因为焊条电弧焊时，焊缝宽度主要靠焊条的横向摆动幅度来控制，因此，电弧电压的影响不明显。

在一般情况下，电弧长度等于焊条直径的1/2～1倍为好，相应的电弧电压为16～25 V。碱性焊条的电弧长度应为焊条直径的1/2较好，酸性焊条的电弧长度应等于焊条直径。

4)焊接速度。焊接速度就是单位时间内完成焊缝的长度。焊条电弧焊时，在保证焊缝具有所要求的尺寸和外形，保证熔合良好的原则下，焊接速度由焊工根据具体情况灵活掌握。

5)焊接层数的选择。在厚板焊接时，必须采用多层焊或多层多道焊。多层焊的前一条焊道对后一条焊道起预热作用，而后一条焊道对前一条焊道起热处理作用(退火和缓冷)，有利于提高焊缝金属的塑性和韧性。每层焊道厚度不能大于4～5 mm。

(二)埋弧焊

1. 埋弧焊基本原理

图3-3是埋弧焊焊接过程示意图。焊剂由漏斗流出后，均匀地撒在装配好的焊件上，焊丝由送丝机构经送丝滚轮和导电嘴送入焊接电弧区。焊接电源的输出端分别接在导电嘴和焊件上。送丝机构、焊剂漏斗和控制盘通常装在一台小车上，使焊接电弧匀速地向前移动。通过操作控制盘上的开关，就可以自动控制焊接过程。图3-4所示为埋弧焊焊缝形成示意图。

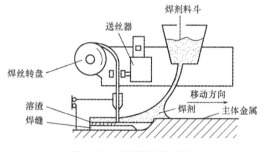

图3-3 埋弧焊焊接过程

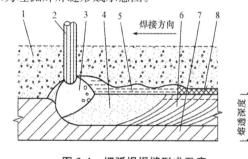

图3-4 埋弧焊焊缝形成示意

1—焊剂；2—焊丝；3—电弧；4—熔池金属；
5—熔渣；6—焊缝；7—母材；8—渣壳

2. 埋弧焊特点

(1)埋弧焊具有以下优点：

1)生产效率高。埋弧焊可采用比焊条电弧焊较大的焊接电流。埋弧焊使用 $\phi4\sim4.5$ mm 的焊丝时，通常使用的焊接电流为600～800 A，甚至可达到1 000 A。埋弧焊的焊接速度可达50～80 cm/min。对板厚在8 mm以下的板材对接时可不用开坡口。厚度较大的板材所开坡口也比焊条电弧焊所开坡口小，节省了焊接材料，提高了焊接生产效率。

2)焊缝质量好。埋弧焊时，焊接区为气-渣联合保护，保护效果好，使熔池液体金属与熔化的焊剂有较多的时间进行冶金反应，减少了焊缝中气孔、夹渣、裂纹等缺陷的产生。

3)劳动条件好。由于实现了焊接过程机械化，操作比较方便，减轻了焊工的劳动强度，而且电弧是在焊剂层下燃烧，没有弧光的辐射，烟尘也较少，改善了焊工的劳动条件。

(2)埋弧焊具有以下缺点：

1）一般只能在水平或倾斜角度不大的位置上进行焊接。其他位置焊接需采用特殊措施以保证焊剂能覆盖焊接区。

2）不能直接观察电弧与坡口的相对位置，如果没有采用焊缝自动跟踪装置，焊缝容易焊偏。

3）由于埋弧焊的电场强度较大，当电流小于 100 A 时，电弧的稳定性不好，因此，薄板焊接较困难。

3. 埋弧焊工艺

（1）坡口的基本形式和尺寸。埋弧自动焊由于使用的焊接电流较大，对于厚度在 12 mm 以下的板材，可以不开坡口，采用双面焊接，以达到全焊透的要求。对于厚度大于 12～20 mm 的板材，为了达到全焊透，在单面焊后，焊件背面应清根，再进行焊接。对于厚度较大的板材，应开坡口后再进行焊接。坡口形式与焊条电弧焊基本相同，由于埋弧焊的特点，采用较厚的钝边，以免焊穿。

（2）焊接电流。电流是决定熔深的主要因素，增大电流能提高生产率，但在一定焊速下，若焊接电流过大会使热影响区过大，易产生焊瘤及焊件被烧穿等缺陷；若电流过小，则熔深不足，易产生熔合不好、未焊透、夹渣等缺陷。

（3）焊接电压。焊接电压是决定熔宽的主要因素。当焊接电压过大时，焊剂熔化量增加，电弧不稳，严重时会产生咬边和气孔等缺陷。

（4）焊接速度。当焊接速度过快时，会产生咬边、未焊透、电弧偏吹和气孔等缺陷，以及焊缝余高大而窄，成形不好。若焊接速度太慢，则焊缝余高过高，形成宽而浅的大熔池，焊缝表面粗糙，容易产生满溢、焊瘤或烧穿等缺陷；焊接速度太慢且焊接电压又太高时，焊缝截面呈"蘑菇形"，容易产生裂纹。

（5）焊丝直径与伸出长度。在焊接电流不变时减小焊丝直径，因电流密度增加，熔深增大，焊缝成形系数也会随之减小。因此，焊丝直径要与焊接电流相匹配，见表 3-3。焊丝伸出长度增加时，熔敷速度和金属增加。

表 3-3　不同直径焊丝的焊接电流范围

焊丝直径/mm	2	3	4	5	6
电流密度/(A·mm^{-2})	63～125	50～85	40～63	35～50	28～42
焊接电流/A	200～400	350～600	500～800	500～800	800～1 200

（6）焊丝倾角。当采用单丝焊时，焊件放在水平位置，焊丝与工件垂直；当采用前倾焊时，适用于焊薄板。当焊丝后倾时，焊缝成形不良，一般只用于多丝焊的前导焊丝。

（7）焊剂层厚度与粒度。当焊剂层厚度增大时，熔宽减小，熔深略有增加；当焊剂层太薄时，电弧保护不好，容易产生气孔或裂纹；当焊剂层太厚时，焊缝变窄，成形系数减小。焊剂颗粒度增加，熔宽加大，熔深略有减小，但焊剂颗粒度增加过大，不利于熔池保护，易产生气孔。

（三）自动（半自动）电弧焊

自动电弧焊是利用小车完成施焊过程的焊接方法，焊接时将自动电弧焊的设备装在小车上，使小车按规定速度沿轨道移动。通电引弧后，焊丝附件的构件熔化，焊渣浮于熔化的金属表面将焊剂埋盖，保护熔化后的金属。若焊机的移动是通过人工操作实现的，则称为半自动电弧焊。

自动（半自动）电弧焊的焊接质量明显比手工电弧焊高，特别适用于焊缝较长的直线焊缝。自动（半自动）电弧焊的焊丝一般采用专门的焊接用钢丝。对 Q235 钢，可采用 H08A、H08MnA、H08E 等焊丝，相应的焊剂分别为 HJ431、HJ430 和 SJ401。对 Q345 钢，厚板深坡口对接可用

H08MnMoA、H10Mn2 焊丝，焊剂可用 HJ350；中厚板开坡口对接可用 H08MnA、H10Mn2 和 H10MnSi 焊丝；不开坡口的对接焊缝，可用 H08 A 焊丝，焊剂可用 HJ430、HJ431 或 SJ301。对 Q390 钢和 Q420 钢，厚板深坡口对接时常用 H08MnMoA 焊丝，焊剂为 HJ350 或 HJ250；中厚板开坡口对接时用 H10Mn2、H10MnSi，不开坡口的对接焊缝用 H08A、H08MnA 焊丝，焊剂用 HJ430 或 HJ431。

（四）二氧化碳气体保护焊

1. 二氧化碳气体保护焊基本原理

二氧化碳气体保护焊的工作原理如图 3-5 所示。焊接时，在焊丝与焊件之间产生电弧；焊丝自动送进，被电弧熔化形成熔滴，并进入熔池；二氧化碳气体经喷嘴喷出，包围电弧和熔池，起着隔离空气和保护焊接金属的作用。同时，二氧化碳气体还参与冶金反应，在高温下的氧化性有助于减少焊缝中的氢。但是其高温下的氧化性也有不利之处，焊接时，需采用含有一定量脱氧剂的焊丝或采用带有脱氧剂成分的药芯焊丝，使脱氧剂在焊接过程中进行冶金脱氧反应，以消除二氧化碳气体氧化作用的不利影响。二氧化碳气体保护焊按操作方式，可分为自动焊和半自动焊。

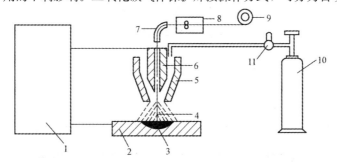

图 3-5 二氧化碳气体保护焊工作原理示意

1—焊接电源；2—焊件；3—熔池；4—二氧化碳气体；5—气体喷嘴；6—导电嘴；
7—软管；8—送丝机；9—焊丝盘；10—二氧化碳气瓶；11—气体流量计

2. 二氧化碳气体保护焊的特点

（1）二氧化碳气体保护焊的优点：

1）二氧化碳电弧焊电流密度大，热量集中，电弧穿透力强，熔深大而且焊丝的熔化率高，熔敷速度快，焊后焊渣少不需清理，因此，其生产率可比手工焊提高 1～4 倍。

2）二氧化碳气体和焊丝的价格比较便宜，对焊前生产准备要求低，焊后清渣和校正所需的工时也少，而且电能消耗少，因此，其成本比焊条电弧焊和埋弧焊低，通常只有埋弧焊和焊条电弧焊的 40%～50%。

3）二氧化碳焊可以用较小的电流实现短路过渡方式。这时电弧对焊件是间断加热，电弧稳定，热量集中，焊接热输入小，焊接变形小，特别适合于焊接薄板。

4）二氧化碳焊是一种低氢型焊接方法，抗锈能力较强，焊缝的含氢量少，抗裂性能好，且不易产生氢气孔。二氧化碳焊可实现全位置焊接，而且可焊工件的厚度范围较宽。

5）二氧化碳焊是一种明弧焊接方法，焊接时便于监视和控制电弧和熔池，有利于实现焊接过程的机械化和自动化。

（2）二氧化碳气体保护焊的缺点：

1）焊接过程中金属飞溅较多，焊缝外形较为粗糙。不能焊接易氧化的金属材料，且必须采用含有脱氧剂的焊丝。

2）抗风能力差，不适于野外作业。设备比较复杂，需要有专业队伍负责维修。

3. 二氧化碳气体保护焊工艺

（1）焊前准备。焊前准备工作包括坡口设计、坡口加工、清理等。

1）坡口设计。因二氧化碳焊采用细滴过渡时，电弧穿透力较大，熔深较大，容易烧穿焊件，所以其对装配质量要求较严格。坡口开得要小一些，钝边适当大些，对接间隙不能超过 2 mm。如果用直径 1.5 mm 的焊丝，钝边可留 4～6 mm，坡口角度可减小到 45°左右。板厚在 12 mm 以下时开 I 形坡口；大于 12 mm 的板材可以开较小的坡口。但是，坡口角度过小易形成梨形熔深，在焊缝中心可能产生裂缝。尤其在焊接厚板时，由于拘束应力大，这种倾向进一步增大，必须十分注意。

二氧化碳焊采用短路过渡时熔深浅，不能按细滴过渡方法设计坡口。通常允许较小的钝边，甚至可以不留钝边。又因为这时的熔池较小，熔化金属温度低、黏度大，搭桥性能良好，所以间隙大些也不会烧穿。例如，对接接头，允许间隙为 3 mm。当要求较高时，装配间隙应小于 3 mm。

采用细滴过渡焊接角焊缝时，考虑到熔深大的特点，其焊脚尺寸可以比焊条电弧焊时减小 10%～20%，见表 3-4。因此，可以进一步提高二氧化碳焊的效率，减少材料的消耗。

表 3-4　不同板厚焊角尺寸

焊接方法	焊角/mm			
	板厚 6 mm	板厚 9 mm	板厚 12 mm	板厚 16 mm
CO_2 焊	5	6	7.5	10
焊条电弧焊	6	7	8.5	11

2）坡口清理。焊接坡口及其附近有污物，会造成电弧不稳，并易产生气孔、夹渣和未焊透等缺陷。为了保证焊接质量，要求在坡口正反面的周围 20 mm 范围内清除水、锈、油、漆等污物。

清理坡口的方法有：喷丸清理、钢丝刷清理、砂轮磨削、用有机溶剂脱脂、气体火焰加热。在使用气体火焰加热时，应注意充分地加热清除水分、氧化铁皮和油等。切忌稍微加热就将火焰移去，这样在母材冷却作用下会生成水珠，水珠进入坡口间隙内，将产生相反的效果，造成焊缝有较多的气孔。

（2）焊接工艺参数的选择原则及对焊接质量的影响。二氧化碳气体保护焊的焊接参数主要包括焊丝直径、焊接电流、电弧电压、焊接速度、焊丝伸出长度、电源极性、回路电感以及气体流量等。

1）焊丝直径。焊丝直径的选择应以焊件厚度、焊接位置及生产率的要求为依据，同时还必须兼顾到熔滴过渡的形式以及焊接过程的稳定性。一般细焊丝用于焊接薄板，随着焊件厚度的增加，焊丝直径要求增加。焊丝直径的选择可参考表 3-5。

表 3-5　不同焊丝直径的适用范围

焊丝直径/mm	熔滴过渡形式	焊接厚度/mm	焊缝位置
0.8	短路过渡	1.5～2.3	全位置
	细滴过渡	2.5～4	水平
1.0～1.2	短路过渡	2～8	全位置
	细滴过渡	2～12	水平
1.6	短路过渡	3～12	立、横、仰
≥1.6	细滴过渡	>6	水平

2)焊接电流。焊接电流选择的依据是：母材的板厚、材质、焊丝直径、施焊位置及要求的熔滴过渡形式等。焊丝直径为 1.6 mm 且短路过渡的焊接电流在 200 A 以下时，能得到飞溅小、成形美观的焊道；细滴过渡的焊接电流在 350 A 以上时，能得到熔深较大的焊道，常用于焊接厚板。焊接电流的选择见表 3-6。

表 3-6　焊接电流的选择

焊丝直径/mm	焊接电流/A	
	细颗粒过渡（电弧电压 30～45 V）	短路过渡（电弧电压 16～22 V）
0.8	150～250	60～160
1.2	200～300	100～175
1.6	350～500	120～180
2.4	600～750	150～200

3)电弧电压。电弧电压是焊接参数中很重要的一个参数。电弧电压的大小直接影响着熔滴过渡形式、飞溅及焊缝成形。为获得良好的工艺性能，应该选择最佳的电弧电压值，其与焊接电流、焊丝直径和熔滴过渡形式等因素有关，见表 3-7。

表 3-7　常用焊接电流及电弧电压的适用范围

焊丝直径/mm	短路过渡		滴状过渡	
	焊接电流/A	电弧电压/V	焊接电流/A	电弧电压/V
0.6	40～70	17～19		
0.8	60～100	18～19		
1.0	80～120	18～21		
1.2	100～150	19～23	160～400	25～35
1.6	140～200	20～24	200～500	26～40
2.0			200～600	27～40
2.5			300～700	28～42
3.0			500～800	32～44

4)焊接速度。在焊接前，应先根据母材板厚、接头和坡口形式、焊缝空间位置对焊接电流和电弧电压进行调整，达到电弧稳定燃烧的要求，然后考虑焊道截面大小，来选择焊接速度。通常采用半自动二氧化碳焊时，熟练焊工的焊接速度为 0.3～0.6 m/min。

5)焊丝伸出长度。焊丝伸出长度是焊丝进入电弧前的通电长度，这对焊丝起着预热作用。根据生产经验，合适的焊丝伸出长度应为焊丝直径的 10～15 倍。对于不同直径和不同材料的焊丝，允许使用的焊丝伸出长度是不同的，见表 3-8。

表 3-8　焊丝伸出长度的选择

焊丝直径/mm	H08Mn2SiA/mm	H06Cr09Ni9Ti/mm
0.8	6～12	5～9
1.0	7～13	6～11
1.2	8～15	7～12

6)焊接回路。焊接回路电感主要用于调节电流的动特性，以获得合适的短路电流增长速度 di/dt，从而减少飞溅并调节短路频率和燃烧时间，以控制电弧热量和熔透深度。焊接回路电感

值应根据焊丝直径和焊接位置来选择。

7）电源极性。二氧化碳气体保护焊通常都采用直流反接，焊件接负极，焊丝接正极，其焊接过程稳定，焊缝成形较好。直流正接时，焊件接正极，焊丝接负极，主要用于堆焊、铸铁补焊及大电流高速二氧化碳气体保护焊。

8）气体流量。流量过大或过小都对保护效果有影响，易产生气孔等缺陷。CO_2 气体的流量，应根据对焊接区的保护效果来选择。通常细焊丝短路过渡焊接时，CO_2 气体的流量通常为 5～15 L/min，粗丝焊接时为 15～25 L/min，粗丝大电流 CO_2 焊时为 35～50 L/min。

9）焊枪倾角。焊枪的倾角也是不容忽视的因素。焊枪倾角对焊缝成形的影响，如图 3-6 所示，当焊枪与焊件成后倾角时，焊缝窄，余高大，熔深较大，焊缝成形不好；当焊枪与焊件成前倾角时，焊缝宽，余高小，熔深较浅，焊缝成形好。

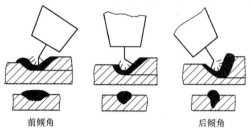

前倾角　　　　后倾角

图 3-6　焊枪倾角对焊缝成形的影响

（五）常用焊接方法的选择

焊接施工应根据钢结构的种类、焊缝质量要求、焊缝形式、位置和厚度等选定焊接方法、焊接电焊机和电流，焊接方法的选择见表 3-9。

表 3-9　常用焊接方法的选择

焊接类别		使用特点	适用场合
焊条电弧焊	交流焊机	设备简单，操作灵活方便，可进行各种位置的焊接，不减弱构件截面，保证质量，施工成本较低	焊接普通钢结构，为工地广泛应用的焊接方法
	直流焊机	焊接技术与使用交流焊机相同，焊接时电弧稳定，但施工成本比采用交流焊机高	用于焊接质量要求较高的钢结构
埋弧焊		在焊剂下熔化金属，焊接热量集中，熔深大，效率高，质量好，没有飞溅现象，热影响区小，焊缝成形均匀美观；操作技术要求低，劳动条件好	在工厂焊接长度较大、板较厚的直线状贴角焊缝和对接焊缝
半自动焊		与埋弧焊机焊接基本相同，操作较灵活，但使用不够方便	焊接较短的或弯曲形状的贴角和对接焊缝
CO_2 气体保护焊		用 CO_2 或惰性气体代替焊药保护电弧的光面焊丝焊接；可全位置焊接，质量较好，熔速快，效率高，省电，焊后不用清除焊渣，但焊时应避风	薄钢板和其他金属焊接，大厚度钢柱、钢梁的焊接

三、焊接接头

（一）焊接接头的组成

焊接接头是组成焊接结构的关键元件，它的性能与焊接结构的性能和安全有着直接的关系。焊接接头是由焊缝金属、熔合区、热影响区组成的，如图 3-7 所示。

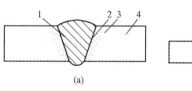
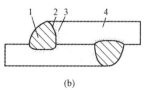

（a）　　　　　　　　（b）

图 3-7　熔焊焊接接头的组成

（a）对接接头断面图；（b）搭接接头断面图

1—焊缝金属；2—熔合区；3—热影响区；4—母材

(二)焊缝的基本形式

焊缝是构成焊接接头的主体部分,有对接焊缝和角焊缝两种基本形式。

1. 对接焊缝

在对接焊缝的拼接处,当焊件的宽度不同或厚度在一侧相差 4 mm 以上时,应分别在宽度方向或厚度方向从一侧或两侧做成坡度不大于 1:2.5 的斜角(图 3-8);当厚度不同时,焊缝坡口形式应根据较薄焊件厚度相关要求取用。

对于较厚的焊件($t \geqslant 20$ mm,t 为钢板厚度),应采用 V 形缝、U 形缝、K 形缝、X 形缝。其中,V 形缝和 U 形缝为单面施焊,但在焊缝根部还需补焊。对于没有条件补焊时,要事先在根部加垫板(图 3-9)。当焊件可随意翻转施焊时,使用 K 形缝和 X 形缝较好。

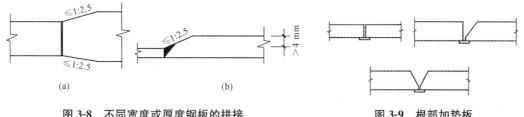

图 3-8 不同宽度或厚度钢板的拼接
(a)不同宽度;(b)不同厚度

图 3-9 根部加垫板

在钢板厚度或宽度有变化的焊接中,为了使构件传力均匀,应在板的一侧或两侧做成坡度不大于 1:4 的斜角,形成平缓的过渡,如图 3-10 所示。

当采用部分焊透的对接焊缝时,应在设计图中注明坡口的形式和尺寸,其计算厚度 h_e 不得小于 $1.5\sqrt{t}$,t 为较大的焊件厚度。在直接承受动力荷载的结构中,垂直于受力方向的焊缝不宜采用部分焊透的对接焊缝。

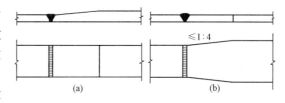

图 3-10 不同厚度或宽度的钢板连接
(a)改变厚度;(b)改变宽度

钢板拼接采用对接焊缝时,纵横两个方向的对接焊缝可采用十字形交叉或 T 形交叉;当采用 T 形交叉时,交叉点的间距不得小于 200 mm,如图 3-11 所示。

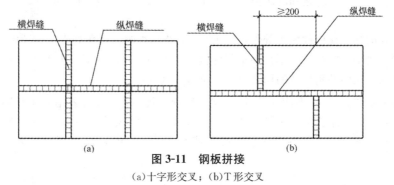

图 3-11 钢板拼接
(a)十字形交叉;(b)T 形交叉

2. 角焊缝

(1)角焊缝的形式。角焊缝主要用于两个不在同一平面的焊件连接,可分为平行于力作用方向的侧面角焊缝、垂直于力作用方向的正面角焊缝和力作用方向成斜角的斜向角焊缝,如图 3-12 所示。角焊缝通常有三种主要截面形式,即普通型焊缝、凹面型焊缝和平坦型焊缝,如图 3-13 所示。

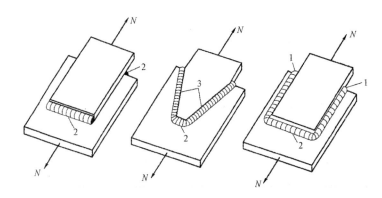

图 3-12　角焊缝的受力形式

1—侧面角焊缝；2—正面角焊缝；3—斜向角焊缝

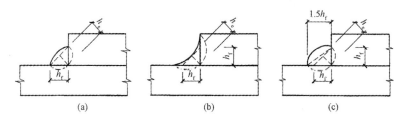

图 3-13　角焊缝的截面形式

(a)普通型；(b)凹面型；(c)平坦型

(2)角焊缝的构造。

1)一般规定。钢结构角焊缝的构造应符合下列规定：

①在直接承受动力荷载的结构中，角焊缝表面应做成普通型或凹面型。焊脚尺寸的比例：正面角焊缝宜为 1 : 1.5(长边顺内力方向)；侧面角焊缝可为 1 : 1。

②在次要构件或次要焊缝连接中，可采用断续角焊缝。断续角焊缝焊段的长度不得小于 $10h_f$ 或 50 mm，其净距不应大于 $15t$(对受压构件)或 $30t$(对受拉构件)，t 为较薄焊件的厚度。

③当板件的端部仅有两侧面角焊缝连接时，每条侧面角焊缝长度不应小于两侧面角焊缝之间的距离；同时两侧面焊缝之间的距离不应大于 $16t$($t>12$ mm)或 190 mm($t \leqslant 12$ mm)，t 为较薄焊件的厚度。

④当角焊缝的端部在构件转角处作长度为 $2h_f$ 的绕角焊时，转角处必须连续施焊。

⑤在搭接连接中，搭接长度不得小于焊件较小厚度的 5 倍，并不得小于 25 mm。

2)尺寸要求。钢构件角焊缝的构造尺寸应符合下列规定：

①角焊缝的焊脚尺寸 h_f 不应小于 $1.5\sqrt{t}$，t 为较厚焊件厚度(当采用低氢型碱性焊条施焊时，t 可采用较薄焊件的厚度)。但对埋弧自动焊，最小焊脚尺寸可减小 1 mm；对 T 形连接的单面角焊缝，应增加 1 mm。当焊件厚度等于或小于 4 mm 时，最小焊脚尺寸应与焊件厚度相同。

②角焊缝的焊脚尺寸不应大于较薄焊件厚度的 1.2 倍(钢管结构除外)，但板件(厚度为 t)边缘的角焊缝最大焊脚尺寸还应符合下列要求：

当 $t \leqslant 6$ mm 时，$h_f \leqslant t$；

当 $t > 6$ mm 时，$h_f \leqslant t-(1 \sim 2)$mm。

圆孔或槽孔内的角焊缝尺寸也不应大于圆孔直径或槽孔短径的 1/3。

③角焊缝的两焊脚尺寸一般相等。当焊件的厚度相差较大且等焊脚尺寸不符合最大（最小）焊脚尺寸要求时，可采用不等焊脚尺寸，与较薄焊件接触的焊脚边应符合最小焊脚尺寸要求，与较厚焊件接触的焊脚边应符合最大焊脚尺寸的要求。

④侧面角焊缝或正面角焊缝的计算长度不应小于 $8h_f$ 和 40 mm。

⑤侧面角焊缝的计算长度不应大于 $60h_f$，当大于上述数值时，其超过部分在计算中不予考虑。若内力沿侧面角焊缝全长分布时，其计算长度不受此限。

（3）单面角焊缝的构造要求。为减少腹板因焊接产生变形并提高工效，当 T 形接头的腹板厚度不大于 8 mm 且不要求全熔透时，可采用单面角焊缝(图 3-14)。单面角焊缝应符合下列规定：

1)单面角焊缝仅适用于承受剪力的焊缝。

2)单面角焊缝仅可用于承受静态荷载和间接动态荷载、非露天和不接触强腐蚀性介质的结构构件。

3)焊脚尺寸、焊喉及最小根部熔深应符合表 3-10 的要求。

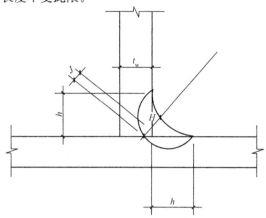

图 3-14 单面角焊缝参数

表 3-10 单面角焊缝参数   mm

腹板厚度 t_w	最小焊脚尺寸 h	有效厚度 H	最小根部熔深 J （焊丝直径1.2~2.0）
3	3	2.1	1.0
4	4	2.8	1.2
5	5	3.5	1.4
6	5.5	3.9	1.6
7	6	4.2	1.8
8	6.5	4.6	2.0

4)经工艺评定合格的焊接参数、方法不得变更。

5)对于柱与底板的连接、柱与牛腿的连接、梁端板的连接、起重机梁及支承局部悬挂荷载的吊架等，除非设计有专门规定，否则不得采用单面角焊缝。

(三)焊接接头的基本形式

焊接接头的基本形式有对接接头、搭接接头、T 形接头和角接接头四种(图 3-15)。选用接头形式时，应该熟悉各种接头的优缺点。

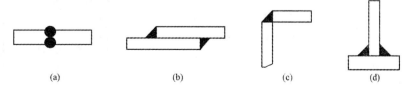

图 3-15 焊接接头的基本形式

（a)对接接头；（b)搭接接头；（c)T 形接头；（d)角接接头

1. 对接接头

两焊件表面构成大于或等于135°、小于或等于180°夹角，即两板件相对端面焊接而形成的接头称为对接接头。

对接接头从强度角度看是比较理想的接头形式，也是广泛应用的接头形式之一。在焊接结构上和焊接生产中，常见的对接接头的焊缝轴线与载荷方向相垂直，也有少数与载荷方向成斜角的斜焊缝对接接头(图3-16)，这种接头的焊缝可承受较低的正应力。过去由于焊接水平低，为了安全可靠，往往采用这种斜缝对接。但是，随着焊接技术的发展，焊缝金属具有了优良的性能，并不低于母材金属的性能，而斜缝对接因浪费材料和工时，所以，一般不再采用。

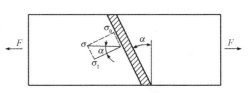

图3-16　斜焊缝对接接头

2. 搭接接头

两板件部分重叠起来进行焊接所形成的接头称为搭接接头。搭接接头的应力分布极不均匀，疲劳强度较低，不是理想的接头形式。但是，搭接接头的焊前准备和装配工作比对接接头简单得多，其横向收缩量也比对接接头小，所以，在受力较小的焊接结构中仍能得到广泛的应用。在搭接接头中，最常见的是角焊缝组成的搭接接头，一般用于12 mm以下的钢板焊接。除此之外，还有开槽焊、塞焊、锯齿状搭接等多种形式。

开槽焊搭接接头的结构形式如图3-17所示。先将被连接件加工成槽形孔，然后用焊缝金属填满该槽，开槽焊焊缝断面为矩形，其宽度为被连接件厚度的2倍，开槽长度应比搭接长度稍短一些。当被连接件的厚度不大时，可采用大功率的埋弧焊或二氧化碳气体保护焊。

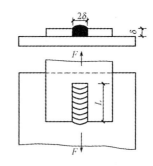

图3-17　开槽焊搭接接头

塞焊是在被连接的钢板上钻孔，用来代替开槽焊的槽形孔，用焊缝金属将孔填满使两板连接起来，如图3-18所示。当被连接板厚小于5 mm时，可以采用大功率的埋弧焊或二氧化碳气体保护焊直接将钢板熔透而不必钻孔。这种接头施焊简单，特别是对于一薄一厚的两焊件连接最为方便，生产效率较高。

锯齿缝单面搭接接头形式如图3-19所示。因单面搭接接头的强度和刚度比双面搭接接头低得多，所以，只能用在受力很小的次要部位。对背面不能施焊的接头，可用锯齿形焊缝搭接，这样能提高焊接接头的强度和刚度。若在背面施焊困难，用这种接头形式比较合理。

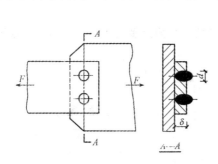

图3-18　塞焊接头

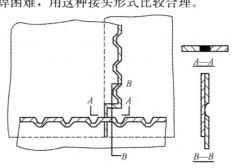

图3-19　锯齿缝单面搭接接头

3. T形接头

T形接头是指将相互垂直的被连接件，用角焊缝连接起来的接头。此接头可将一个焊件的端面与另一焊件的表面构成直角或近似直角，如图 3-20 所示。这种接头是典型的电弧焊接头，能承受各种方向的力和力矩，如图 3-21 所示。

这类接头应避免采用单面角焊接，因为这种接头的根部有很深的缺口，其承载能力低［图 3-20(a)］；对较厚的钢板，可采用 K 形坡口［图 3-20(b)］；根据受力状况决定是否需焊透。对要求完全焊透的 T 形接头，采用单边 V 形坡口［图 3-20(c)］从一面焊，焊后的背面清根焊满，比采用 K 形坡口施焊可靠。

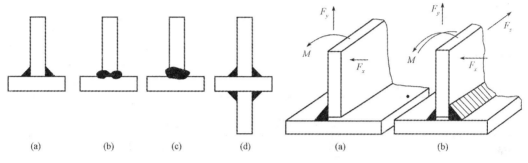

图 3-20　T形（十字）接头　　　　图 3-21　T形接头的承载能力

4. 角接接头

两板件端面构成 30°～135°夹角的接头称为角接接头。

角接接头多用于箱形构件，常用的形式如图 3-22 所示。其中，图 3-22(a)是最简单的角接接头，但其承载能力差；图 3-22(b)采用双面焊缝从内部加强角接接头，其承载能力较大，但通常不用；图 3-22(c)和图 3-22(d)开坡口易焊透，有较高的强度，而且在外观上具有良好的棱角，但应注意层状撕裂问题；图 3-22(e)和图 3-22(f)易装配、省工时，是最经济的角接接头；图 3-22(g)是保证接头具有准确直角的角接接头，并且刚度高，但角钢厚度应大于板厚；图 3-22(h)是最不合理的角接接头，焊缝多且不易施焊。

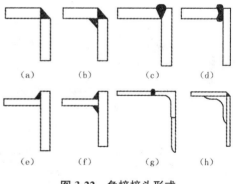

图 3-22　角接接头形式

四、焊接缺陷

1. 焊接缺陷的定义及分类

从晶体学的角度上来讲，与理想的完整金属点阵相比，将实际金属的晶体结构中出现差异的区域称为缺陷。缺陷的存在使金属的显微组织、物理化学性能以及力学性能显示出不连续性。在焊接接头中的不连续性、不均匀性以及其他不健全等欠缺，统称焊接缺陷。

在焊接结构(件)中，缺陷的种类、大小、数量、形态、分布及危害程度是评定焊接接头质量优劣的依据。若接头中存在着焊接缺陷，一般可通过补焊来修复，或者铲除焊道后重新进行焊接，有时可直接作为判废的依据。焊接缺陷的种类很多，本节主要介绍熔焊缺陷的分类。焊接缺陷从不同的角度分类如下：

(1)按主要成因可分为构造缺陷、工艺缺陷和冶金缺陷，见表3-11。

(2)按表观上可分为成形缺陷、性能缺陷和接合缺陷，见表3-11。

(3)根据《金属熔化接头缺欠陷分类及说明》(GB 6417.1－2005)，可将熔焊缺陷分为裂纹、孔穴、固体夹杂、未熔合和未焊透、形状缺陷、其他缺欠六类，具体名称见表3-12。

表3-11　焊接缺欠的分类

主要成因分类	名称	主要成因分类	名称
工艺缺陷	咬边、焊瘤、未熔合、未焊透、烧穿、未焊满、凹坑、夹渣、电弧擦伤、成形不良、余高过大、焊脚尺寸不合适	成因缺陷	咬边、焊瘤、成形不良、余高过大、焊脚不足、未焊透、错边、残余应力及变形
构造缺陷	构造不连续、缺口效应、焊缝布置不良引起的应力与变形、错边	性能缺陷	硬化、软化、脆化、耐蚀性恶化、疲劳强度下降
冶金缺陷	裂纹、气孔、夹杂物、性能恶化	接合缺陷	裂纹、气孔、未熔合

表3-12　熔焊焊接接头中常见缺陷的名称

分类	名称	备注	名称	备注
裂纹	横向裂纹 纵向裂纹 弧坑裂纹 放射状裂纹 枝状裂纹 间断裂纹 (图1)	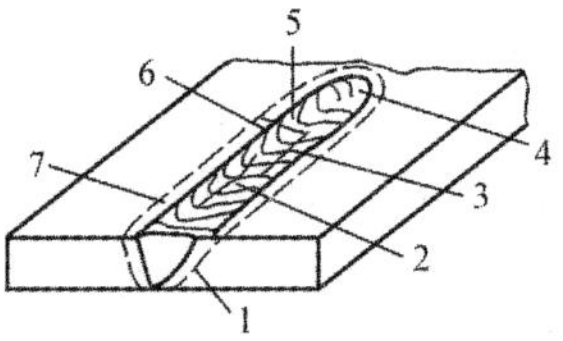 图1　各种裂纹的外观形貌 1—热影响区裂纹；2—纵向裂纹；3—间断裂纹；4—弧坑裂纹；5—横向裂纹；6—枝状裂纹；7—放射状裂纹		
	微观裂纹	在显微镜下才能观察到		
孔穴	球形气孔 均布气孔 (图2)	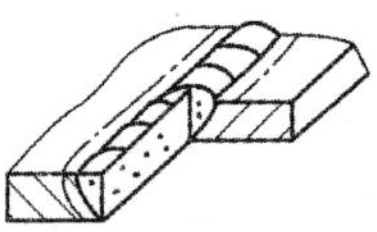 图2　均布气孔	链状气孔 (图4) 条形气孔 (图5)	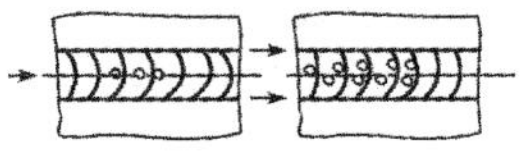 图4　链状气孔 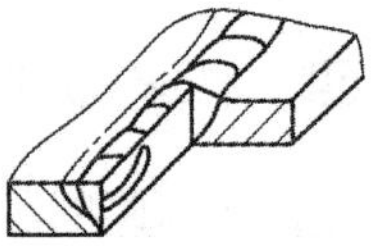 图5　条形气形
	局部密集气孔 (图3)	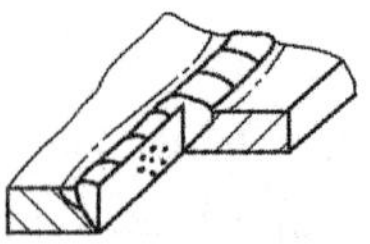 图3　局部密集气孔	表面气孔 (图7)	 图7　表面气孔
	虫形气孔 (图6)	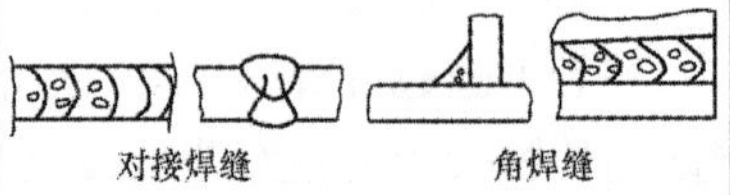 对接焊缝　　角焊缝 图6　虫形气孔		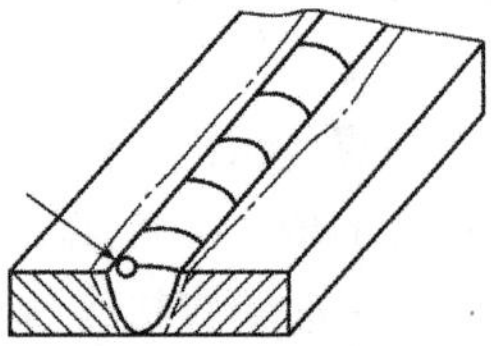

分类	名称	备注	名称	备注
固体夹杂	爆剂或熔剂夹渣、氧化物夹渣(图8)	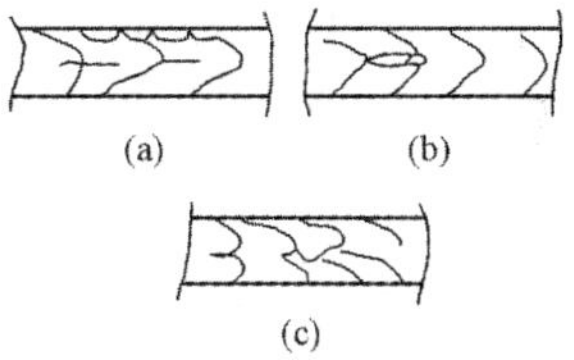 **图8 焊接中的夹渣** (a)线状夹渣；(b)孤立夹渣； (c)其他形式的夹渣	皱褶、金属夹杂	
未熔合和未焊透	未熔合(图9)	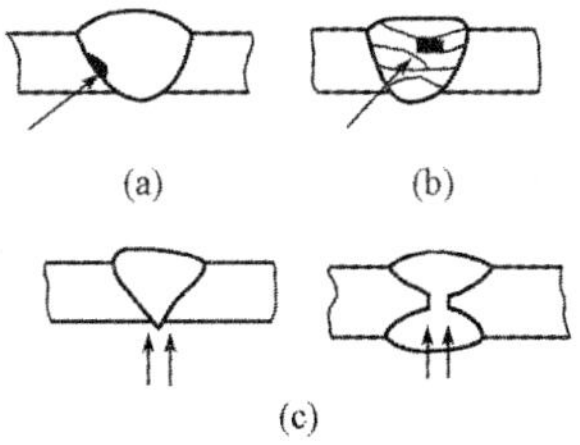 **图9 未熔合** (a)侧壁未熔合； (b)层间未熔合； (c)焊根未熔合	未焊透(图10)	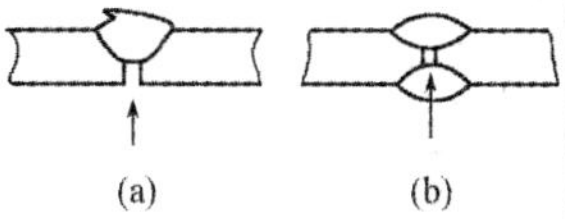 **图10 未焊缝** (a)单面焊未焊透； (b)双面焊未焊透
形状缺陷	咬边(图11)	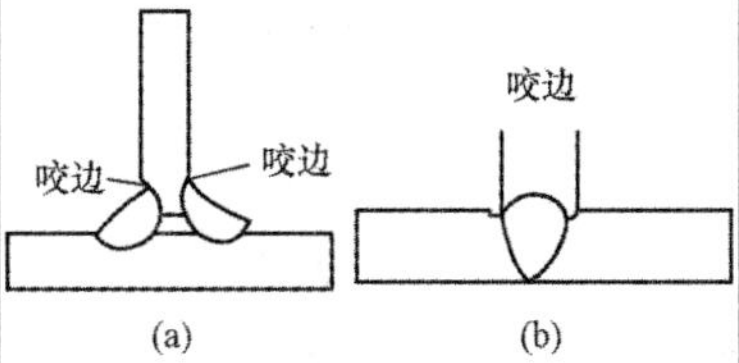 **图11 咬边** (a)角焊缝咬边； (b)对接焊缝咬边	下塌和烧穿(图12)	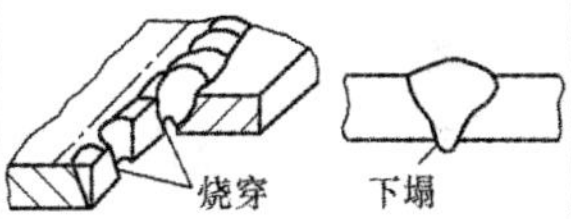 **图12 烧穿和下塌**
	焊瘤(图13)	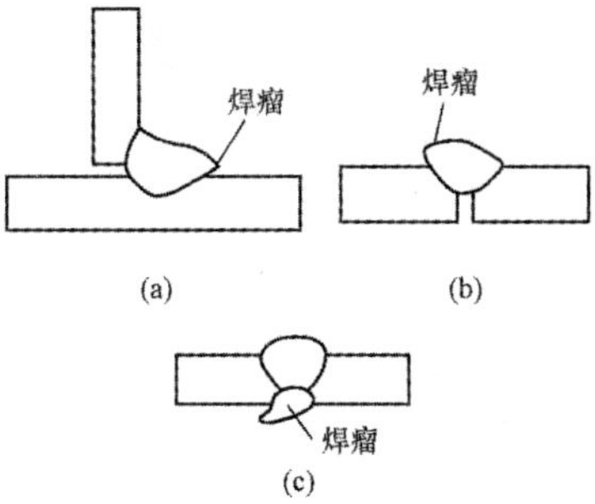 **图13 焊瘤** (a)角焊缝焊瘤；(b)对接焊缝焊瘤； (c)根部焊瘤	弧坑(图14)	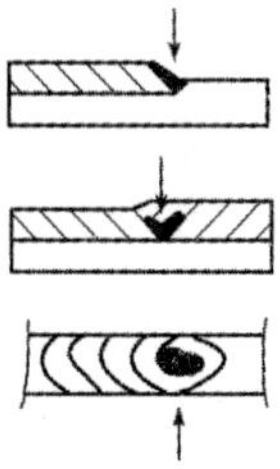 **图14 弧坑缩孔**

分类	名　称	备　注	名称	备　注
形状缺陷	错边与角变形 （图15）	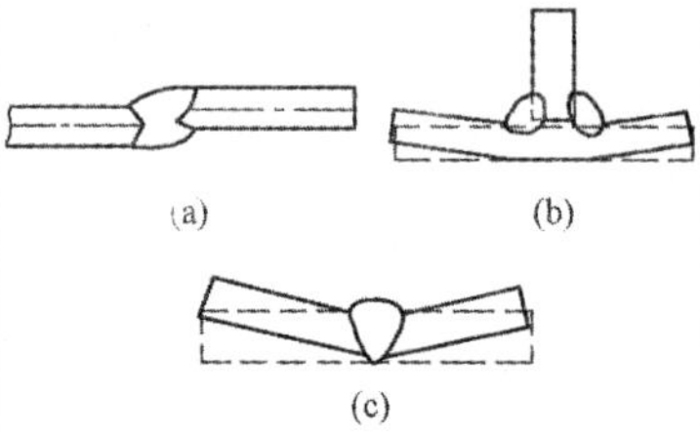 **图15　错边与角变形** (a)错边；(b)角焊时的变形； (c)V形坡口的焊后变形	焊脚不对称、 焊缝超高、 焊缝宽度不齐 （图16）	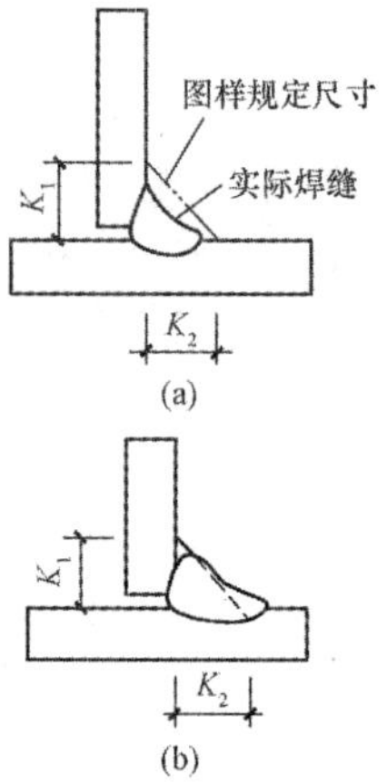 **图16　角焊缝 尺寸的缺陷** (a)焊角 K_1、K_2 偏小； (b)焊角 K_1 偏小、K_2 偏大
	焊缝表面 粗糙、不平滑 （图17）	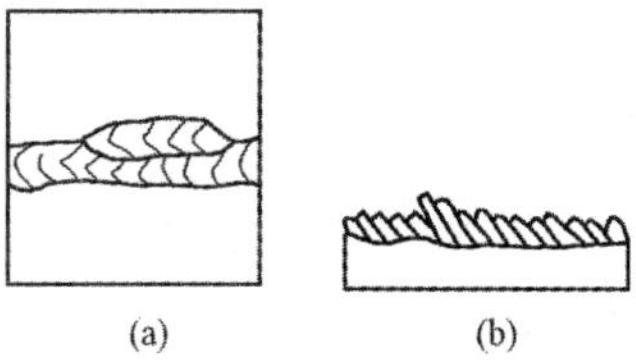 **图17　焊缝形状缺陷(1)** (a)焊缝宽度不一致； (b)焊缝高度突变	未焊满、下 垂、角焊缝 凸度过大 （图18）	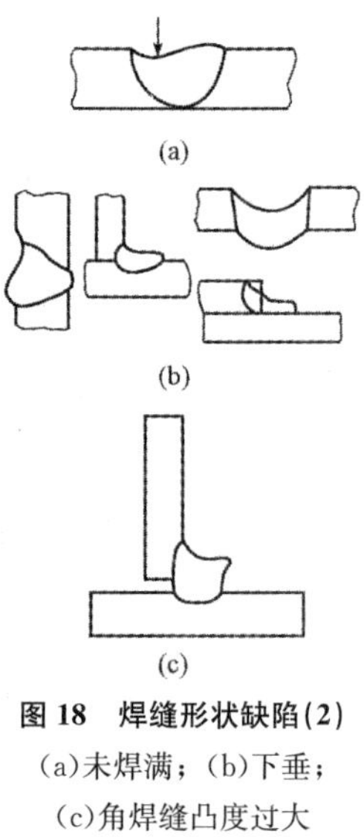 **图18　焊缝形状缺陷(2)** (a)未焊满；(b)下垂； (c)角焊缝凸度过大
其他	电弧擦伤 （图19）	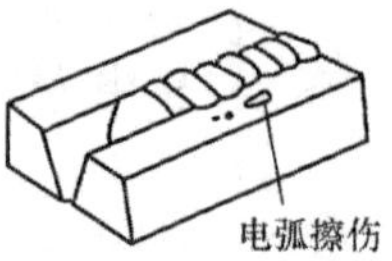 **图19　电弧擦伤**	飞溅 （图20）	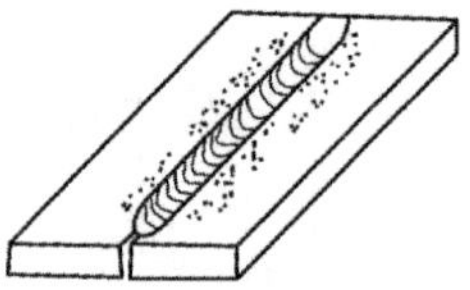 **图20　飞溅**
	有飞溅、定位焊缺陷、表面撕裂、层间错位、打磨过量、凿痕、磨痕			

（4）按影响断裂的机制可分为平面缺陷（裂纹、未熔合和线状夹渣等）和体积型缺陷（气孔和圆形夹渣等）两大类。

2. 焊接缺陷对质量的影响

焊接缺陷对质量的影响主要体现在以下几个方面：

（1）焊接缺陷引起的应力集中。焊缝中的气孔一般呈单个球状或条虫形，因此，气孔周围应力集中并不严重。而焊接接头中的裂纹常常呈扁平状，如果加载方向垂直于裂纹的平面，则裂纹两端会引起严重的应力集中。焊缝中的夹杂物具有不同的形状和包含不同的材料，其周围的应力集中与空穴相似。当焊缝中存在着密集气孔或夹渣时，在负载作用下，如果出现气孔间或夹渣间的连通（即产生豁口），则将导致应力区的扩大和应力值的上升。焊缝的形状不良、角焊缝的凸度过大及错边、角变形等焊接接头的外部缺陷，也都会引起应力集中或者产生附加的应力。

（2）焊接缺陷对静载强度的影响。试验表明，圆形缺陷所引起的强度降低与缺陷造成的承载截面的减小成正比。若焊缝中出现成串或密集气孔时，由于气孔的截面较大，同时还可能伴随着焊缝力学性能的下降（如氧化等）使强度明显降低，因此，成串气孔要比单个气孔危险得多。夹渣对强度的影响与其形状和尺寸有关。单个小球状夹渣并不比同样尺寸和形状的气孔危害大。当夹渣呈连续的细条状且排列方向垂直于受力方向时，是比较危险的。裂纹、未熔合和未焊透比气孔和夹渣的危害更大，它们不仅降低了结构的有效承载截面积，而且更重要的是产生了应力集中，有诱发脆性断裂的可能。尤其是裂纹，在其尖端存在着缺口效应，容易出现三向应力状态，会导致裂纹的失稳和扩展，以致造成整个结构的断裂，所以，裂纹是焊接结构中最危险的缺陷。

（3）焊接缺陷对脆性断裂的影响。脆性断裂是一种低应力下的破坏，而且具有突发性，事先难以发现和加以预防，故危害最大。

一般认为，结构中缺陷造成的集中应力越严重，脆性断裂的危险性越大。裂纹对脆性断裂的影响最大，其影响程度不仅与裂纹的尺寸、形状有关，而且与其所在的位置有关。如果裂纹位于高值拉应力区就容易引起低应力破坏；若位于结构的应力集中区，则更危险。

此外，错边和角变形能引起附加的弯曲应力，对结构的脆性破坏也有影响，并且角变形越大，破坏应力越低。

（4）焊接缺陷对疲劳强度的影响。缺陷对疲劳强度的影响比静载强度大得多。例如，气孔引起的承载截面减小 10% 时，疲劳强度的下降可达 50%。

焊缝内的平面型缺陷（如裂纹、未熔合、未焊透）由于应力集中系数较大，因而对疲劳强度的影响较大。含裂纹的结构与占同样面积的气孔的结构相比，前者的疲劳强度比后者降低 15%。对未焊透来讲，随着其面积的增加疲劳强度明显下降。这类平面型缺陷对疲劳强度的影响与负载的方向有关。

当焊缝内部的球状夹渣、气孔的面积较小、数量较少时，对疲劳强度的影响不大，但当夹渣形成尖锐的边缘时，则对疲劳强度的影响十分明显。

咬边对疲劳强度影响比气孔、夹渣大得多。带咬边的接头在 10^6 次循环的疲劳强度大约为致密接头的 40%，其影响程度也与负载方向有关。此外，焊缝的成形不良、焊趾区、焊根的未焊透、错边和角变形等外部缺陷都会引起应力集中，很易产生疲劳裂纹而造成疲劳破坏。

通常疲劳裂纹是从表面引发的，因此，当缺陷露出表面或接近表面时，其疲劳强度的下降要比缺陷埋藏在内部时明显得多。

（5）焊接缺陷对应力腐蚀开裂的影响。通常应力腐蚀开裂总是从表面开始。如果焊缝表面有缺陷，则裂纹很快在那里形成。因此，焊缝的表面粗糙度，结构上的死角、拐角、缺口、缝隙等都对应力腐蚀有很大影响。

五、焊缝质量检验

钢结构焊接常用的检验方法有破坏性检验和非破坏性检验两种，应针对钢结构的性质和对焊缝质量的要求，选择合理的检验方法。对重要结构或要求焊缝金属强度与被焊金属等强度的对接焊接，必须采用精确的检验方法。焊缝的质量等级不同，其检查方法和数量也不相同，可参见表 3-13 的规定。

表 3-13　焊缝不同质量级别的检查方法

焊缝质量级别	检查方法	检查数量	备　　注
一级	外观检查	全部	有疑点时用磁粉复验
	超声波检查	全部	
	X 射线检查	抽查焊缝长度的 2%，至少应有一张底片	缺陷超出规范规定时，应加倍透照，如不合格，应 100% 透照
二级	外观检查	全　部	有疑点时，用 X 射线透照复验，如发现有超标缺陷，应用超声波全部检查
	超声波检查	抽查焊缝长度的 50%	
三级	外观检查		全部

对于不同类型的焊接接头和不同的材料，可以根据图纸要求或有关规定，选择一种或几种检验方法，以确保质量。

1. 焊缝外观检验

焊缝外观检验主要是查看焊缝成形是否良好，焊道与焊道过渡是否平滑，焊渣、飞溅物等是否清理干净。

检查焊缝外观时，应先将焊缝上的污垢除净后，凭肉眼目视焊缝，必要时用 5～20 倍的放大镜，看焊缝是否存在咬边、弧坑、焊瘤、夹渣、裂纹、气孔、未焊透等缺陷。

(1)普通碳素钢应在焊缝冷却到工作地点温度以后进行；低合金结构钢应在完成焊接24 h 以后进行。

(2)焊缝金属表面焊波应均匀，不得有裂纹、夹渣、焊瘤、烧穿、弧坑和针状气孔等缺陷，焊接区不得有飞溅物。

(3)对焊缝的裂纹还可用硝酸酒精侵蚀检查，即将可疑处漆膜除净、打光，用丙酮洗净，滴上浓度 5%～10% 硝酸酒精(光洁程度高时浓度宜降低)，有裂纹即会有褐色显示，重要的焊缝还可采用红色渗透液着色探伤。

(4)二级、三级焊缝外观质量标准应符合表 3-14 的规定。

表 3-14　二级、三级焊缝外观质量标准　　　　　　　　　　　　mm

项　　目	允　许　偏　差	
缺陷类型	二　级	三　级
未焊满(指不满足设计要求)	≤0.2+0.02t，且≤1.0	≤0.2+0.04t，且≤2.0
	每100.0 焊缝内缺陷总长≤25.0	

项　　目	允　　许　　偏　　差	
根部收缩	≤0.2+0.02t，且≤1.0	≤0.2+0.04t，且≤2.0
	长度不限	
咬边	≤0.05t，且≤0.5，连续长度≤100.0，且焊缝两侧咬边总长≤10%焊缝全长	≤0.1t且≤1.0，长度不限
弧坑裂纹	—	允许存在个别长度≤5.0的弧坑裂纹
电弧擦伤	—	允许存在个别电弧擦伤
接头不良	缺口深度0.05t，且≤0.5	缺口深度0.1t，且≤1.0
	每1 000.0焊缝不应超过1处	
表面夹渣	—	深≤0.2t，长≤0.5t，且≤20.0
表面气孔	—	每50.0焊缝长度内允许直径≤0.4t，且≤3.0的气孔2个，孔距≥6倍孔径

注：表内t为连接处较薄的板厚。

(5)对接焊缝及完全熔透组合焊缝尺寸允许偏差应符合表3-15的规定。

表3-15　对接焊缝及完全熔透组合焊缝尺寸允许偏差　　　　　mm

序号	项　目	图　例	允许偏差	
			一、二级	三级
1	对接焊缝余高C		B<20时 0~3.0 B≥20时 0~4.0	B<20时 0~4.0 B≥20时 0~5.0
2	对接焊缝错边d		d<0.15t，且≤2.0	d<0.15t，且≤3.0

(6)部分焊透组合焊缝和角焊缝外形尺寸允许偏差应符合表3-16的规定。

表3-16　部分焊透组合焊缝和角焊缝外形尺寸允许偏差　　　　　mm

序号	项　目	图　例	允许偏差
1	焊脚尺寸h_f		h_f≤6时 0~1.5 h_f>6时 0~3.0
2	角焊缝余高C		h_f≤6时 0~1.5 h_f>6时 0~3.0

注：1. h_f>8.0 mm的角焊缝，其局部焊脚尺寸允许低于设计要求值1.0 mm，但总长度不得超过焊缝长度10%。
2. 焊接H形梁腹板与翼缘板的焊缝两端，在其两倍翼缘板宽度范围内，焊缝的焊脚尺寸不得低于设计值。

2. 焊缝无损探伤

焊缝无损探伤不但具有探伤速度快、效率高、轻便实用的特点，而且对焊缝内的危险性缺陷(包括裂缝、未焊透、未熔合)检验的灵敏度较高，成本也低，只是探伤结果较难判定，受人为因素影响大，且探测结果不能直接记录存档。

(1)检测要求。焊缝无损检测应符合下列规定：

1)焊缝无损检测应在外观检查合格后进行。

2)焊缝无损检测报告签发人员必须持有相应探伤方法的Ⅱ级或Ⅱ级以上资格证书。

3)设计要求。全焊透的焊缝，其内部缺陷的检验应符合下列要求：

①一级焊缝应进行100%的检验，其合格等级应为现行国家标准《焊缝无损检测 超声检测技术、检测等级和评定》(GB/T 11345—2013)B级检验的Ⅱ级及Ⅱ级以上。

②二级焊缝应进行抽检，抽检比例应不小于20%，其合格等级应为现行国家标准《焊缝无损检测 超声检测技术、检测等级和评定》(GB/T 11345—2013)B级检验的Ⅲ级及Ⅲ级以上。

一级、二级焊缝的质量等级及缺陷分级应符合表3-17的规定。

表3-17 一、二级焊缝质量等级及缺陷分级

焊缝质量等级		一级	二级
内部缺陷超声波探伤	评定等级	Ⅱ	Ⅲ
	检验等级	B级	B级
	探伤比例	100%	20%
内部缺陷射线探伤	评定等级	Ⅱ	Ⅲ
	检验等级	AB级	AB级
	探伤比例	100%	20%

注：探伤比例的计数方法应按以下原则确定：
(1)对工厂制作焊缝，应按每条焊缝计算百分比，且探伤长度应不小于200 mm，当焊缝长度不足2 000 mm时，应对整条焊缝进行探伤；
(2)对现场安装焊缝，应按同一类型、同一施焊条件的焊缝条数计算百分比，探伤长度应不小于200 mm，且不少于1条焊缝。

③全焊透的三级焊缝可不进行无损检测。

4)焊接球节点网架焊缝的超声波探伤方法及缺陷分级应符合国家现行标准《钢结构超声波探伤及质量分级法》(JG/T 203—2007)的规定。

5)螺栓球节点网架焊缝的超声波探伤方法及缺陷分级应符合国家现行标准《钢结构超声波探伤及质量分级法》(JG/T 203—2007)的规定。

6)圆管T、K、Y节点焊缝的超声波探伤方法及缺陷分级应符合上述3)中③的规定。

7)当设计文件指定进行射线探伤或超声波探伤不能对缺陷性质做出判断时，可采用射线探伤进行检测、验证。

8)射线探伤应符合现行国家标准《金属熔化焊焊接接头射线照相》(GB/T 3323—2005)的规定，射线照相的质量等级应符合A、B级的要求。一级焊缝评定合格等级应为《金属熔化焊焊接接头射线照相》(GB/T 3323—2005)的Ⅱ级及Ⅱ级以上；二级焊缝评定合格等级应为《金属熔化焊焊接接头射线照相》(GB/T 3323—2005)的Ⅲ级及Ⅲ级以上。

9)具有下列情况之一的焊缝应对其进行表面检测。

①外观检查发现裂纹时，应对该批中的同类焊缝进行100%的表面检测。

②外观检查怀疑有裂纹时，应对怀疑的部位进行表面探伤。

③设计图纸规定进行表面探伤时。

④检查员认为有必要时。

10) 铁磁性材料应采用磁粉探伤进行表面缺陷检测。确因结构原因或材料原因不能使用磁粉探伤时，方可采用渗透探伤。

11) 磁粉探伤应符合国家现行标准《无损检测　焊缝磁粉检测》(JB/T 6061—2007)的规定，渗透探伤应符合国家现行标准《无损检测　焊缝渗透检测》(JB/T 6062—2007)的规定。

(2) X 射线(或 γ 射线)检测。X 射线应用比 γ 射线广泛，它适用于厚度不大于 30 mm 的焊缝，大于 30 mm 者可用 γ 射线。X 射线可以有效地检查出整个焊缝透照区内的所有缺陷，缺陷定性及定量迅速、准确。X 射线照出的相片结果能永久记录并存档。建筑钢结构 X 射线检验质量标准，见表 3-18。

表 3-18　X 射线检验质量标准

项次	项　目		质 量 标 准	
			一　级	二　级
1	裂纹		不允许	不允许
2	未熔合		不允许	不允许
3	未焊透	对接焊缝及要求焊透的 K 形焊缝	不允许	不允许
		管件单面焊	不允许	深度≤10%δ，但不得大于 1.5 mm；长度≤条状夹渣总长
4	气孔和点状夹渣	母材厚度/mm	点数	点数
		5.0	4	6
		10.0	6	9
		20.0	8	12
		50.0	12	18
		120.0	18	24
5	条状夹渣	单个条状夹渣	$\delta/3$	$2\delta/3$
		条状夹渣总长	在 12δ 的长度内，不得超过 δ	在 6δ 的长度内，不得超过 δ
		条状夹渣间距/mm	$6L$	$3L$

表中 δ 为母材厚度(mm)；L 表示相邻两夹渣中较长者(mm)；点数指计算指数，是指 X 射线底片上任何 10 mm×50 mm 的焊缝区域内(宽度小于 10 mm 的焊缝，长度仍用 50 mm)允许的气孔点数。母材厚度在表中所列厚度之间时，其允许气孔点数用插入法计算取整数。各种不同直径的气孔应按表 3-19 换算点数。

表 3-19　不同直径的气孔点数换算表

气孔直径/mm	<0.5	0.6～1.0	1.1～1.5	1.6～2.0	2.1～3.0	3.1～4.0	4.1～5.0	5.1～6.0	6.1～7.0
换算点数	0.5	1	2	3	5	8	12	16	20

(3) 超声波探伤。超声波是一种人耳不能听到的每秒振荡频率在 20 kHz 以上的高频机械波。它是利用由压电效应原理制成的压电材料超声换能器而获得的。用于建筑钢结构焊缝超声波探伤的主要波型是纵波和横波。圆管 T、K、Y 节点焊缝的超声波探伤方法及缺陷分级应符合如下规定：

1)圆钢管分支节点焊缝的超声波探伤主要适用于支管管径不小于 150 mm、壁厚不小于 6 mm、板厚外径之比在 13% 以下的圆钢管,并应符合现行国家标准《焊缝无损检测 超声检测技术、检测等级和评定》(GB/T 11345－2013)的规定。

2)探头应选用小芯片(如 6 mm×6 mm)、短前沿、高频率(5~6 MHz)及尽可能大的折射角(或 K 值),且应能完成一跨距范围内整个焊缝截面的检测。此外,还应选用声阻抗较大、黏度较大且易清理的耦合剂,如甘油。

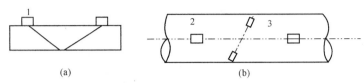

图 3-23 灵敏度修正量的确定

(a)试板与 RB 试块有相同的粗糙度;(b)工件探测面

3)灵敏度修正量的确定应符合图 3-23 的要求。用与探伤所用探头规格相同的两只探头在平面试板上作一跨距一收一发测试,读取增益(或衰减)值 G_1,然后在工件表面上沿轴向和实际探伤最大偏角方向分别作一跨距一收一发测试,读取 G_2、G_3。$TG=(G_2+G_3)/2-G_1$:当 $TG<2$ dB 时,可不作修正;当 $|G_2-G_3|\leqslant4$ dB 时,应按 TG 进行耦合修正;当 $|G_2-G_3|>4$ dB 时,应进一步分区测试,取合适的区间分别进行修正。

4)探伤面及探伤方法应符合下列规定:

①圆管 T、K、Y 节点焊缝探伤应以支管表面作为探伤面,扫查时探头应与焊缝垂直。

②可采用实测或计算机辅助计算求出探伤部位的偏角 θ_B,并按下式求出该部位探测方向的曲率半径 ρ:

$$\rho=\frac{D}{2\sin2\theta_B}$$

③应按公称折射角 45°、60°、70° 或 K 值(K_1、K_2、K_3)各自能探测的范围,将焊缝划分为若干检测区,每一检测区应选用相应折射角(或 K 值)的探头。对应于某一曲率半径可用的最大折射角应按下式计算:

$$\beta_{max}=\sin^{-1}\left(1-\frac{t}{\rho}\right)$$

④应按下式计算半跨距声程修正系数 k 及水平距离修正系数 m:

$$k=\left(\frac{\rho}{t}-1\right)\left\{\frac{\sin\left[\beta+\sin^{-1}\left(\frac{\rho}{\rho-t}\sin\beta\right)\right]}{\tan\beta}\right\}$$

$$m=\left[\pi-\beta-\sin^{-1}\left(\frac{\rho}{\rho-t}\sin\beta\right)\right]\frac{\rho}{t}\cos\beta$$

式中 β——探头折射角;

t——管壁厚。

5)缺陷位置的判定方法应符合下列要求:

①半跨距点和一跨距点的声程 $W_{0.5}$、$W_{1.0}$ 及探头与焊缝的距离 $Y_{0.5}$、$Y_{1.0}$ 分别按下式计算:

$$W_{0.5}=(t/\cos\beta)k$$

$$W_{1.0}=2W_{0.5}$$

$$Y_{0.5}=(t/\tan\beta)m$$

$$Y_{1.0}=2Y_{0.5}$$

②探头与缺陷的距离 Y 及缺陷深度 d 根据读取的声程 W 按比例由下式近似求出:

当 $W < W_{0.5}$ 时

$$Y = Y_{0.5} \times W/W_{0.5}$$
$$d = t \times W/W_{0.5}$$

当 $W_{0.5} < W < W_{1.0}$ 时

$$Y = Y_{0.5} \times W/W_{0.5}$$
$$d = 2t - t \times W/W_{0.5}$$

6)缺陷评定与分级应符合下列规定:

①全焊透焊缝中上部体积性缺陷的评定应符合表 3-20 的规定。

表 3-20 全焊透焊缝中上部体积性缺陷的评定

级别	允许的最大缺陷指示长度
I	小于或等于 $t/3$，最小为 10 mm 的 II 区缺陷
II	小于或等于 $2t/3$，最小为 15 mm 的 II 区缺陷，点状的 III 区缺陷
III	小于或等于 t，最小为 20 mm 的 II 区缺陷，小于或等于 10 mm 的 III 区缺陷
IV	超过 III 级者

②全焊透焊缝根部缺陷的评定应符合表 3-21 的规定。

表 3-21 全焊透焊缝根部缺陷的评定

级别	允许的最大缺陷指示长度	
	波高为 II 区的缺陷	波高为 III 区的缺陷
I	于小或等于 $t/3$，最小可为 10 mm	小于或等于 10 mm
II	小于或等于 10%周长	小于或等于 $2t/3$，最小可为 15 mm
III	小于或等于 20%周长	小于或等于 t，最小可为 20 mm
IV	超过 III 级者	超过 III 级者

(4)焊缝焊透宽度的测量。箱形柱(梁)内隔板电渣焊焊缝焊透宽度的测量应符合下列规定:

1)应采用垂直探伤法以使用的最大声程作为探测范围调整时间轴,在被探工件无缺陷的部位将钢板的第一次底面反射回波调至满幅的 80% 高度作为探测灵敏度基准,垂直于焊缝方向从焊缝的终端开始以 100 mm 间隔进行扫查,并对两端各 $50 + t_1$ 范围进行全面扫查(图 3-24)。

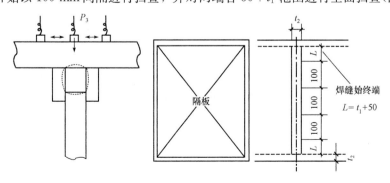

图 3-24 扫查方法示意

2)焊接前必须在面板外侧标记上焊接预定线，探伤时应以该预定线为基准线。

3)应把探头从焊缝一侧移动至另一侧，以底波高度达到40%时的探头中心位置作为焊透宽度的边界点，两侧边界点间距即为焊透宽度。

4)缺陷指示长度的测定应符合下列规定：

①焊透指示宽度不足。将按上述3)规定扫查求出的焊透指示宽度小于隔板尺寸的沿焊缝长度方向的范围作为缺陷指示长度。

②焊透宽度的边界点错移。将焊透宽度边界点向焊接预定线内侧沿焊缝长度方向错移超过3 mm的范围作为缺陷指示长度。

③缺陷在焊缝长度方向的位置以缺陷的起点表示。

钢结构焊接施工
常见问题与处理措施

3. 焊缝破坏性检验

焊缝破坏性检验见表3-22。

表3-22　焊缝破坏性检验

序号	项 目		内 容 说 明
1	力学性能试验	焊接接头的拉伸试验	拉伸试验不仅可以测定焊接接头的强度和塑性，同时还可以发现焊缝断口处的缺陷，并能验证所用焊材和工艺的正确与否。拉伸试验应按《金属材料 拉伸试验 第1部分：室温试验方法 》(GB/T 228.1—2010)进行
		焊接接头的弯曲试验	弯曲试验不仅可以用来检验焊接接头的塑性，还可以反映出接头各区域的塑性差别，暴露焊接缺陷和考核熔合线的结合质量。弯曲试验应按《焊接接头弯曲试验方法》(GB/T 2653—2008)进行
		焊接接头的冲击试验	冲击试验用以考核焊缝金属和焊接接头的冲击韧性和缺口敏感性。冲击试验应按《焊接接头冲击试验方法》(GB/T 2650—2008)进行
		焊接接头的硬度试验	硬度试验不仅可以测定焊缝和热影响区的硬度，还可以间接估算出材料的强度，用以比较出焊接接头各区域的性能差别及热影响区的淬硬倾向
2	折断面检验		为了保证焊缝在剖面处断开，可预先在焊缝表面沿焊缝方向刻一条沟槽，槽深约为厚度的1/3，然后用拉力机或锤子将试样折断。在折断面上能发现各种内部肉眼可见的焊接缺陷，如气孔、夹渣、未焊透和裂缝等，还可判断断口是韧性破坏还是脆性破坏。 焊缝折断面检验具有简单、迅速、易行和不需要特殊仪器及设备的优点，可在生产和安装现场广泛采用
3	钻孔检验		对焊缝进行局部钻孔检查，是在没有条件进行非破坏性检验条件下才采用的，一般可检查焊缝内部的气孔、夹渣、未焊透和裂纹等缺陷
4	金相检验		金相检验主要是研究、观察焊接热过程所造成的金相组织变化和微观缺陷。金相检验可分为宏观金相检验与微观金相检验。 金相检验的方法是在焊接试板(工件)上截取试样，经过打磨、抛光、侵蚀等步骤，然后在金相显微镜下进行观察。必要时把典型的金相组织摄制成金相照片，以供分析研究。 通过金相检验可以了解焊缝结晶的粗细程度、熔池形状及尺寸、焊接接头各区域的缺陷情况

第二节　普通螺栓连接

　　钢结构普通螺栓连接就是将螺栓、螺母、垫圈机械地和连接件连接在一起形成的一种连接形式。从连接工作机理看，荷载是通过螺栓杆受剪、连接板孔壁承压来传递的，接头受力后会产生较大的滑移变形，因此，一般受力较大结构或承受动力荷载的结构，应采用精制螺栓，以减少接头变形量。由于精制螺栓加工费用较高、施工难度大，因此，工程上极少采用这种螺栓，其已逐渐被高强度螺栓所取代。

一、普通螺栓的分类

　　按照普通螺栓的形式，可将其分为六角头螺栓、双头螺栓和地脚螺栓等。

　　(1)六角头螺栓。按照制造质量和产品等级，六角头螺栓可分为 A、B、C 三个等级，其中，A、B 级为精制螺栓，C 级为粗制螺栓。A、B 级一般用 35 号钢或 45 号钢做成，级别为 5.6 级或 8.8 级。A、B 级螺栓加工尺寸精确，受剪性能好，变形很小，但制造和安装复杂，价格昂贵，目前在钢结构中应用较少。C 级为六角头螺栓，也称为粗制螺栓。一般由 Q235 镇静钢制成，性能等级为 4.6 级和 4.8 级，C 级螺栓的常用规格从 M5 至 M64 共有几十种，常用于安装连接及可拆卸的结构中，有时也可以用于不重要的连接或安装时的临时固定等。在钢结构螺栓连接中，除特别注明外，一般均为 C 级粗制螺栓。普通螺栓的通用规格为 M8、M10、M12、M16、M20、M24、M30、M36、M42、M48、M56 和 M64 等。

　　(2)双头螺栓。双头螺栓一般称为螺栓，多用于连接厚板和不便使用六角螺栓连接的地方，如混凝土屋架、屋面梁悬挂单轨梁吊挂件等。

　　(3)地脚螺栓。地脚螺栓可分为一般地脚螺栓、直角地脚螺栓、锤头螺栓、锚固地脚螺栓四种。

　　1)一般地脚螺栓和直角地脚螺栓是在浇筑混凝土基础时预埋在基础之中用以固定钢柱的。

　　2)锤头螺栓是基础螺栓的一种特殊型式，是在混凝土基础浇筑时将特制模箱(锚固板)预埋在基础内，用以固定钢柱的。

　　3)锚固地脚螺栓。锚固地脚螺栓是用于钢构件与混凝土构件之间的连接件，如钢柱柱脚与混凝土基础之间的连接、钢梁与混凝土墙体的连接等。锚固地脚螺栓可分为化学试剂型和机械型两类，化学试剂型是指锚栓通过化学试剂(如结构胶等)与其所植入的构件材料粘结传力，而机械型则不需要。锚固地脚螺栓一般由圆钢制作而成，材料多为 Q235 钢和 Q345 钢，有时也采用优质碳素钢。

二、普通螺栓直径、长度的确定

1. 螺栓直径的确定

　　螺栓直径的确定应由设计人员按等强原则参照《钢结构设计标准》(GB 50017—2017)通过计算确定，但对某一个工程来讲，螺栓直径规格应尽可能少，有的还需要适当归类，以便于施工和管理。

　　一般情况下，螺栓直径应与被连接件的厚度相匹配。表 3-23 为不同连接厚度推荐选用的螺栓直径。

表 3-23　不同连接厚度推荐选用的螺栓直径　　　　　　　　　　　　　　　mm

连接件厚度	4～6	5～8	7～11	10～14	13～20
推荐的螺栓直径	12	16	20	24	27

2. 螺栓长度的确定

连接螺栓的长度应根据连接螺栓的直径和厚度确定。螺栓长度是指螺栓头内侧到尾部的距离，一般为 5 mm 进制，可按下式计算：

$$L=\delta+m+nh+C$$

式中　δ——被连接件的总厚度(mm)；

　　　m——螺母厚度(mm)；

　　　n——垫圈个数；

　　　h——垫圈厚度(mm)；

　　　C——螺纹外露部分长度(mm)(2～3 丝扣为宜，小于或等于 5 mm)。

三、螺栓的排列与构造要求

螺栓的排列应遵循简单紧凑、整齐划一和便于安装紧固的原则，通常采用并列和错列两种形式，如图 3-25 所示。并列形式较简单，但栓孔削弱截面较大；错列可减少截面削弱，但排列较繁。无论采用哪种排列，螺栓的中距、端距及边距都应满足表 3-24 的要求。

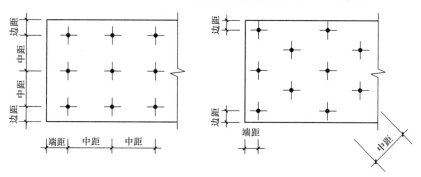

图 3-25　螺栓排列形式

表 3-24　螺栓中距、端距及边距

序号	项　　目	内　　容
1	受力要求	螺栓任意方向的中距以及边距和端距均不应过小，以免构件在承受拉力作用时，加剧孔壁周围的应力集中和防止钢板过度削弱而使承载力过低，造成沿孔与孔或孔与边之间拉断或剪断。当构件承受压力作用时，顺压力方向的中距不应过大，否则螺栓间钢板可能因失稳形成鼓曲
2	构造要求	螺栓的中距不应过大，否则钢板不能紧密贴合。外排螺栓的中距以及边距和端距更不应过大，以防止潮气侵入引起锈蚀
3	施工要求	螺栓间应有足够距离以便于转动扳手，拧紧螺母

四、普通螺栓连接计算

(1)在普通螺栓或铆钉受剪的连接中，每个普通螺栓或铆钉的承载力设计值应取受剪承载力和承压承载力设计值中的较小者。

受剪承载力设计值：

普通螺栓
$$N_V^b = n_V \frac{\pi d^2}{4} f_V^b$$

铆钉
$$N_V^r = n_V \frac{\pi d_0^2}{4} f_V^r$$

承压承载力设计值：

普通螺栓
$$N_c^b = d \sum t f_c^b$$

铆钉
$$N_c^r = d_0 \sum t f_c^r$$

式中　n_V——受剪面数目；

$\quad\quad d$——螺栓杆直径；

$\quad\quad d^0$——铆钉孔直径；

$\quad\quad \sum t$——在不同受力方向中一个受力方向承压构件总厚度的较小值；

$\quad\quad f_V^b$，f_c^b——螺栓的抗剪和承压强度设计值；

$\quad\quad f_V^r$，f_c^r——铆钉的抗剪和承压强度设计值。

(2)在普通螺栓、锚栓或铆钉杆轴方向受拉的连接中，每个普通螺栓、锚栓或铆钉的承载力设计值应按下列公式计算：

普通螺栓
$$N_t^b = \frac{\pi d_e^2}{4} f_t^b$$

锚栓
$$N_t^a = \frac{\pi d_e^2}{4} f_t^a$$

铆钉
$$N_t^r = \frac{\pi d_0^2}{4} f_t^r$$

式中　d_e——螺栓或锚栓在螺纹处的有效直径；

$\quad\quad f_t^b$，f_t^a，f_t^r——普通螺栓、锚栓和铆钉的抗拉强度设计值。

(3)同时承受剪力和杆轴方向拉力的普通螺栓和铆钉，应分别符合下列公式的要求：

普通螺栓
$$\sqrt{\left(\frac{N_V}{N_V^b}\right)^2 + \left(\frac{N_t}{N_t^b}\right)^2} \leqslant 1$$
$$N_V \leqslant N_c^b$$

铆钉
$$\sqrt{\left(\frac{N_V}{N_V^r}\right)^2 + \left(\frac{N_t}{N_t^r}\right)^2} \leqslant 1$$
$$N_V \leqslant N_c^r$$

式中　N_V，N_t——某个普通螺栓或铆钉所承受的剪力和拉力；

$\quad\quad N_V^b$，N_t^b，N_c^b——一个普通螺栓的受剪、受拉和承压承载力设计值；

$\quad\quad N_V^r$，N_t^r，N_c^r——一个铆钉的受剪、受拉和承压承载力设计值。

五、普通螺栓连接施工

1. 一般要求

普通螺栓作为永久性连接螺栓时，应符合下列要求：

（1）一般的螺栓连接。螺栓头和螺母下面应放置平垫圈，从而增大承压面积。螺栓头下面放置的垫圈一般不应多于两个，螺母下面放置的垫圈一般不应多于一个。

（2）对于承受动荷载或重要部位的螺栓连接，应按设计要求放置弹簧垫圈，且必须放置在螺母一侧。

（3）对于设计有要求防松动的螺栓，锚固螺栓应采用有防松装置的螺母或弹簧垫圈或者人工方法采取防松措施。

2. 螺栓的布置

螺栓的布置应使各螺栓受力合理，同时要求各螺栓尽可能远离形心和中性轴，以便充分和均衡地利用各个螺栓的承载能力。

螺栓之间的间距确定，既要考虑螺栓连接的强度与变形等要求，又要考虑其便于装拆的操作要求。各螺栓之间及螺栓中心线与机件之间应留有扳手操作空间。螺栓或铆钉的最大、最小容许距离应符合表 3-25 的要求。

表 3-25　螺栓或铆钉的最大、最小容许距离

名称		位置和方向		最大容许距离 （取两者的较小值）	最小容许距离
中心间距	外排（垂直内力方向或顺内力方向）			$8d_0$ 或 $12t$	$3d_0$
	中间排	垂直内力方向		$16d_0$ 或 $24t$	
		顺内力方向	构件受压力	$12d_0$ 或 $18t$	
			构件受拉力	$16d_0$ 或 $24t$	
	沿对角线方向				
中心至构件边缘距离	顺内力方向			$4d_0$ 或 $8t$	$2d_0$
	垂直内力方向	剪切边或手工气割边			$1.5d_0$
		轧制边、自动气割或锯割边	高强度螺栓		$1.5d_0$
			其他螺栓或铆钉		$1.2d_0$

注：1. d_0 为螺栓或铆钉的孔径，t 为外层较薄板件的厚度。
　　2. 钢板边缘与刚性构件（如角钢、槽钢等）相连的螺栓或铆钉的最大间距，可按中间排的数值采用。

3. 螺栓孔加工

在螺栓连接前，须对螺栓孔进行加工，可根据连接板的大小采用钻孔或冲孔加工。冲孔一般只用于较薄钢板和非圆孔的加工，而且要求孔径一般不小于钢板的厚度。

（1）钻孔前，将工件按图样要求画线，检查后打样冲眼。样冲眼应打大些，使钻头不易偏离中心。在工件孔的位置画出孔径圆和检查圆，并在孔径圆上及其中心冲出小坑。

（2）当螺栓孔要求较高，叠板层数较多，同类孔距也较多时，可采用钻模钻孔或预钻小孔，再在组装时扩孔的方法。

预钻小孔直径的大小取决于叠板的层数，当叠板少于五层时，预钻小孔的直径一般小于 3 mm；当叠板层数大于五层时，预钻小孔的直径应小于 6 mm。

（3）对于精制螺栓（A、B 级螺栓），螺栓孔必须是 I 类孔，并且具有 H12 的精度，孔壁表面粗糙度 Ra 不应大于 12.5 μm，为保证上述精度要求必须钻孔成形。

（4）对于粗制螺栓（C 级螺栓）螺栓孔为 II 类孔，孔壁表面粗糙度 Ra 不应大于 25 μm，其允许偏差满足一定要求。

4. 螺栓的装配

普通螺栓的装配应符合下列要求：

（1）螺栓头和螺母下面应放置平垫圈，以增大承压面积。

（2）每个螺栓一端不得垫两个及两个以上的垫圈，并不得采用大螺母代替垫圈。螺栓拧紧后，外露丝扣不应少于两扣。螺母下的垫圈一般不应多于一个。

（3）对于设计有要求防松动的螺栓、锚固螺栓应采用有防松装置的螺母（双螺母）或弹簧垫圈，或用人工方法采取防松措施（如将螺栓外露丝扣打毛）。

（4）对于承受动荷载或重要部位的螺栓连接，应按设计要求放置弹簧垫圈，弹簧垫圈必须设置在螺母一侧。

（5）对于工字钢、槽钢的类型钢应尽量使用斜垫圈，使螺母和螺栓头部的支承面垂直于螺杆。

（6）双头螺栓的轴心线必须与工件垂直，通常用角尺进行检验。

（7）装配双头螺栓时，首先将螺纹和螺孔的接触面清理干净，然后用手轻轻地把螺母拧到螺纹的终止处；如果遇到拧不紧的情况，不能用扳手强行拧紧，以免损坏螺纹。

（8）螺母与螺钉装配时，其要求如下：

1）螺母或螺钉与零件贴合的表面要光洁、平整，贴合处的表面应当经过加工，否则容易使连接件松动或使螺钉弯曲。

2）螺母或螺钉和接触的表面之间应保持清洁，螺母孔内的脏物要清理干净。

六、螺栓紧固及其检验

（1）紧固轴力。为了使螺栓受力均匀，应尽量减少连接件变形对紧固轴力的影响，保证节点连接螺栓的质量。为了使连接接头中螺栓受力均匀，螺栓的紧固次序应从中间开始，向两边对称地进行；对大型接头应采用复拧；对 30 号正火钢制作的各种直径螺栓进行旋拧时，所承受的轴向允许荷载见表 3-26。

表 3-26 各种直径螺栓的允许荷载

螺栓的公称直径/mm		12	16	20	24	30	36
轴向允许轴力	无预先锁紧/N	17 200	3 300	5 200	7 500	11 900	17 500
	螺栓在荷载下锁紧/N	1 320	2 500	4 000	5 800	9 200	13 500
扳手最大允许扭矩/(kg·cm⁻²)		320	800	1 600	2 800	5 500	9 700
(N·cm⁻²)		3 138	7 845	1 569	27 459	53 937	95 125

注：对于 Q235 及 45 号钢，应将表中允许值分别乘以修正系数 0.75 及 1.1。

（2）成组螺母的拧紧。拧紧成组的螺母时，必须按照一定的顺序进行，并做到分次序逐步拧紧（一般分为三次拧紧）；否则会使零件或螺杆产生松紧不一致，甚至变形。在拧紧长方形布置的成组螺母时，必须从中间开始，逐渐向两边对称地扩展，如图 3-26（a）所示。在拧紧方形或圆形布置的成组螺母时，必须对称地进行，如图 3-26（b）、（c）所示。

（3）紧固质量检验。普通螺栓连接的螺栓紧固检验比较简单，一般采用锤击法。用 3 kg 的小锤，一手扶住螺栓头或螺母，另一手用锤敲，应保证螺栓头（螺母）不偏移、不颤动、不松动、锤声比较干脆，否则说明螺栓紧固质量不好需要重新进行紧固施工。对接配件在平面上的差值超过 0.5～3 mm 时，应对较高的配件高出部分做成 1：10 的斜坡，斜坡不得用火焰切割。当高度超过 3 mm 时，必须设置和该结构相同钢号的钢板做成的垫板，并用连接配件相同的加工方法对垫板的两侧进行加工。

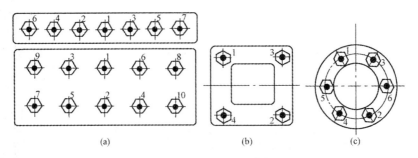

图 3-26　拧紧成组螺母的方法
(a)长方形布置；(b)方形布置；(c)圆形布置

七、螺栓螺纹防松措施

一般螺纹连接均具有自锁性，在受静载和工作温度变化不大时，不会自行松脱。但在冲击、振动或变荷载的作用下，以及在工作温度变化较大时，这种连接有可能松动，以致影响工作，甚至发生事故。为了保证连接安全可靠，对螺纹连接必须采取有效的防松措施。

(1)增大摩擦力的防松措施。这类防松措施是使拧紧的螺纹之间不因外荷载变化而失去压力，因而始终有摩擦阻力防止连接松脱。增大摩擦力的防松措施有安装弹簧垫圈和使用双螺母等。

(2)机械防松措施。此类防松措施是利用各种止动零件，阻止螺纹零件的相对转动来实现的。机械防松较为可靠，故应用较多。常用的机械防松措施有开口销与槽形螺母、止退垫圈与圆螺母、止动垫圈与螺母、串联钢丝等。

(3)不可拆防松措施。利用点焊、点铆等方法把螺母固定在螺栓或被连接件上，或者把螺钉固定在被连接件上，以达到防松的目的。

第三节　高强度螺栓连接

高强度螺栓是钢结构工程中发展起来的一种新型连接形式，它已发展成为当今钢结构连接的主要手段之一，并在高层建筑钢结构中已成为主要的连接件。高强度螺栓是用优质碳素钢或低合金钢材料制成的一种特殊螺栓，由于螺栓的强度高，故称为高强度螺栓。高强度螺栓连接具有安装简便、迅速、能装能拆和承压高、受力性能好、安全可靠等优点。

一、高强度螺栓分类

高强度螺栓采用经过热处理的高强度钢材做成，施工时需要对螺栓杆施加较大的预拉力。高强度螺栓从性能等级上可分为 8.8 级和 10.9 级(也记作 8.8S、10.9S)。根据其受力特征可分为摩擦型高强度螺栓与承压型高强度螺栓两类。

摩擦型高强度螺栓是指靠被连接板件间的摩擦阻力传递剪力，以摩擦阻力刚被克服作为连接承载力的极限状态。其具有连接紧密、受力良好、耐疲劳的特点，适宜承受动力荷载，但连接面需要做摩擦面处理，如喷砂、喷砂后涂无机富锌漆等。承压型高强度螺栓是指当剪力大于摩擦阻力后，以栓杆被剪断或连接板被挤坏作为承载力极限状态，其计算方法基本上同普通螺栓一致，它们承载力极限值大于摩擦型高强度螺栓。

根据螺栓构造及施工方法不同，可分为大六角头高强度螺栓、扭剪型高强度螺栓（图 3-27）两类。

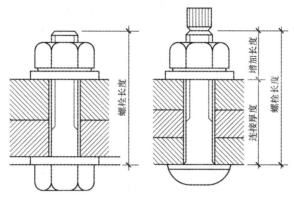

图 3-27　高强度螺栓构造
(a)大六角头高强度螺栓；(b)扭剪型高强度螺栓

(1)大六角头高强度螺栓。大六角头高强度螺栓的头部尺寸比普通六角头螺栓要大，可适应施加预拉力的工具及操作要求，同时也增大与连接板间的承压或摩擦面积。大六角头高强度螺栓施加预拉力的工具有电动、风动扳手及人工特制扳手。

(2)扭剪型高强度螺栓。扭剪型高强度螺栓的尾部连着一个梅花头，梅花头与螺栓尾部之间有一个沟槽。当用特制扳手拧螺母时，以梅花头作为反拧支点，终拧时梅花头沿沟槽被拧断，并以拧断为标准表示已达到规定的预拉力值，如图 3-28 所示。

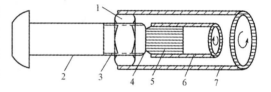

图 3-28　扭剪型高强度螺栓构造
1—螺母；2—螺杆；3—螺纹；4—檐口；
5—螺杆尾部梅花卡头；6—电动扳手筒；7—大套筒

二、高强度螺栓孔加工

高强度螺栓孔应采用钻孔，如用冲孔工艺会使孔边产生微裂纹，降低钢结构疲劳强度，还会使钢板表面局部不平整，所以，必须采用钻孔工艺。因高强度螺栓连接是靠板面摩擦传力，为使板层密贴，应有良好的面接触，所以，孔边应无飞边、毛刺。

1. 孔的分组
(1)在节点中，连接板与一根杆件相连接的所有连接孔划为一组。
(2)接头处的孔：通用接头——半个拼接板上的孔为一组；阶梯接头——两接头之间的孔为一组。
(3)在两相邻节点或接头间的连接孔为一组，但不包括上述(1)、(2)两项所指的孔。
(4)受弯构件翼缘上，每 1 m 长度内的孔为一组。

2. 孔径选配
高强度螺栓制孔时，其孔径的大小可参照表 3-27 进行选配。

表 3-27　高强度螺栓孔径选配表　　　　　　　　　　　　　　mm

螺栓公称直径	12	16	20	22	24	27	30
螺栓孔直径	13.5	17.5	22	24	26	30	33

3. 螺栓孔孔距

零件的孔距要求应按设计执行。安装时，还应注意两孔间的距离允许偏差，也可参照表 3-28 所列数值来控制。

表 3-28　螺栓孔孔距允许偏差　　　　　　　　　　　　　　mm

螺栓孔孔距范围	≤500	501~1 200	1 201~3 000	>3 000
同一组内任意两孔间距离	±1.0	±1.5	—	—
相邻两组的端孔间距离	±1.5	±2.0	±2.5	±3.0

4. 螺栓孔位移处理

高强度螺栓孔位移时，应先用不同规格的孔量规分次进行检查：第一次用比孔公称直径小 1.0 mm 的孔量规检查，每组通过孔数应占 85%；第二次用比螺栓公称直径大 0.2~0.3 mm 的孔量规检查，应全部通过，对二次不能通过的孔应经主管设计同意后，方可采用扩孔或补焊后重新钻孔来处理，并应符合以下要求：

(1)扩孔后的孔径不得大于原设计孔径 2.0 mm。

(2)在补孔时应用与原孔母材相同的焊条(禁止用钢块等填塞焊)补焊，每组孔中补焊重新钻孔的数量不得超过 20%，处理后均应做记录。

(3)在零部件小单元拼装焊接时，为防止孔位移产生偏差，可将拼装部件在底样上按实际位置进行拼装；为防止焊接变形使孔位移产生偏差，应在底样上按孔位选用画线或挡铁、插销等方法限位固定。

(4)为防止零件孔位偏差，对钻孔前的零件变形应认真矫正；钻孔及焊接后的变形在矫正时均应避开孔位及其边缘。

三、高强度螺栓连接计算

(1)高强度螺栓摩擦型连接应按下列规定计算。

1)在抗剪连接中，每个高强度螺栓的承载力设计值应按下式计算：

$$N_{\text{v}}^{\text{b}} = 0.9 n_{\text{f}} \mu P$$

式中　n_{f}——传力摩擦面数目；

　　　μ——摩擦面的抗滑移系数，应按表 3-29 采用；

　　　P——一个高强度螺栓的预拉力，应按表 3-30 采用。

表 3-29　摩擦面的抗滑移系数 μ

在连接处构件接触面的处理方法	构件钢号		
	Q235 钢	Q345 钢、Q390 钢	Q420 钢
喷砂(丸)	0.45	0.50	0.50
喷砂(丸)后涂无机富锌漆	0.35	0.40	0.40
喷砂(丸)后生赤锈	0.45	0.50	0.50
钢丝刷清除浮锈或未经处理的干净轧制表面	0.30	0.35	0.40

表 3-30　一个高强度螺栓的预拉力 P　　　　　　　　kN

螺栓的性能等级	螺栓公称直径/mm					
	M16	M20	M22	M24	M27	M30
8.8S	80	125	150	175	230	280
10.9S	100	155	190	225	290	355

2)在螺栓杆轴方向受拉的连接中，每个高强度螺栓的承载力设计值取 $N_t^b=0.8P$。

3)当高强度螺栓摩擦型连接同时承受摩擦面间的剪力和螺栓杆轴方向的外拉力时，其承载力应按下式计算：

$$\frac{N_v}{N_v^b}+\frac{N_t}{N_t^b}\leqslant 1$$

式中　N_v，N_t——某个高强度螺栓所承受的剪力和拉力；

N_v^b，N_t^b——一个高强度螺栓的受剪、受拉承载力设计值。

(2)高强度螺栓承压型连接应按下列规定计算：

1)承压型连接的高强度螺栓的预拉力 P 应与摩擦型连接的高强度螺栓相同。连接处构件接触面应清除油污及浮锈。

高强度螺栓承压型连接不应用于直接承受动力荷载的结构。

2)在抗剪连接中，虽然每个承压型连接高强度螺栓的承载力设计值的计算方法与普通螺栓相同，但当剪切面在螺纹处时，其受剪承载力设计值应按螺纹处的有效面积进行计算。

3)在杆轴方向受拉的连接中，每个承压型连接高强度螺栓的承载力设计值的计算方法与普通螺栓相同。

4)同时承受剪力和杆轴方向拉力的承压型连接的高强度螺栓，应符合下列公式的要求：

$$\sqrt{\left(\frac{N_v}{N_v^b}\right)^2+\left(\frac{N_t}{N_t^b}\right)^2}\leqslant 1$$
$$N_v\leqslant N_c^b/1.2$$

式中　N_v，N_t——某个高强度螺栓所承受的剪力和拉力；

N_v^b，N_t^b——一个高强度螺栓的受剪、受拉承载力设计值。

四、高强度螺栓连接施工

(1)高强度大六角头螺栓连接副应由一个螺栓、一个螺母和两个垫圈组成；扭剪型高强度螺栓连接副应由一个螺栓、一个螺母和一个垫圈组成，使用组合应符合表 3-31 的规定。

表 3-31　高强度螺栓连接副的使用组合

螺　　栓	螺　　母	垫　　圈
10.9S	10H	35~45HRC
8.8S	8H	35~45HRC

(2)高强度螺栓长度应以螺栓连接副终拧后外露 2~3 扣丝为标准计算，可按下列公式计算。选用的高强度螺栓公称长度应取修约后的长度，应根据计算出的螺栓长度 l 按修约间隔 5 mm 进行修约。

$$l=l'+\Delta l$$
$$\Delta l=m+ns+3p$$

式中　l'——连接板层总厚度；

Δl——附加长度，或按表 3-32 选取；

m——高强度螺母公称厚度；

n——垫圈个数，扭剪型高强度螺栓为 1，高强度大六角头螺栓为 2；

s——高强度垫圈公称厚度，当采用大圆孔或槽孔时，高强度垫圈公称厚度按实际厚度取值；

p——螺纹的螺距。

表 3-32　高强度螺栓附加长度 Δl　　　　　　　　　　mm

高强度螺栓种类	螺栓规格						
	M12	M16	M20	M22	M24	M27	M30
高强度大六角头螺栓	23	30	35.5	39.5	43	46	50.5
扭剪型高强度螺栓	—	26	31.5	34.5	38	41	45.5
注：本表附加长度 Δl 由标准圆孔垫圈公称厚度计算确定。							

(3)高强度螺栓连接副的储运应轻装、轻卸，防止损伤螺纹；对其存放、保管必须按规定进行，以防止生锈和沾染污物。所选用材质必须经过检验，符合有关标准。制作厂必须有质量保证书，严格制作工艺流程，用超探或磁粉探伤检查连接副有无发丝裂纹情况，合格后方可出厂。

(4)高强度螺栓安装时应先使用安装螺栓和冲钉。在每个节点上穿入的安装螺栓和冲钉数量，应根据安装过程所承受的荷载计算确定，并应符合下列规定：

1)不应少于安装孔总数的 1/3。

2)安装螺栓不应少于 2 个。

3)冲钉穿入数量不宜多于安装螺栓数量的 30%。

4)不得用高强度螺栓兼作安装螺栓。

(5)在施拧前进行严格检查，严禁使用螺纹损伤的连接副，生锈和沾染污物的工件要除锈和去除污物。

钢结构用扭剪型
高强度螺栓连接

(6)根据设计有关规定及工程重要性，运到现场的连接副必要时要逐个或批量按比例进行磁粉和着色探伤检查，凡裂纹超过允许规定的，严禁使用。

(7)螺栓螺纹外露长度应为 2～3 个螺距，其中，允许有 10% 的螺栓螺纹外露 1 个螺距或 4 个螺距。

(8)大六角头型高强度螺栓如图 3-27(a)所示。在施工前，应按出厂批复验高强度螺栓连接副的扭矩系数，每批复验八套，八套扭矩系数的平均值应在 0.110～0.150 范围之内，其标准偏差应小于或等于 0.010。

(9)扭剪型高强度螺栓如图 3-27(b)所示。在施工前，应按出厂批复验高强度螺栓连接副的紧固轴力，每批复验八套，八套紧固预拉力的平均值和标准偏差应符合规定。

对于不符合规定者，由制作厂、设计、监理单位协商解决，或作为废品处理。为防止假冒伪劣产品，严禁使用无正式质量保证书的高强度螺栓连接副。

五、高强度螺栓紧固与防松

1. 螺栓紧固顺序

螺栓紧固必须分两次进行，第一次为初拧，初拧紧固到螺栓标准预拉力的 60%～80%；第二次紧固为终拧，终拧紧固到标准预拉力，偏差不大于±10%。为使螺栓群中所有螺栓都均匀受力，初拧紧固、终拧紧固都应按一定顺序进行。

(1)一般接头，应从螺栓群中间顺序向外侧进行紧固，如图 3-29(a)所示。

(2)箱形接头，螺栓群 A、B、C、D 按如图 3-29(b)所示箭头方向进行。

（3）工字梁接头按①～⑥的顺序进行，即柱右侧上下翼缘→柱右侧腹板→另一侧（左侧）上下翼缘→另一侧（左侧）腹板的先后次序进行，如图3-29(c)所示。

（4）各群螺栓的紧固顺序应从梁的拼接处向外侧紧固，按图3-29(d)中号码顺序进行。

（5）同一连接面上的螺栓紧固，应由接缝中间向两端交叉进行。

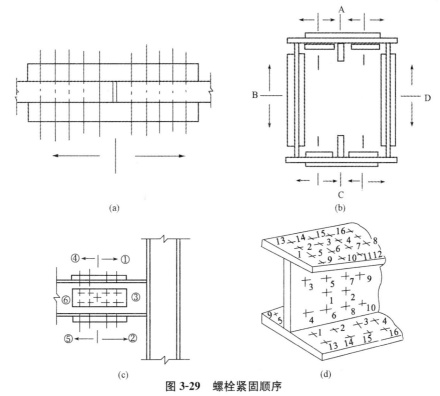

图 3-29　螺栓紧固顺序

(a)一般接头；(b)箱形接头；(c)工字梁接头；(d)螺栓接头

2. 螺栓紧固方法

高强度螺栓的紧固方法有三种，**大六角头型高强度螺栓采用转角法和扭矩法，扭剪型高强度螺栓采用扭掉螺栓尾部的梅花卡头法。**

（1）大六角头型高强度螺栓紧固。

1）高强度大六角头螺栓连接副施拧可采用转角法或扭矩法，施工时应符合下列规定：

①施工用的扭矩扳手使用前应进行校正，其扭矩相对误差不得大于±5%；校正用的扭矩扳手，其扭矩相对误差不得大于±3%。

②施拧时，应在螺母上施加扭矩。

③施拧应分为初拧和终拧，大型节点应在初拧和终拧间增加复拧。初拧扭矩可取施工终拧扭矩的50%，复拧扭矩应等于初拧扭矩。终拧扭矩应按下式计算：

$$T_c = KP_c d$$

式中　T_c——施工终拧扭矩(N·m)；

　　　K——高强度螺栓连接副的扭矩系数平均值，取0.110～0.150；

　　　P_c——高强度大六角头螺栓施工预拉力，可按表3-33选用(kN)；

　　　d——高强度螺栓公称直径(mm)。

④采用转角法施工时，初拧（复拧）后连接副的终拧转角度应符合表 3-34 的要求。

⑤初拧或复拧后应对螺母涂画颜色标记。

表 3-33　高强度大六角头螺栓施工预拉力　　　　　　　　　　kN

螺栓性能等级	螺栓公称直径/mm						
	M12	M16	M20	M22	M24	M27	M30
8.8S	50	90	140	165	195	255	310
10.9S	60	110	170	210	250	320	390

表 3-34　初拧（复拧）后连接副的终拧转角度

螺栓长度 l	螺母转角	连接状态
$l \leqslant 4d$	1/3 圆（120°）	
$4d < l \leqslant 8d$ 或 200 mm 及以下	1/2 圆（180°）	连接形式为一层芯板加两层盖板
$8d < l \leqslant 12d$ 或 200 mm 以上	2/3 圆（240°）	
注：1. d 为螺栓公称直径。 　　2. 螺母的转角为螺母与螺栓杆间的相对转角。 　　3. 当螺栓长度 l 超过螺栓公称直径 d 的 12 倍时，螺母的终拧角度应由试验确定。		

2）高强度大六角头螺栓连接用扭矩法施工紧固时，应进行下列质量检查：

①应检查终拧颜色标记，并应用 0.3 kg 的小锤敲击螺母对高强度螺栓进行逐个检查。

②终拧扭矩应按节点数 10% 抽查，且不应少于 10 个节点；对每个被抽查节点，应按螺栓数 10% 抽查，且不应少于 2 个螺栓。

③检查时应先在螺杆端面和螺母上画一直线，然后将螺母拧松约 60°；再用扭矩扳手重新拧紧，使两线重合，测得此时的扭矩应为 $0.9T_{ch} \sim 1.1T_{ch}$。T_{ch} 可按下式计算：

$$T_{ch} = kPd$$

式中　T_{ch}——检查扭矩（N·m）；

　　　　P——高强度螺栓设计预拉力（kN）；

　　　　k——扭矩系数。

　　　　d——高强度螺栓公称直径（mm）。

④发现有不符合规定者时，应再扩大一倍检查；发现仍有不合格者时，整个节点的高强度螺栓应重新施拧。

⑤扭矩检查宜在螺栓终拧 1 h 以后、24 h 之前完成，检查用的扭矩扳手，其相对误差不得大于 ±3%。

3）高强度大六角头螺栓连接用转角法施工紧固，应进行下列质量检查：

①应检查终拧颜色标记，同时应用 0.3 kg 的小锤敲击螺母对高强度螺栓进行逐个检查。

②终拧转角应按节点数抽查 10%，且不应少于 10 个节点；对每个被抽查节点应按螺栓数抽查 10%，且不应少于 2 个螺栓。

③应在螺杆端面和螺母相对位置画线，然后全部卸松螺母，再按规定的初拧扭矩和终拧角度重新拧紧螺栓，测量终止线与原终止线画线间的角度，应符合表 3-34 的要求，误差在 ±3° 者应为合格。

④发现有不符合规定者时，应再扩大一倍检查；仍有不合格者时，整个节点的高强度螺栓应重新施拧。

⑤转角检查宜在螺栓终拧 1 h 以后、24 h 之前完成。

（2）扭剪型高强度螺栓紧固。

1)扭剪型高强度螺栓连接副应采用专用电动扳手施拧，施工时应符合下列规定：

①施拧应分为初拧和终拧，大型节点宜在初拧和终拧间增加复拧。

②初拧扭矩值应取 T_c 计算值的50%，其中 k 应取0.13，也可按表3-35选用；复拧扭矩应等于初拧扭矩。

表 3-35　扭剪型高强度螺栓初拧(复拧)扭矩值

螺栓公称直径/mm	M16	M20	M22	M24	M27	M30
初拧(复拧)扭矩/(N·m)	115	220	300	390	560	760

③终拧应以拧掉螺栓尾部梅花头为准，少数不能用专用扳手进行终拧的螺栓，可按高强度大六角头螺栓连接副施拧方法进行终拧，扭矩系数 k 应取0.13。

④初拧或复拧后应对螺母涂画颜色标记。

2)扭剪型高强度螺栓终拧检查，应以目测尾部梅花头拧断为合格。不能用专用扳手拧紧的扭剪型高强度螺栓，应按规定进行质量检查。

扭剪型高强度螺栓的拧紧，对于大型节点应分为初拧、复拧、终拧。初拧扭矩值为 $0.13 \times P_c \times d$ 的50%左右，可参照表3-35选用，复拧扭矩等于初拧扭矩值。初拧或复拧后的高强度螺栓应用颜色在螺母上涂上标记，然后用专用扳手进行终拧，直至拧掉螺栓尾部的梅花头。

扭剪型高强度螺栓终拧时，应采用专用的电动扳手，在作业有困难的地方，也可采用手动扳手进行。终拧扭矩，按设计要求进行。用电动扳手进行紧固时，螺栓尾部卡头拧断后即终拧完毕，外露螺纹不得少于两个螺距。

3. 螺栓防松

(1)垫放弹簧垫圈的可在螺母下面垫一开口弹簧垫圈，螺母紧固后在上下轴向产生弹性压力，可起到防松作用。为防止开口垫圈损伤构件表面，可在开口垫圈下面垫一平垫圈。

(2)在紧固后的螺母上面，增加一个较薄的副螺母，使两螺母之间产生轴向压力，同时也能增加螺栓、螺母凹凸螺纹的咬合自锁长度，以达到相互制约而不使螺母松动。使用副螺母防松动的螺栓，在安装前应计算螺栓的准确长度，待防松副螺母紧固后，应使螺栓伸出副螺母外的长度不少于2个螺距。

螺栓连接施工
常见问题与处理措施

(3)对永久性螺栓可将螺母紧固后，用电焊将螺母与螺栓的相邻位置，对称点焊3或4处将螺母与构件相点焊，或将螺母紧固后，用尖锤或钢冲在螺栓伸出螺母的侧面或靠近螺母上平面螺纹处进行对称点铆3或4处，使螺栓上的螺纹乱丝凹陷，螺母无法旋转，进而起到防松作用。

六、高强度螺栓连接摩擦面处理

高强度螺栓连接摩擦面的处理方法及抗滑移系数值是确定摩擦型连接承载力的主要参数，所以，高强度螺栓连接施工，连接板摩擦面处理是非常重要的。

摩擦面抗滑移系数值的影响因素主要有连接板厚度、摩擦面涂层状态、摩擦面处理方法及生锈时间、环境温度等。

(一)摩擦面的常用处理方法

一般摩擦面结合钢构件表面一并进行处理，但不用涂防锈底漆。摩擦面的常用处理方法如下。

(1)喷砂(丸)法。利用压缩空气为动力，将砂(丸)直接喷射到钢板表面使钢板表面达到一定的粗糙度，把铁锈除掉。试验结果表明，经过喷砂(丸)处理过的摩擦面，在露天生锈一段时间后，在安装前除掉浮锈，能够得到比较大的抗滑移系数值，理想的生锈时间为60~90 d。

(2)化学处理一般洗法。将加工完的构件浸入酸洗槽中，硫酸浓度为 18%（质量比），内加少量硫脲，温度为 70 ℃~80 ℃，停留时间为 30~40 min，其停留时间不能过长，否则酸洗过度，钢材厚度减薄；然后放入石灰槽中中和，之后用清水清洗。中和使用的石灰水，温度为 60 ℃左右，将钢材放入停留 1~2 min 提起，然后继续放入水槽中 1~2 min，再转入清洗工序；清洗的水温为 60 ℃左右，清洗 2 或 3 次；最后用 pH 试纸检查中和清洗程度，以无酸、无锈和洁净为合格。

(3)砂轮打磨法。对于小型工程或已有建筑物加固改造工程，常常采用手工方法进行摩擦面处理，砂轮打磨是最直接、最简便的方法。试验结果表明，砂轮打磨以后，在露天生锈 60~90 d，其摩擦面的粗糙度能达到 50~55 μm。

(4)钢丝刷人工除锈。用钢丝刷将摩擦面处的铁屑、浮锈、灰尘、油污等污物刷掉，使钢材表面露出金属光泽，此法一般用在不重要的结构或受力不大的连接处。摩擦面抗滑移系数值在 0.3 左右。

(二)摩擦面抗滑移系数检验

摩擦面抗滑移系数检验主要是对处理后的摩擦面的抗滑移系数能否达到设计要求的检验。如果检验设计值等于设计值时，说明摩擦处理满足要求；如果试验值低于设计值，需重新处理摩擦面，直至达到设计要求。抗滑移系数检验采用标准试件，并按规定严格进行试验。

1. 基本要求

制造厂和安装单位应分别以钢结构制造批为单位进行抗滑移系数试验。制造批可按分部(子分部)工程划分规定的工程量，每 2 000 t 为一批，不足 2 000 t 的可视为一批。选用两种及两种以上表面处理工艺时，每种处理工艺应单独检验。每批三组试件。

抗滑移系数试验应采用双摩擦面的二栓拼接的拉力试件，如图 3-30 所示。

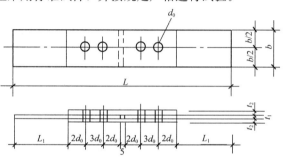

图 3-30　抗滑移系数拼接试件的形式和尺寸

抗滑移系数试验用的试件应由制造厂加工，试件与所代表的钢结构构件应为同一材质、同批制作、采用同一摩擦面处理工艺和具有相同的表面状态，并应用同批同一性能等级的高强度螺栓连接副，在同一环境条件下存放。

试件钢板的厚度 t_1、t_2 应根据钢结构工程中有代表性的板材厚度来确定。同时应考虑在摩擦面滑移之前，试件钢板的净截面始终处于弹性状态；宽度 b 可参照表 3-36 规定取值。L_1 应根据试验机夹具的要求确定。

表 3-36　试件板的宽度　　　　　　　　　　　　　　　　　　　　mm

螺栓直径 d	16	20	22	24	27	30
板宽 b	100	100	105	110	120	120

试件板面应平整，无油污，孔和板的边缘无飞边、毛刺。

2. 试验方法

试验用的试验机误差应在 1% 以内。

试验用的贴有电阻片的高强度螺栓、压力传感器和电阻应变仪应在试验前用试验机进行标定，其误差应在 2% 以内。

试件的组装顺序应符合下列规定：先将冲钉打入试件孔定位，然后逐个换成装有压力传感器或贴有电阻片的高强度螺栓，或换成同批经预拉力复验的扭剪型高强度螺栓。

紧固高强度螺栓应分初拧、终拧。初拧应达到螺栓预拉力标准值的50%左右。终拧后，螺栓预拉力应符合下列规定：

(1)对装有压力传感器或贴有电阻片的高强度螺栓，采用电阻应变仪实测控制试件每个螺栓的预拉力值，应在$0.95P\sim1.05P$(P为高强度螺栓设计预拉力值)之间。

(2)不进行实测时，扭剪型高强度螺栓的预拉力(紧固轴力)可按同批复验预拉力的平均值取用。试件应在其侧面画出观察滑移的直线。将组装好的试件置于拉力试验机上，试件的轴线应与试验机夹具中心严格对中。加荷时，应先加10%的抗滑移设计荷载值，停1 min后，再平稳加荷，加荷速度为$3\sim5$ kN/s，直拉至滑动破坏，测得滑移荷载N_{v}。

(3)在试验中发生以下情况之一时，所对应的荷载可定为试件的滑移荷载：

1)试验机发生回针现象；

2)试件侧面画线发生错动；

3)$X-Y$记录仪上变形曲线发生突变；

4)试件突然发出"嘣"的响声。

(4)抗滑移系数应根据试验所测得的滑移荷载N_{v}和螺栓预拉力P的实测值，按下式计算，宜取小数点后两位有效数字。

$$\mu = \frac{N_{\mathrm{V}}}{n_{\mathrm{f}}\sum_{i=1}^{m}P_i}$$

式中　N_{V}——由试验测得的滑移荷载(kN)；

n_{f}——摩擦面面数，取$n_{\mathrm{f}}=2$；

$\sum_{i=1}^{m}P_i$——试件滑移一侧高强度螺栓预拉力实测值(或同批螺栓连接副的预拉力平均值)

　　　　　之和(取三位有效数字)(kN)；

m——试件一侧螺栓数量，取$m=2$。

(三)接触面间隙处理

由于板厚公差、制造偏差及安装偏差等，接头摩擦面间会产生间隙。有间隙的摩擦面会降低其抗滑移系数。在实际工程中，一般规定高强度螺栓连接接头板缝间隙采取接头缓坡处理和加填板处理两种方法，如图3-31所示。

(1)当间隙小于1 mm时，对受力的滑移影响不大，可不做处理。

(2)当间隙在$1\sim3$ mm时，对受力后的滑移影响较

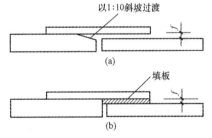

图3-31　接头板缝间隙的处理
(a)接头缓坡处理；(b)接头加填板处理

大，为了消除影响，将厚板一侧削成1：10缓坡过渡，也可以采取加填板处理。

(3)当间隙大于3 mm时应采取加填板处理，填板材质及摩擦面应与构件做同样级别的处理。

本章小结

钢结构的连接方式通常有焊缝连接、螺栓连接和铆钉连接三种。连接时一般采用一种连接方式，有时也可采用螺栓和焊接的混合连接方式。因铆钉连接费工、费料，目前，已基本被焊接和高强度螺栓连接所取代，因此，本章重点介绍钢结构焊缝连接和螺栓连接。

钢结构焊缝连接介绍了焊接的方法、焊接工艺、焊接质量等级，主要介绍焊透的对接焊缝和角焊缝两种基本形式。

钢结构螺栓连接分为普通螺栓连接和高强度螺栓连接两种，本章主要介绍了这两种螺栓的排列与构造要求、连接计算、连接施工紧固与防松处理等。

思考与练习

一、填空题

1. 钢结构的基本构件由_____、_____等连接而成，再由构件通过一定的连接方式组合成整体结构。

2. _____因费工、费料，目前，已基本被焊缝连接和高强度螺栓连接取代。

3. 焊接速度是指_____。

4. 埋弧焊过程中，当焊接速度太慢且焊接电压又太高时，焊缝截面呈_____，容易产生裂纹。

5. 焊缝是构成焊接接头的主体部分，有_____和_____两种基本形式。

6. 按照普通螺栓的形式，可将其分为_____和_____等。

7. 地脚螺栓分为_____、_____、_____、_____四种。

二、选择题

1. 低氢型焊条的焙烘温度为（　　）。
   A. 70 ℃～120 ℃　　B. 120 ℃～200 ℃　　C. 200 ℃～300 ℃　　D. 300 ℃～350 ℃

2. 两板件端面构成（　　）夹角的接头称为角接接头。
   A. 5°～30°　　　　B. 30°～135°　　　　C. 300°～180°　　　　D. 90°～180°

3. 下列各项中，有关六角螺栓的描述错误的是（　　）。
   A. 六角头螺栓可分为 A、B、C 三个等级
   B. A、B 级六角头螺栓为精制螺栓，C 级六角头螺栓为粗制螺栓
   C. A、B 级六角头螺栓全部由 45 号钢做成
   D. C 级六角头螺栓由 Q235 镇静钢制成

4. 拧紧成组的螺母时，必须按照一定的顺序进行，并做到分次序逐步拧紧，一般分（　　）次拧紧，否则会使零件或螺杆松紧不一致，甚至变形。
   A. 一　　　　　　B. 二　　　　　　C. 三　　　　　　D. 四

5. 摩擦型高强度螺栓与承压型高强度螺栓的主要区别是（　　）。
   A. 所采用的材料不同　　　　　　　　B. 破坏时的极限状态不同
   C. 施工预应力的大小不同　　　　　　D. 板件接触面的处理方式不同

6. 影响高强度螺栓摩擦系数的是（　　）。
   A. 螺栓杆的直径　　B. 螺栓的性能等级　　C. 荷载的作用方式　　D. 连接表面的处理方法

三、多选题

1. 焊接接头是由（　　）组成的。
   A. 焊缝金属　　　　B. 熔合区　　　　　C. 热熔区　　　　　D. 热影响区

2. 焊接接头的基本形式有（　　）。
   A. 对接接头　　　　B. 搭接接头　　　　C. T 形接头　　　　D. 角接接头

3. 普通螺栓间的间距确定，应考虑（　　）。

A. 螺栓连接的强度

B. 便于装拆的操作

C. 各螺栓之间及螺栓中心线与机件之间应留有扳手操作空间

D. 螺栓连接的变形等要求

4. 有关减少焊接变形和减小焊接应力的方法，以下正确的是（　　）。

A. 采取适当的焊接程序

B. 施焊前使构件有一个和焊接变形相反的预变形

C. 保证从一侧向另一侧连续施焊

D. 对小尺寸构件在焊接前预热或焊后回火

5. 根据《钢结构设计规范》规定，高强度螺栓的承压型连接不适用于（　　）。

A. 直接承受动力荷载的连接　　　　　　B. 冷弯薄壁型钢结构的连接

C. 承受反复荷载作用的结构　　　　　　D. 承受静力荷载及间接承受动力荷载的连接

6. 对运到高地后的高强度螺栓连接副必须进行有关的力学性能检验，以下描述正确的是（　　）。

A. 运到工地的大六角头高强度螺栓连接副应及时检验其螺栓荷载、螺母保证荷载、螺母及垫圈硬度、连接副的扭矩系数平均值和标准偏差

B. 运到工地的扭剪型高强度螺栓连接副应及时检验其螺栓荷载、螺母保证荷载、螺母及垫圈硬度、连接副的紧固轴力平均值和变异系数

C. 大六角头高强度螺栓施工前，应按出厂批复验高强度螺栓连接副的扭矩系数，每批复验四套

D. 扭剪型高强度螺栓施工前，应按出厂批复验高强度螺栓连接副的紧固轴力，每批复验四套

四、简答题

1. 焊条电弧焊有哪些优点？

2. 二氧化碳气体保护焊的焊接参数包括哪些？

3. 什么是焊接缺陷？

4. 如何计算普通螺栓的长度？

5. 普通螺栓布置有何要求？

6. 如何检验普通螺栓的紧固质量？

7. 如何防止螺栓孔位移？

8. 如何计算高强度螺栓长度？

9. 高强度大六角头螺栓连接用扭矩法施工紧固时，应如何进行质量检查？

10. 如何达到高强度螺栓防松效果？

11. 如何进行接触面间隙处理？

第四章　钢结构加工制作

第一节　钢结构制作特点及工艺要点

　　钢结构制作的依据是设计图和国家规范。国家规范主要有《钢结构工程施工质量验收规范》(GB 50205—2001)、《钢结构焊接规范》(GB 50661—2011)及原冶金部、原机械部关于钢结构材料、辅助材料的有关标准等。另外，如网架结构、高耸结构、输电杆塔钢结构等都有相应的施工技术规程可以参照执行。钢结构制作单位根据设计图和国家有关标准编制工艺图、工艺卡，下达到车间，工人则根据工艺图、工艺卡生产。

一、钢结构制作特点

　　钢结构制作的特点是条件优、标准严、精度好、效率高。钢结构一般在工厂制作，因为工厂具有较为恒定的工作环境，有刚度大、平整度高的钢平台，精度较高的工装夹具及高效的设备，施工条件比现场优越，易于保证质量，提高效率。

　　钢结构制作有严格的工艺标准，每道工序应该怎么做，允许有多大的误差，都有详细规定，特殊构件的加工，还要通过工艺试验来确定相应的工艺标准，每道工序的工人都必须按图纸和工艺标准生产，因此，钢结构加工的质量和精度与一般土建结构相比大为提高，而与其相连的土建结构部分也要有相匹配的精度或有可调节措施来保证两者的兼容。

钢结构加工可实现机械化、自动化，因而劳动生产率大为提高。另外，因为钢结构在工厂加工基本不占施工现场的时间和空间，采用钢结构也可大大缩短工期，提高施工效率。

二、钢结构制作工艺要点

钢结构制作工艺按照常规的职责范围，有如下十个要点，抓住这十个环节，就掌握了开展工艺工作的主动权。

1. 审阅施工图纸

（1）图纸审查的目的。图纸审查的目的是检查图纸设计的深度能否满足施工的要求，核对图纸上构件的数量和安装尺寸，检查构件之间有无矛盾等。同时对图纸进行工艺审核，即审查技术上是否合理，制作上是否便于施工，图纸上的技术要求按加工单位的施工水平能否实现等。此外，还要合理划分运输单元。

如果由加工单位自己设计施工详图，制图期间又已经过审查，则审图程序可相应简化。

（2）图纸审查的内容。工程技术人员对图纸进行审查的主要内容如下：

1）设计文件是否齐全。设计文件包括设计图、施工图、图纸说明和设计变更通知单等。

2）构件的几何尺寸是否齐全。

3）相关构件的尺寸是否正确。

4）节点是否清楚，是否符合国家标准。

5）标题栏内构件的数量是否符合工程总数。

6）构件之间的连接形式是否合理。

7）加工符号、焊接符号是否齐全。

8）结合本单位的设备和技术条件考虑，能否满足图纸上的技术要求。

9）图纸的标准化是否符合国家规定等。

2. 备料

备料前要深入了解材料的"质保书"上所述的牌号、规格及机械性能是否与设计图纸相符，并做到以下几点：

（1）备料时，应根据施工图纸材料表算出各种材质、规格的材料净用量，再加一定数量的损耗，编制材料预算计划。

（2）提出材料预算时，需根据使用长度合理订货，以减少不必要的拼接和损耗。对拼接位置有严格要求的起重机梁翼缘和腹板等，配料时要与桁架的连接板搭配使用，即优先考虑翼缘板和腹板，将割下的余料做成小块连接板。小块连接板不能采用整块钢板切割，否则计划需用的整块钢板就可能不够用，而翼缘和腹板割下的余料则没有用处。

（3）使用前应核对每一批钢材的质量保证书，必要时应对钢材的化学成分和力学性能进行复验，以保证符合钢材的损耗率。工程预算一般按实际所需加10％提出材料需用量。如果技术要求不允许拼接，其实际损耗还需增加。

（4）使用前，应核对来料的规格、尺寸和重量，并仔细核对材质。如需进行材料代用，必须经设计部门同意，并将图纸上所有的相应规格和有关尺寸进行修改。

3. 编制工艺规程

钢结构零部件的制作是一个严密的流水作业过程，指导这个过程的除生产计划外，主要是工艺规程。工艺规程是钢结构制作中的指导性技术文件，一经制定，必须严格执行，不得随意更改。

（1）工艺规程的编制要求。

1）在一定的生产规模和条件下编制的工艺规程，不但能保证图样的技术要求，而且能更可靠、更顺利地实现这些要求，即工艺规程应尽可能依靠工装设备，而不是依靠劳动者技巧来保证产品质量和产量的稳定性。

2）所编制的工艺规程要保证在最佳经济效果下，达到技术条件的要求。因此，对于同一产品，应考虑不同的工艺方案，互相比较，从中选择最好的方案，力争做到以最少的劳动量、最短的生产周期、最低的材料和能源消耗，生产出质量可靠的产品。

3）所编制的工艺规程，既要满足工艺、经济条件，又要保证使用最安全的施工方法，并尽量减轻劳动强度，减少流程中的往返性。

（2）工艺规程的内容。

1）成品技术要求。

2）为保证成品达到规定的标准而需要制订的措施如下：

第一，关键零件的精度要求、检查方法和使用的量具、工具。

第二，主要构件的工艺流程、工序质量标准、为保证构件达到工艺标准而采用的工艺措施（如组装次序、焊接方法等）。

第三，采用的加工设备和工艺装备。

4. 设计工艺装备

设计工艺装备主要是根据产品特点设计加工模具、装配夹具、装配胎架等。工艺装备的生产周期较长，因此，要根据工艺要求提前做好准备，争取先行安排加工，以确保使用。工艺装备的设计方案取决于生产规模的大小、产品结构形式和制作工艺的过程等。工艺装备的制作是关系到保证钢结构产品质量的重要环节。因此，工艺装备的制作需要满足以下要求：

（1）工装夹具要使用方便、操作容易、安全可靠。

（2）结构要简单、加工方便、经济合理。

（3）容易检查构件尺寸和取放构件。

（4）容易获得合理的装配顺序和精确的装配尺寸。

（5）方便焊接位置的调整，并能迅速散热，以减少构件变形。

（6）减少劳动量，提高生产率。

5. 工艺评定及工艺试验

工艺评定能够有效控制焊接过程的质量，确保焊接质量符合标准的要求。

工艺性试验一般可分为焊接性试验、摩擦面的抗滑移系数试验两类。

（1）焊接性试验。 钢材可焊性试验、焊材工艺性试验、焊接工艺评定试验等均属焊接性试验，而焊接工艺评定试验是各工程制作时最常遇到的试验。

焊接工艺评定是焊接工艺的验证，属生产前的技术准备工作，是衡量制造单位是否具备生产能力的一个重要的基础技术资料。焊接工艺评定对提高劳动生产率、降低制造成本、提高产品质量、做好焊工技能培训是必不可少的，未经焊接工艺评定的焊接方法、技术参数不能用于工程施工。

焊接接头的力学性能试验以拉伸和冷弯为主，冲击试验按设计要求确定。冷弯以面弯和背弯为主，有特殊要求时应做侧弯试验。每个焊接位置的试件数量一般为拉伸、面弯、背弯及侧弯各两件；冲击试验九件（焊缝、熔合线、热影响区各三件）。

（2）摩擦面的抗滑移系数试验。 当钢结构件的连接采用高强度螺栓摩擦连接时，应用喷砂、喷丸等方法对连接面进行技术处理，使其连接面的抗滑移系数达到设计规定的数值。还需对摩擦面进行必要的检验性试验，以求得对摩擦面的处理方法是否正确、可靠的验证。

抗滑移系数试验可按工程量每 200 t 为一批，不足 200 t 的可视为一批。每批三组试件由制作厂进行试验，另备三组试件供安装单位在吊装前进行复验。

对构造复杂的构件，必要时应在正式投产前进行工艺性试验。工艺性试验可以是单工序，也可以是几个工序或全部工序；可以是个别零部件，也可以是整个构件，甚至是一个安装单元或全部安装构件。

通过工艺性试验获得的技术资料和数据是编制技术文件的重要依据，试验结束后应将试验数据纳入工艺文件，用以指导工程施工。

6. 技术交底

工艺编制完成后，应结合产品结构特点和技术要求，向工人技术交底。技术交底按工程的实施阶段可分为两个层次。

(1)第一个层次技术交底会是工程开工前的技术交底会， 参加的人员主要有：工程图纸的设计单位、工程建设单位、工程监理及制作单位的有关人员。

技术交底的主要内容由以下十个方面组成：①工程概况；②工程结构件的类型和数量；③图纸中关键部位的说明和要求；④设计图纸的节点情况介绍；⑤对钢材、辅料的要求和原材料对接的质量要求；⑥工程验收的技术标准说明；⑦交货期限、交货方式的说明；⑧构件包装和运输要求；⑨涂层质量要求；⑩其他需要说明的技术要求。

(2)第二层次的技术交底会是在投料加工前进行的本工厂施工人员交底会， 参加的人员主要有：制作单位技术、质量负责人，技术部门和质检部门的技术人员、质检人员，生产部门的负责人、施工员及相关工序的代表人员等。

此类技术交底的主要内容除上述十个方面外，还应增加工艺方案、工艺规程、施工要点、主要工序的控制方法、检查方法等与实际施工相关的内容。这种制作过程中的技术交底会在贯彻设计意图、落实工艺措施方面起着不可替代的作用，同时也为确保工程质量创造了良好的条件。

7. 首件检验

在批量生产中，先制作一个样品，然后对产品质量做全面检查，总结经验后，再全面铺开。

8. 巡回检查

了解工艺执行情况、技术参数以及工艺装备及工艺装备使用情况，与工人沟通，及时解决施工中的技术工艺问题。

9. 做好基础工艺管理

(1)划分工号。根据产品的特点、工程量的大小和安装施工进度，将整个工程划分成若干个生产工号(或生产单元)，以便分批投料，配套加工，生产出成品。生产工号的划分应遵循以下几点：

1)在条件允许的情况下，同一张图纸上的构件宜安排在同一生产工号中加工。

2)相同构件或特点类似、加工方法相同的构件宜放在同一生产工号中加工。如按钢柱、钢梁、桁架、支撑分类划分工号进行加工。

3)工程量较大的工程划分生产工号时要考虑安装施工的顺序，先安装的构件要优先安排工号进行加工，以保证顺利安装的需要。

4)同一生产工号中的构件数量不要过多，可与工程量统筹考虑。

(2)编制工艺流程表。从施工详图中摘出零件，编制出工艺流程表(或工艺过程卡)。加工工艺过程由若干个顺序排列的工序组成，工序内容是根据零件加工的性质而定的，工艺流程表就是反映这个过程的工艺文件。

工艺流程表的具体格式虽然各不相同，但所包括的内容基本相同，其中有零件名称、件号、材料牌号、规格、件数、工序顺序号、工序名称和内容、所用设备和工艺装备名称及编号、工时定额等。除上述内容外，关键零件要标注加工尺寸和公差，重要工序要画出工序图等。

（3）编制工艺卡和零件流水卡。根据工程设计图纸和技术文件提出的构件成品要求，确定各加工工序的精度要求和质量要求，结合单位的设备状态和实际加工能力、技术水平，确定各个零件下料、加工的流水顺序，即编制出零件流水卡。

零件流水卡是编制工艺卡和配料的依据。一个零件的加工制作工序是根据零件加工的性质而定的，工艺卡是具体反映这些工序的工艺文件，是直接指导生产的文件。工艺卡所包含的内容一般为：确定各工序所采用的设备；确定各工序所采用的工装模具；确定各工序的技术参数、技术要求、加工余量、加工公差、检验方法和标准，以及确定材料定额和工时定额等。

（4）编制车间通用工艺手册。编制车间通用工艺手册是将常用的工艺参数、规程编入手册，工人可按手册执行，不必事无巨细，样样去问工艺师，工艺师可以腾出时间学习新工艺、新技术、新材料及新设备，掌握新知识用于新产品。

编制产品工艺，以通用工艺为基础，编制产品制作工艺时，有些内容可写"参阅通用工艺某一部分"，不必面面俱到，应力求简化。

对于批量生产的产品，可以编制专门的技术手册，人手一份，随身携带。

10. 做好归档工作

产品竣工后，及时搞好竣工图纸，将技术资料归档，这是一项很重要的工作。

第二节 钢零件及钢部件加工

一、钢零件及钢部件加工的基本流程

钢零件及钢部件加工的基本流程如图 4-1 所示，具体方法及设备说明见表 4-1。

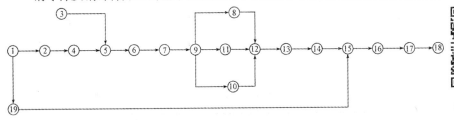

图 4-1 钢零件及钢部件加工基本流程

钢零件与钢部件
加工常见问题
与处理措施

表 4-1 具体方法及设备说明表

工序号	工序名称	具体方法	所需设备
①	材料检验	化学成分检验、力学试验、几何尺寸测定	化验设备、拉力机、冲击韧性试验机等
②	材料堆放		吊车
③	放样		尺、规、经纬仪
④	材料矫正		矫直机等
⑤	号料		

工序号	工序名称	具体方法	所需设备
⑥	切割	冲、剪、锯、气割、等离子切割	冲床、剪板机、锯床、多头切割机、等离子切割机
⑦	矫正		
⑧	成型	模压、热弯	油压机等
⑨	加工	铣、刨、铲	铣床、刨床、碳弧气刨等
⑩	制孔	冲、钻	冲床、钻床
⑪	装配		吊车
⑫	焊接	自动焊、二氧化碳保护焊、手工焊	埋弧自动焊接机，二氧化碳保护焊接机、普通交、直流电焊机
⑬	后处理		校直机、千斤顶
⑭	总体试样		吊车
⑮	除锈	喷砂、喷丸、刷	喷砂机、喷丸机、电动刷
⑯	油漆包装	喷漆、刷漆	喷漆机
⑰	库存		吊车
⑱	出厂		
⑲	辅助材料准备		

二、放样与号料

放样和号料应根据施工详图和工艺文件进行，并应按要求预留余量。

(一)钢结构放样

放样是钢结构制作工艺中的第一道工序。只有放样尺寸精确，才能避免以后各道加工工序的累积误差，从而保证整个工程的质量。

1. 钢材放样操作

(1)放样作业人员应熟悉整个钢结构加工工艺，了解工艺流程与加工过程，以及需要的机械设备性能和规格。

(2)放样应从熟悉图纸开始，首先看清施工技术要求，逐个核对图纸之间的尺寸和相互关系，并校对图样各部分尺寸。

1)如果图样标注不清，与有关标准有出入或有疑问，当自己不能解决时，应与有关部门联系，妥善解决，以免产生错误。

2)如发现图样设计不合理，需变动图样上的主要尺寸或发生材料代用时，应与有关部门联系并取得一致意见，并在图样上注明更改内容和更改时间，填写技术变更核定(洽商)单等签证。

(3)放样时，以1:1的比例在样板台上弹出大样。当大样尺寸过大时，可分段弹出。对一些三角形构件，如只对其节点有要求，可以缩小比例弹出样子，但应注意精度。

(4)用作计量长度依据的钢盘尺，应经授权的计量单位计量，且附有偏差卡片。在使用时，应按偏差卡片的记录数值校对其误差数。

(5)放样结束，应进行自检。检查样板是否符合图纸要求，核对样板加工数量。本工序结束后报专职检验人员检验。

2. 样板、样杆的允许偏差

样板的尺寸一般应小于设计尺寸0.5~1.0 mm，因画线工具沿样板边缘画线时增加了距离，这样正负值相抵，可减小误差。

样板、样杆制作尺寸的允许偏差见表 4-2。

表 4-2 样板、样杆制作尺寸的允许偏差

项 目		允许偏差
样板	长 度/mm	0 −0.5
	宽 度/mm	5.0 −0.5
	两对角线长度差/mm	1.0
样杆	长 度/mm	±1.0
	两最外排孔中心线距离/mm	±1.0
	同组内相邻两孔中心线距离/mm	±0.5
	相邻两组端孔间中心线距离/mm	±1.0
	加工样板的角度/(′)	±20

(二)钢材号料

钢材号料是指根据施工图样的几何尺寸、形状制成样板,利用样板或计算出的下料尺寸,直接在板料或型钢表面上画出构件形状的加工界线。

钢材号料的工作内容一般包括检查核对材料;在材料上画出切割、铣、刨、弯曲、钻孔等加工位置;打冲孔;标注出构件的编号等。

1. 号料方法

为了合理使用和节约原材料,应最大限度地提交原材料的利用率,一般常用的号料方法有集中号料法、套料法、统计计算法和余料统一号料法等。

(1)集中号料法。由于钢材的规格多种多样,为减少原材料的浪费,提高生产效率,应把同厚度的钢板零件和相同规格的型钢零件,集中在一起进行号料,这种方法称为集中号料法。

(2)套料法。在号料时,精心安排板料零件的形状位置,把同厚度的各种不同形状的零件和同一形状的零件进行套料,这种方法称为套料法。

(3)统计计算法。统计计算法是在型钢下料时采用的一种方法。号料时应将所有同规格型钢零件的长度归纳在一起,先把较长的排出来,再算出余料的长度,然后把和余料长度相同或略短的零件排上,直至整根料被充分利用为止。这种先进行统计安排再号料的方法,称为统计计算法。

(4)余料统一号料法。将号料后剩下的余料按厚度、规格与形状基本相同的集中在一起,把较小的零件放在余料上进行号料,此法称为余料统一号料法。

2. 钢材号料操作

(1)钢材号料前,操作人员必须了解钢材的钢号、规格,并检查其外观质量。

(2)号料的原材料必须摆平放稳,不宜过于弯曲。

(3)不同规格、不同钢号的零件应分别号料,号料应依据先大后小的原则依次进行,且应考虑设备的可切割加工性。

(4)带圆弧形的零件,无论是剪切还是气割,都不应紧靠在一起进行号料,必须留有间隙,以利于剪切或气割。

(5)当钢板长度不够需要焊接接长时,在接缝处必须注明坡口形状及大小,在焊接和矫正后再画线。

3. 钢材号料的允许偏差

钢材号料的允许偏差见表 4-3。

表 4-3　钢材号料的允许偏差　　　　　　　　　　mm

项　目	允许偏差
零件外形尺寸	±1.0
孔　距	±0.5

三、钢材的切割

(一)钢材的切割方法

钢材的切割下料应根据钢材的截面形状、厚度及切割边缘的质量要求而采用不同的切割方法。目前，**常用的切割方法有机械切割、气割、等离子切割三种。**

1. 机械切割

(1)剪板机、型钢冲剪机。剪板机、型钢冲剪机切割速度快、切口整齐、效率高，适用于薄钢板、压型钢板、冷弯檩条的切割。

(2)无齿锯。无齿锯切割速度快，可切割不同形状的各类型钢、钢管和钢板，但其切口不光洁，噪声大，适于锯切精度要求较低的构件或下料留有余量，最后还需精加工的构件。

(3)砂轮锯。砂轮锯切口光滑，生刺较薄易清除，噪声大，粉尘多，适用于切割壁型钢及小型钢管，切割材料的厚度不宜超过 4 mm。

(4)锯床。锯床切割精度高，适于切割各类型钢及梁、柱等型钢构件。

2. 气割

(1)自动切割。自动切割的切割精度高、速度快，在其数控气割时可省去放样、画线等工序而直接切割，适于钢板切割。

(2)手工切割。手工切割设备简单，操作方便，费用低，切口精度较差，能够切割各种厚度的钢材。

3. 等离子切割

等离子切割温度高，冲刷力大，切割边质量好，变形小，可以切割任何高熔点金属，特别是不锈钢、铝、铜及其合金等。

(二)钢材的切割操作

1. 机械切割

(1)切割前，将钢板表面清理干净。

(2)切割时，应有专人指挥、控制操纵机构。

(3)切割过程中，切口附近金属受剪力作用而发生挤压、弯曲变形，由此使该区域的钢材发生硬化。当被切割的钢板厚度小于 25 mm 时，一般硬化区域宽度为 1.5～2.5 mm。因此，在制造重要的结构件时，需将硬化区的宽度刨削除掉或者进行热处理。

(4)碳素结构钢在环境温度低于−20 ℃、低合金结构钢在环境温度低于−15 ℃时，不得进行剪切、冲孔。

(5)当采用机械剪切时，剪切钢材质量的允许偏差见表 4-4。

表 4-4　机械剪切的允许偏差　　　　　　　　　　　　　　　　mm

项　　目	允许偏差
零件宽度、长度	±3.0
边缘缺棱	1.0
型钢端部垂直度	2.0

2. 气割

钢材气割前,应该正确选择工艺参数(如割嘴型号、氧气压力、气割速度和预热火焰的能率等)。工艺参数的选择主要是根据气割机械的类型和可切割的钢板厚度而定。

(1)钢材气割时,应先点燃割炬,随即调整火焰。火焰的大小应根据工件的厚薄调整适当,然后进行切割。

(2)当预热钢板的边缘略呈红色时,将火焰局部移出边缘线以外,同时慢慢打开切割氧气阀门。如果预热的红点在氧流中被吹掉,应开大切割氧气阀门。当有氧化铁渣随氧流一起飞出时,证明已割透,这时即可进行正常切割。

(3)若遇到切割必须从钢板中间开始,应在钢板上先割出孔,再沿切割线进行切割。

(4)在切割过程中,有时因嘴头过热或氧化铁渣的飞溅,使割炬嘴头堵住或乙炔供应不及时,嘴头鸣爆并发生回火现象,这时应迅速关闭预热氧气和切割炬。

(5)切割临近终点时,嘴头应略向切割前进的反方向倾斜,以利于钢板的下部提前割透,使其收尾时割缝整齐。当到达终点时,应迅速关闭切割氧气阀门,并将割炬抬起,再关闭乙炔阀门,最后关闭预热氧阀门。

(6)钢材气割质量允许偏差应符合表 4-5 的规定。

表 4-5　气割的允许偏差　　　　　　　　　　　　　　　　mm

项　　目	允许偏差	项　　目	允许偏差
零件宽度、长度	±3.0	割纹深度	0.3
切割面平面度	$0.05t$ 且不大于 2.0	局部缺口深度	1.0

注:t 为切割面厚度。

四、成型和矫正

(一)钢材成型

1. 钢材热加工

把钢材加热到一定温度后进行的加工方法通称为钢材热加工。

(1)加热方法。热加工常用的加热方法有以下两种:

1)利用乙炔火焰进行局部加热。该方法加热简便,但是加热面积较小。

2)放在工业炉内加热。其虽然没有第一种方法简便,但是加热面积很大,并且可以根据结构构件的大小来砌筑工业炉。

(2)加热温度。热加工是一个比较复杂的过程,其工作内容是弯制成形和矫正等工序在常温下所达不到的。温度能够改变钢材的力学性能,既能变硬也能变软。

热加工时所要求的加热温度,对于低碳钢一般都在 1 000 ℃~1 100 ℃。热加工终止温度不应低于 700 ℃,加热温度过高,加热时间过长,都会引起钢材内部组织的变化,破坏原材料材质的力学性能。当加热温度在 500 ℃~550 ℃时,钢材产生蓝脆性。在这个温度范围内,严禁锤打和弯曲,否则容易使钢材断裂。钢材加热的温度可从加热时所呈现的颜色来判断。

（3）型钢热加工。手工热弯型钢的变形与机械冷弯型钢的变形一样，都是通过外力的作用，使型钢沿中性层内侧发生压缩的塑性变形和沿中性层外侧发生拉伸的塑性变形。这样便产生了钢材的弯曲变形。

对那些不对称的型材构件，加热后在自由冷却过程中，由于截面不对称，表面散热速度不同，散热快的部分先冷却，散热慢的部分在冷却收缩过程中受到先冷却钢材的阻力，收缩的数值也就不同。

（4）钢板热加工。在钢结构的构件中，那些具有复杂形状的弯板，完全用冷加工的方法很难加工成形，一般都是先冷加工出一定的形状，再采用热加工的方法弯曲成形。将一张只有单向曲度的弯板加工成双重曲度弯板，就是使钢板的纤维重新排列的过程。如果板边的纤维收缩，便成为同向双曲板；如果板的中间部分纤维收缩，就成为异向双曲板；如果使其一边纤维收缩，另一边纤维伸长，便成为"喇叭口"式的弯板。

2. 钢材冷加工

钢材在常温下进行加工制作通称为冷加工。冷加工绝大多数是利用机械设备和专用工具进行的。冷加工与热加工相比具有较多的优越性，其设备简单，操作方便，节约材料及燃料，钢材的力学性能改变较小，所以，冷加工更容易满足设计和施工的要求，而且可以提高工作效率。

（1）冷加工类型。

1）作用于钢材单位面积上的外力超过材料的屈服强度而小于其极限强度，不破坏材料的连续性，但使其产生永久变形，如加工中的辊、压、折、轧、矫正等。

2）作用于钢材单位面积上的外力超过材料的极限强度，促使钢材产生断裂，如冷加工中的剪、冲、刨、铣、钻等。

（2）冷加工原理。根据冷加工的要求使钢材产生弯曲和断裂。在微观角度上，钢材产生永久变形是以其内部晶格的滑移形式进行的。在外力作用后，晶格沿着结合力最差的晶界部位滑移，使晶粒与晶面产生弯曲或歪曲。

（3）冷加工温度。低温中的钢材，其韧性和延伸性均相应较小，极限强度和脆性相应较大。若此时进行冷加工受力，则钢材易产生裂纹，因此，应注意低温时不宜进行冷加工。对于普通碳素结构钢，在工作地点温度低于$-20\ ℃$时，或低合金结构钢在工作地点温度低于$-15\ ℃$时，都不允许进行剪切和冲孔；当普通碳素结构钢在工作地点温度低于$-16\ ℃$时，或低合金结构钢在工作地点温度低于$-12\ ℃$时，不允许进行冷矫正和冷弯曲加工。

（二）钢构件矫正

矫正是指通过外力或加热作用制造新的变形，去抵消已经发生的变形，使材料或构件平直或达到一定几何形状要求，从而符合技术标准的一种工艺方法。

矫正可采用机械矫正、加热矫正、混合矫正等方法。

1. 机械矫正

机械矫正是在矫正机上进行的钢材矫正方法，使用时应根据矫正机的技术性能和实际使用情况进行选择。

型钢的机械矫正是在型钢撑直机上进行的，如图4-2所示。型钢撑直机的工作力有侧向水平推力和垂直向下压力两种。两种型钢撑直机的工作部分都是由两个支承和一个推撑构成的。推撑可伸缩运动，伸缩距离可根据需要进行控制。两

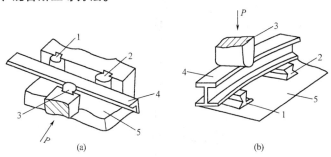

图4-2 型钢的机械矫正

（a）撑直机矫直角钢；（b）撑直机（或压力机）矫直工字钢

1，2—支承；3—推撑；4—型钢；5—平台

个支承固定在机座上，可按型钢弯曲程度来调整两支承点之间的距离，一般若矫正大弯则距离大，若矫正小弯则距离小。在矫直机的支承、推撑之间的下平面至两端，一般安设数个带轴承的转动轴或滚筒支架设施，以便于矫正较长的型钢时，来回移动省力。

2. 加热矫正

加热矫正又称为火焰矫正，是指用氧-乙炔焰或其他气体的火焰对部件或构件变形部位进行局部加热，利用金属热胀冷缩的物理性能，用钢材受热冷却时产生很大的冷缩应力来矫正变形。

加热方式有点状加热、线状加热和三角形加热三种。

（1）点状加热。点状加热的加热点呈小圆形，直径一般为 10～30 mm，点距为 50～100 mm，呈梅花状布局，加热后"点"的周围向中心收缩，使变形得到矫正，如图 4-3 所示。点状的加热适用于矫正板料的局部弯曲或凹凸不平。

（2）线状加热。线状加热的加热带宽度不大于工件厚度的 0.5～2.0 倍。由于加热后上、下两面存在较大的温差，加热带长度方向产生的收缩量较小，横向收缩量较大，因而产生不同的收缩使钢板变直，但加热红色区的厚度不应超过钢板厚度的一半，常用于 H 型钢构件翼板角变形的矫正，如图 4-4所示。

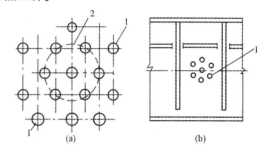

图 4-3　火焰加热的点状加热方式

(a)点状加热布局；(b)用点状加热矫正起重机梁腹板变形

1—点状加热点；2—梅花状布局

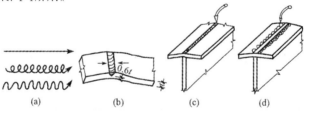

图 4-4　火焰加热的线状加热方式

(a)线状加热方式；(b)用线状加热矫正板变形；

(c)用单加热带矫正 H 型梁翼缘角变形；(d)用双加热带矫正 H 型梁角变形

t—板材的厚度

（3）三角形加热。三角形加热如图 4-5(a)、(b)所示。加热面呈等腰三角形，加热面的高度与底边宽度一般控制在型材高度的 1/5～2/3 范围内，加热面应在工件变形凸出的一侧，三角顶在内侧，底在工件外侧边缘处，一般对工件凸起处加热数处，加热后收缩量从三角形顶点起沿等腰边逐渐增大，冷却后凸起部分收缩使工件得到矫正，常用于 H 型钢构件的拱变形和旁弯的矫正，如图 4-5(c)、(d)所示。

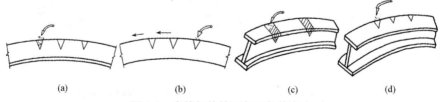

图 4-5　火焰加热的三角形加热方式

(a)，(b)角钢、钢板的三角形加热方式；

(c)，(d)用三角形加热矫正 H 型梁拱变形和旁弯变形

火焰加热温度一般为 700 ℃ 左右，不应超过 900 ℃，加热应均匀，不得有过热、过烧现象；火焰矫正厚度较大的钢材时，加热后不得用凉水冷却；对低合金钢必须缓慢冷却，因为水冷使钢材表面与内部温差过大，易产生裂纹；矫正时应将工件垫平，分析变形原因，正确选择加热点、加热温度和加热面积等。同一加热点的加热次数不应超过三次。

火焰矫正变形一般只适用于低碳钢、Q345 钢；对于中碳钢、高合金钢、铸铁和有色金属等脆性较大的材料，由于冷却收缩变形会产生裂纹，故不得采用。

低碳钢和普通低合金结构钢火焰矫正时，常采用 600 ℃～800 ℃ 的加热温度。一般加热温度不宜超过 850 ℃，以免金属在加热时过热，但也不能过低，因温度过低时矫正效率不高。

3. 混合矫正

混合矫正法是将零部件或构件两端垫以支承件，用压力压（或顶）其凸出变形部位使其矫正。常用机械有撑直机、压力机等，如图 4-6(a) 所示；或用小型千斤顶或加横梁配合热烤对构件成品进行顶压矫正，如图 4-6(b)、(c) 所示；对小型钢材弯曲可用弯轨器，将两个弯钩钩住钢材，用转动丝杆顶压凸弯部位矫正，如图 4-6(d) 所示。对较大的工件可采用螺旋千斤顶代替丝杆矫正。对成批型材可采取在现场制作支架，以千斤顶作动力进行矫正。

混合矫正法适用于对型材、钢构件、工字梁、起重机梁、构架或结构件进行局部或整体变形矫正。但是，当普通碳素钢温度低于 -16 ℃ 时，低合金结构钢温度低于 -12 ℃ 时，不宜采用此法矫正，以免产生裂纹。

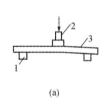  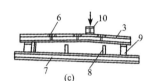 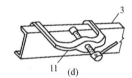

(a)　　　　　　　　　(b)　　　　　　　　　(c)　　　　　　　　　(d)

图 4-6　混合矫正法

(a)单头撑直机矫正(平面)；(b)用千斤顶配合热烤矫正；(c)用横梁加荷配合热烤矫正；(d)用弯轨器矫正

1—支承块；2—压力机顶头；3—弯曲型钢；4—液压千斤顶；5—烤枪；

6—加热带；7—平台；8—标准平板；9—支座；10—加荷横梁；11—弯轨器

4. 钢材矫正的允许偏差

(1)矫正后的钢材表面不应有明显的凹痕和损伤，表面划痕深度不得大于 0.5 mm，且不得超过钢材厚度允许负偏差的 1/2。

(2)型钢冷矫正和冷弯曲的最小曲率半径和最大弯曲矢高，应符合表 4-6 的规定。

表 4-6　冷矫正和冷弯曲的最小曲率半径和最大弯曲矢高　　　　　　　　　　　mm

钢材类别	图　　例	对应轴	矫正		弯曲	
			r	f	r	f
钢板扁钢		$x-x$	$50t$	$\dfrac{l^2}{400t}$	$25t$	$\dfrac{l^2}{200t}$
		$y-y$（仅对扁钢轴线）	$100b$	$\dfrac{l^2}{800b}$	$50b$	$\dfrac{l^2}{400b}$
角钢		$x-x$	$90b$	$\dfrac{l^2}{720b}$	$45b$	$\dfrac{l^2}{360b}$

钢材类别	图　例	对应轴	矫正		弯曲	
			r	f	r	f
槽钢		$x-x$	$50h$	$\dfrac{l^2}{400h}$	$25h$	$\dfrac{l^2}{200h}$
		$y-y$	$90b$	$\dfrac{l^2}{720b}$	$45b$	$\dfrac{l^2}{360b}$
工字钢		$x-x$	$50h$	$\dfrac{l^2}{400h}$	$25h$	$\dfrac{l^2}{200h}$
		$y-y$	$50b$	$\dfrac{l^2}{400b}$	$25b$	$\dfrac{l^2}{200b}$

注：r 为曲率半径，f 为弯曲矢高，l 为弯曲弦长，t 为钢板厚度。

(3)钢材矫正后的允许偏差应符合表 4-7 的规定。

表 4-7　钢材矫正后的允许偏差　　　　　　　　　　　　　mm

项　　目		允许偏差	图　例
钢板的局部平面度	$t \leqslant 14$	1.5	
	$t > 14$	1.0	
型钢弯曲矢高		$l/1\,000$ 且不应大于 5.0	
角钢肢的垂直度		$b/100$ 且双肢栓接 角钢的角度不得大于 90°	
槽钢翼缘对腹板的垂直度		$b/80$	
工字钢、H 型钢翼缘对腹板的垂直度		$b/100$ 且不大于 2.0	

124

(4)钢管弯曲成形的允许偏差应符合表 4-8 的规定。

表 4-8 钢管弯曲成形的允许偏差   mm

项 目	允许偏差
直径	$\pm d/200$ 且$\leqslant\pm 5.0$
构件长度	± 3.0
管口圆度	$d/200$ 且$\leqslant 5.0$
管中间圆度	$d/100$ 且$\leqslant 8.0$
弯曲矢高	$l/1\,500$ 且$\leqslant 5.0$

注:d 为钢筋直径。

五、边缘加工

在钢结构制造中,为了保证焊缝质量和工艺性焊透以及装配的准确性,不仅需将钢板边缘刨成或铲成坡口,还需要将边缘刨直或铣平。

(一)加工部位

钢结构在制造中,常需要做边缘加工的部位主要包括以下几个方面:

(1)起重机梁翼缘板、支座支承面等具有工艺性要求的加工面。

(2)设计图样中有技术要求的焊接坡口。

(3)尺寸精度要求严格的加颈板、隔板、腹板及有孔眼的节点板等。

(二)加工方法

1. 铲边

对加工质量要求不高、工作量不大的边缘加工,可以采用铲边。铲边有手工铲边和机械铲边两种。手工铲边的工具有手锤和手铲等,机械铲边的工具有风动铲锤和铲头等。

一般手工铲边和机械铲边的构件,其铲线尺寸与施工图样尺寸要求不得相差 1 mm。铲边后的棱角垂直误差不得超过弦长的 1/3 000,且不得大于 2 mm。

2. 刨边

对钢构件边缘刨边主要是在刨边机上进行的,常用的刨边机具为 B81120A 型刨边机。钢构件刨边加工有直边和斜边两种。钢构件刨边加工的余量随钢材的厚度、钢板的切割方法不同而改变,一般刨边加工余量为 2~4 mm。

3. 铣边

有些构件的端部可采用铣边(端面加工)的方法代替刨边。铣边是为了保持构件(如起重机梁、桥梁等接头部分,钢柱或塔架等的金属抵承部位)的精度,能使其力由承压面直接传至底板支座,以减小连接焊缝的焊脚尺寸。这种铣削加工,一般是在端面铣床或铣边机上进行的。

端面铣削也可在铣边机上进行加工,铣边机的结构与刨边机相似,但加工时用盘形铣刀代替刨边机走刀箱上的刀架和刨刀,其生产效率较高。

(三)边缘加工质量

(1)钢构件边缘加工的质量标准见表 4-9。

表 4-9 钢构件边缘加工的质量标准

加工方法	宽度、长度/mm	直线度/mm	坡度/(°)	对角差(四边加工)/mm
刨边	± 1.0	$L/3\,000$,且不得大于 2.0	+2.5	2
铣边	± 1.0	0.30	—	1

(2)钢构件刨、铣加工的允许偏差见表4-10。

表4-10　钢构件刨、铣加工的允许偏差　　　　　　　　　　　mm

项　　目	允许偏差	项　　目	允许偏差
零件宽度、长度	±1.0	加工面垂直度	0.025t，且不应大于0.5
加工边直线度	l/3 000，且不应大于2.0	加工面表面粗糙度	$\overset{50}{\triangledown}$
相邻两边夹角	±6′	—	—

注：l为构件长度；t为构件厚度。

六、制孔

1. 制孔方法

钢结构在制作中，**常用的加工方法有钻孔、冲孔、铰孔、扩孔等**，施工时，可根据不同的技术要求合理选用。

(1)钻孔。钻孔是钢结构制作中普遍采用的方法，能用于任何规格的钢板、型钢的孔加工。

1)构件钻孔前应进行试钻，经检查认可后方可正式钻孔。

2)用划针和钢尺在构件上划出孔的中心和直径，并在孔的圆周(90°位置)上打四个冲眼，作钻孔后检查用。孔中心的冲眼应大而深，在钻孔时作为钻头定心用。

3)钻制精度要求高的精制螺栓孔或板叠层数多、长排连接、多排连接的群孔，可借助钻模卡在工件上制孔。使用钻模厚度一般为15 mm左右，钻套内孔直径比设计孔径大0.3 mm。

4)为提高工效，也可将同种规格的板件叠合在一起钻孔，但必须卡牢或点焊固定。但是重叠板厚度不应超过50 mm。

5)对于成对或成副的构件，宜成对或成副钻孔，以便构件组装。

(2)冲孔。冲孔是在冲孔机(冲床)上进行的，一般只能在较薄的钢板或型钢上冲孔。

1)冲孔的直径应大于板厚，否则易损坏冲头。冲孔下模上平面孔的孔径应比上模的冲头直径大0.8～1.5 mm。

2)构件冲孔时，应装好冲模，检查冲模之间间隙是否均匀一致，并用与构件相同的材料试冲，经检查质量符合要求后，再进行正式冲孔。

3)大批量冲孔时，应按批抽查孔的尺寸及孔的中心距，以便及时发现问题，及时纠正。

4)环境温度低于-20 ℃时禁止冲孔。

(3)铰孔。铰孔是用铰刀对已经粗加工的孔进行精加工，以提高孔的光洁度和精度。

铰孔时工件要夹正，铰刀的中心线必须与孔的中心保持一致；手铰时用力要均匀，转速为20～30 r/min，进刀量大小要适当，并且要均匀。可将铰削余量分为两三次铰完，铰削过程中要添加适当的冷却润滑液，铰孔退刀时仍然要顺转。铰刀用后要擦干净，涂上机油，刀刃勿与硬物磕碰。

(4)扩孔。扩孔是用麻花钻或扩孔钻将工件上原有的孔进行全部或局部扩大，主要用于构件的拼装和安装，如叠层连接板板孔，常先把零件孔钻成比设计小3 mm的孔，待整体组装后再行扩孔，以保证孔眼一致，孔壁光滑，或用于钻直径30 mm以上的孔，先钻成小孔，后扩成大孔，以减小钻端阻力，提高工效。

用麻花钻扩孔时，由于钻头进刀阻力很小，极易切入金属，引起进刀量自动增大，从而导致孔面粗糙并产生波纹。所以，在使用时须将其后角修小，由于切削刃外缘吃刀，避免了横刃引起的不良影响，从而切屑少且易排除，可提高孔的表面光洁度。

2. 制孔质量检验

（1）螺栓孔周边应无毛刺、破裂、喇叭口和凹凸的痕迹，切屑应清除干净。

（2）对于高强度螺栓，应采用钻孔。地脚螺栓孔与螺栓间的间隙较大，当孔径超过50 mm 时，可采用火焰割孔。

（3）A、B级螺栓孔（Ⅰ类孔）应具有H12的精度，孔壁表面粗糙度 Ra 不应大于 $12.5\ \mu m$，其孔直径的允许偏差应符合表4-11的规定。A、B级螺栓孔的直径应与螺栓公称直径相等。

表 4-11　A、B级螺栓孔直径的允许偏差　　　　　　　　　　　　　mm

序　号	螺栓公称直径、螺栓孔直径	螺栓公称直径允许偏差	螺栓孔直径允许偏差	检查数量	检验方法
1	10～18	0.00 −0.21	+0.18 0.00	按钢构件数量抽查10%，且不应少于3件	用游标深度尺或孔径量规检查
2	18～30	0.00 −0.21	+0.21 0.00		
3	30～50	0.00 −0.25	+0.25 0.00		

（4）C级螺栓孔（Ⅱ类孔），孔壁表面粗糙度 Ra 不应大于 $25\ \mu m$，其允许偏差应符合表4-12的规定。

表 4-12　C级螺栓孔的允许偏差　　　　　　　　　　　　　mm

项　　目	允许偏差	检查数量	检验方法
直　径	+1.0 0.0	按钢构件数量抽查10%，且不应少于3件	用游标深度尺或孔径量规检查
圆　度	2.0		
垂直度	$0.03t$，且不应大于2.0		
注：t 为钻孔材料厚度。			

第三节　钢构件组装与预拼装

一、钢构件组装施工

钢结构零、部件的组装是指遵照施工图的要求，把已经加工完成的各零件或半成品等钢构件采用装配的手段组合成为独立的成品。

1. 钢构件的组装分类

根据特性以及组装程度，**钢构件可分为部件组装、组装、预总装三种类型。**

（1）部件组装是装配最小单元的组合，它一般是由两个或两个以上的零件按照施工图的要求装配成为半成品的结构部件。

（2）组装也称为拼装、装配、组立，是把零件或半成品按照施工图的要求装配成为独立的成品构件。

（3）预总装是根据施工总图的要求把相关的两个以上成品构件在工厂制

钢构件组装常见
问题与处理措施

作场地上，按其各构件的空间位置总装起来。其目的是客观地反映出各构件的装配节点，以保证构件安装质量。目前，这种装配方法已广泛应用在高强度螺栓连接的钢结构构件制造中。

2. 部件拼接

(1)焊接 H 型钢的翼缘板拼接缝和腹板拼接缝的间距，不应小于 200 mm；翼缘板拼接长度不应小于 600 mm；腹板拼接宽度不应小于 300 mm，长度不应小于 600 mm。

(2)箱形构件的侧板拼接长度不应小于 600 mm，相邻两侧板拼接的间距不应小于200 mm；侧板在宽度方向不宜拼接，当宽度超过 2 400 mm 且确需拼接时，最小拼接宽度不应小于板宽的 1/4。

(3)当设计无特殊要求时，用于次要构件的热轧型钢可采用直口全熔焊接拼接，其拼接长度不应小于 600 mm。

(4)在钢管接长时每个节间宜为一个接头，最短接长长度应符合下列规定：

1)当钢管直径 $d \leqslant 500$ mm 时，不应小于 500 mm。

2)当钢管直径 500 mm$< d \leqslant 1 000$ mm 时，不应小于直径 d。

3)当钢管直径 $d > 1 000$ mm 时，不应小于 1 000 mm。

4)当钢管采用卷制方式加工成形时，可有若干个接头，但最短接长长度应符合 1)～3)的要求。

(5)在钢管接长时，相邻管节或管段的纵向焊缝应错开，错开的最小距离(沿弧长方向)不应小于钢管壁厚的 5 倍，且不应小于 200 mm。

(6)部件拼接焊缝应符合设计文件的要求，当设计无特殊要求时，应采用全熔透等强对接焊接。

3. 构件组装

(1)构件组装宜在组装平台、组装支承架或专用设备上进行，组装平台及组装支承架应有足够的强度和刚度，并应便于构件的装卸、定位。在组装平台或组装支承架上应画出构件的中心线、端面位置线、轮廓线和标高线等基准线。

(2)构件组装可采用地样法、仿形复制装配法、胎模装配法和专用设备装配法等方法；组装时可采用立装、卧装等方式。

(3)构件组装间隙应符合设计和工艺文件要求，当设计和工艺文件无规定时，组装间隙不应大于 2.0 mm。

(4)焊接构件组装时应预设焊接收缩量，并应对各部件进行合理的焊接收缩量分配。重要或复杂构件宜通过工艺性试验确定焊接收缩量。

(5)设计要求起拱的构件，应在组装时按规定的起拱值进行起拱，起拱允许偏差为起拱值的 0%～10%，且不应大于 10 mm。设计未要求但施工工艺要求起拱的构件，起拱允许偏差不应大于起拱值的±10%，且不应大于±10 mm。

(6)桁架结构组装时，杆件轴线交点偏移不应大于 3 mm。

(7)吊车梁和吊车桁架组装、焊接完成后不应允许下挠。吊车梁的下翼缘和重要受力构件的受拉面不得焊接工装夹具、临时定位板、临时连接板等。

(8)拆除临时工装夹具、临时定位板、临时连接板等，严禁用锤敲落，应在距离构件表面 3～5 mm 处采用气割切除，对残留的焊疤应打磨平整，且不得损伤母材。

(9)构件端部铣平后顶紧接触面应有 75% 以上的面积密贴，应用 0.3 mm 的塞尺检查，其塞入面积应小于 25%，边缘最大间隙不应大于 0.8 mm。

4. 构件端部加工

(1)构件端部加工应在构件组装、焊接完成并经检验合格后进行。构件的端面铣平加工可用端铣床加工。

(2)构件的端部铣平加工应符合下列规定：

1）应根据工艺要求预先确定端部铣削量，铣削量不应小于 5 mm。

2）应按设计文件及现行国家标准《钢结构工程施工质量验收规范》(GB 50205—2001)的有关规定，控制铣平面的平面度和垂直度。

5. 构件矫正

(1)构件外形矫正应采取先总体后局部、先主要后次要、先下部后上部的顺序。

(2)构件外形矫正可采用冷矫正和热矫正。当设计有要求时，矫正方法和矫正温度应符合设计文件要求；当设计文件无要求时，应按前述的有关规定。

二、钢构件预拼装施工

(一)构件预拼装要求

(1)钢构件预拼装比例应符合施工合同和设计要求，一般按实际平面情况预装10%～20%。

钢结构预拼装施工
常见问题与处理措施

(2)拼装构件一般应设拼装工作台，如在现场拼装，则应放在较坚硬的场地上用水平仪找平。

(3)钢构件预拼装地面应坚实，胎架强度、刚度必须经设计计算确定，各支承点的水平精度可用已计量检验的各种仪器逐点测定调整。

(4)各支承点的水平度应符合下列规定：

1）当拼装总面积为 300～1 000 m² 时，允许偏差小于或等于 2 mm。

2）当拼装总面积在 1 000～5 000 m² 时，允许偏差小于 3 mm。单构件支承点不论柱、梁、支撑，应不少于两个支承点。

(5)拼装时，构件全长应拉通线，并在构件有代表性的点上用水平尺找平，符合设计尺寸后电焊点固焊牢。对刚性较差的构件，翻身前要进行加固，构件翻身后也应进行找平，否则构件焊接后无法矫正。

(6)在胎架上预拼装时，不得对构件动用火焰、锤击等，各杆件的重心线应交汇于节点中心，并应完全处于自由状态。

(7)预拼装钢构件控制基准线与胎架基线必须保持一致。

(8)高强度螺栓连接预拼装时，使用冲钉直径必须与孔径一致，每个节点要多于三只，临时普通螺栓数量一般为螺栓孔的1/3。对孔径进行检测，试孔器必须垂直自由穿落。

(9)所有需要进行预拼装的构件制作完成后，必须经专业质检员验收，并应符合质量标准的要求。相同构件可以互换，但不得影响构件整体的几何尺寸。

(10)构件在制作、拼装、吊装中所用的钢尺应统一，且必须经计量检验，并相互核对，测量时间在早晨日出前、下午日落后为最佳。

(二)构件拼装方法

钢构件拼装方法有平装法、立拼法和利用模具拼装法三种。

1. 平装法

平装法适用于拼装跨度较小、构件相对刚度较大的钢结构，如对长 18 m 以内的钢柱、跨度 6 m 以内的天窗架及跨度 21 m 以内的钢屋架的拼装。

该拼装方法操作方便，不需要稳定加固措施，也不需要搭设脚手架。焊缝焊接大多数为平焊缝；焊接操作简易，不需要技术水平很高的焊接工人，焊缝质量易于保证，而且校正及起拱方便、准确。

2. 立拼法

立拼法主要适用于跨度较大、侧向刚度较差的钢结构，如18 m 以上钢柱、跨度 9 m 及 12 m

窗架、24 m 以上钢屋架以及屋架上的天窗架。

该拼装法可一次拼装多榀，块体占地面积小，不用铺设或搭设专用拼装操作平台或枕木墩，节省材料和工时。但需搭设一定数量的稳定支架，块体校正、起拱较难，钢构件的连接节点及预制构件的连接件的焊接立缝较多，增加了焊接操作的难度。

3. 利用模具拼装法

模具是指符合工件几何形状或轮廓的模型（内模或外模）。对于成批的板材结构和型钢结构，应尽量采用模具拼装法。利用模具来拼装组焊钢结构，其具有产品质量好、生产效率高的特点。

本章小结

钢结构一般在工厂制作，具有条件优、标准严、精度好、效率高等优点。钢零件及钢部件加工工艺包括：①钢结构的放样与号料；②钢材的切割下料；③钢构件矫正和成形；④钢构件边缘加工；⑤钢构件制孔等。进行钢零件及钢部件加工时应严格遵循各项工艺要求，以确保钢零件及钢部件的质量。钢构件组装常采用地样组装法和胎模组装法；钢构件预拼装主要采用半装法、立拼法和利用模具拼装法三种。

思考与练习

一、填空题

1. 工艺性试验一般可分为_____、_____两类。
2. 放样和号料应根据_____进行，并应按要求预留余量。
3. _____是钢结构制作工艺中的第一道工序。
4. 放样时，以_____的比例在样板台上弹出大样。
5. 目前，常用的钢材切割方法有_____、_____、_____三种。

二、选择题

1. 钢结构制作时，工程预算一般按实际所需加（   ）%提出材料需用量。
   A. 10   B. 20   C. 30   D. 40

2. 放样应从熟悉图纸开始，首先（   ），并校对图样各部尺寸。
   A. 看清施工技术要求，逐个核对图纸之间的尺寸和相互关系
   B. 核对图纸之间的尺寸，看清施工技术要求和相互关系
   C. 了解图纸之间的尺寸和相互关系
   D. 以上都不对

3. 钢材气割前，应该正确选择工艺参数（如割嘴型号、氧气压力、气割速度和预热火焰的能率等）。工艺参数的选择主要是根据气割机械的类型和可切割的钢板（   ）而定。
   A. 性能   B. 材质   C. 长度   D. 厚度

4. 设计无特殊要求时，用于次要构件的热轧型钢可采用直口全熔焊接拼接，其拼接长度不应小于（   ）mm。
   A. 200   B. 600   C. 800   D. 1 000

5. 构件在制作、拼装、吊装中所用的钢尺应统一，且必须经计量检验，并相互核对，测量时间在（　　）为最佳。

    A. 早晨日出前　　　　　　　　　　B. 下午日落后

    C. 早晨日出后，下午日落前　　　　D. 早晨日出前，下午日落后

三、多选题

1. 一般常用的号料方法有（　　）等。

    A. 集中号料法　　　B. 套料法　　　　C. 统计计算法　　　D. 余料统一号料法

2. 钢构件矫正通常可采用（　　）等方法。

    A. 手工矫正　　　　B. 机械矫正　　　C. 加热矫正　　　　D. 混合矫正

3. 在钢管接长时每个节间宜为一个接头，最短接长长度应符合（　　）。

    A. 当钢管直径 $d \leqslant 500$ mm 时，不应小于 500 mm

    B. 当钢管直径 500 mm $< d \leqslant 1\ 000$ mm 时，不应小于直径 d

    C. 当钢管直径 $d > 1\ 000$ mm 时，不应大于 1 000 mm

    D. 以上都对

四、简答题

1. 在钢结构制作前，审查图纸应审查哪些内容？

2. 编制钢结构制作工艺规程应遵循哪些要求？

3. 发现图样设计不合理，该如何处理？

4. 钢材热加工的温度有何要求？

5. 钢材弯曲过程中，为何弯曲件的圆角半径不宜过大，也不宜过小？

6. 钢构件的组装可分为哪几类？

7. 构件组装的常用方法有哪几种？

8. 构件外形矫正先后顺序有哪些规定？

9. 构件拼装方法有哪些？这些方法各自的适用范围有哪些规定？

第五章 钢结构安装

能力目标

1. 能够按钢结构安装要求选择不同类型的吊装起重机械。
2. 能够充分地进行钢结构安装准备。
3. 能够按工艺要求进行单层、多层、高层钢结构的安装施工。

知识目标

1. 熟悉钢结构安装程序，了解吊装起重机械的类型及其选择。
2. 掌握钢结构安装施工准备工作内容。
3. 熟悉钢结构整体平移技术，掌握钢构件安装要求及单层、多层、高层钢结构的安装施工要求。

第一节 钢结构安装工程程序及吊装起重机具选择

一、钢结构安装工程程序

1. 钢结构安装工程质量控制程序

钢结构安装工程质量控制程序如图 5-1 所示。

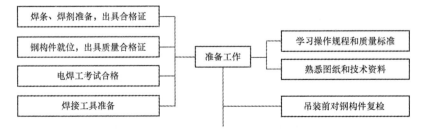

图 5-1 钢结构安装工程质量控制程序

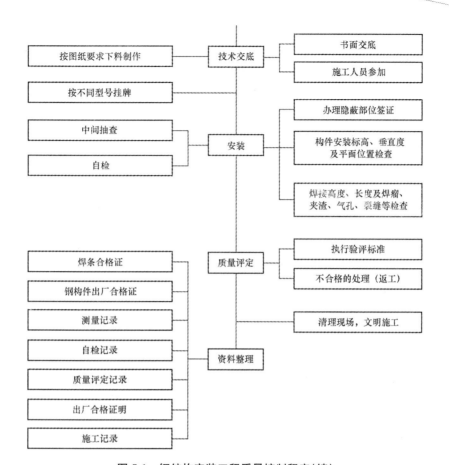

图 5-1　钢结构安装工程质量控制程序(续)

2. 单层钢结构安装工艺流程

单层钢结构安装工艺流程如图 5-2 所示。

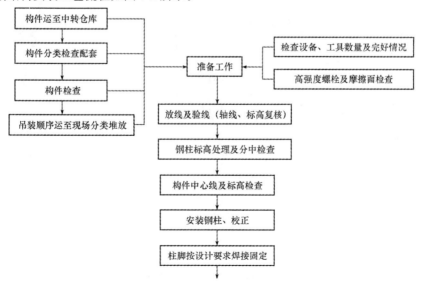

图 5-2　单层钢结构安装工艺流程

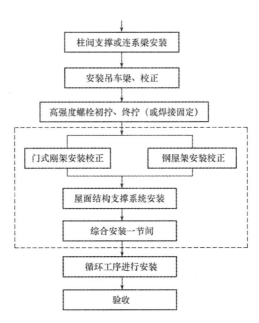

图 5-2 单层钢结构安装工艺流程(续)

二、吊装起重机的选择

起重机是钢结构吊装施工中的关键设备,为使钢结构吊装施工顺利进行,并取得良好的经济效益,必须合理选择起重机。起重机的使用,必须符合《建筑机械使用安全技术规程》(JGJ 33—2012)的规定。

1. 选择依据

(1)构件最大重量(单个)、数量、外形尺寸、结构特点、安装高度及吊装方法等。

(2)各类型构件的吊装要求,施工现场条件(道路、地形、邻近建筑物、障碍物等)。

(3)选用吊装机械的技术性能(起重量、起重臂杆长、起重高度、回转半径、行走方式)。

(4)吊装工程量的大小、工程进度要求等。

(5)现有或能租赁到的起重设备。

(6)施工力量和技术水平。

(7)构件吊装的安全和质量要求及经济合理性。

2. 选择原则

(1)选用时,应考虑起重机的性能(工作能力)、使用方便性、吊装效率、吊装工程量和工期等要求。

(2)能适应现场道路、吊装平面布置和设备、机具等条件,能充分发挥其技术性能。

(3)能保证吊装工程质量、安全施工和有一定的经济效益。

(4)避免使用大起重能力的起重机吊小构件、起重能力小的起重机超负荷吊装大的构件,或选用改装的未经过实际负荷试验的起重机进行吊装,或使用台班费高的设备。

3. 起重机型式的选择

(1)一般吊装多按履带式、轮胎式、汽车式、塔式的顺序选用,一般是:对高度不大的中、小型厂房,应先考虑使用起重量大、可全回转使用、移动方便的100~150 kN履带式起重机和轮胎式起重机吊装主体结构;对主体结构的高度和跨度较大、构件较重的大型工业厂房,宜采用 500~750 kN 履带式起重机和 350~1 000 kN 汽车式起重机吊装；对大跨度又很高的重型工业厂房的主体结构吊装，宜选用塔式起重机吊装。

(2)对厂房大型构件，可采用重型塔式起重机和塔桅起重机吊装。

(3)遇到缺乏起重设备或吊装工作量不大、厂房不高的情况，可考虑采用独脚桅杆、人字桅杆、悬臂桅杆及回转式桅杆(桅杆式起重机吊装)等吊装，其中回转式桅杆最适于单层钢结构厂房进行综合吊装；对重型厂房也可采用塔桅式起重机进行吊装。

(4)若厂房位于狭窄地段，或厂房采取敞开式施工方案(厂房内设备基础先施工)，宜采用双机抬吊吊装厂房屋面结构，或单机在设备基础上铺设枕木垫道吊装。

(5)对起重臂杆的选用，一般柱车梁吊装宜选用较短的起重臂杆；屋面构件吊装宜选用较长的起重臂杆，且应以屋架、天窗架的吊装为主选择。

(6)在选择时，如起重机的起重量不能满足要求，可采取以下措施：

1)增加支腿或增长支腿，以增大倾覆边缘距离、减小倾覆力矩来提高起重能力。

2)后移或增加起重机的配重，以增加抗倾覆力矩，提高起重能力。

3)对于不变幅、不旋转的臂杆，在其上端增设拖拉绳或增设钢管或格构式脚手架或人字支撑桅杆，以增强稳定性和提高起重性能。

4. 吊装参数的确定

钢结构吊装作业必须在起重设备的额定起重量范围内进行。

(1)起重量。选择的起重机起重量必须大于所吊装构件的重量与索具重量之和。

$$Q \geqslant Q_1 + Q_2$$

式中　Q——起重机的起重量(kN)；

$\quad\quad Q_1$——构件的重量(kN)；

$\quad\quad Q_2$——索具的重量(kN)。

(2)起重高度。起重机的起重高度必须满足所吊装构件的吊装高度要求。

$$H \geqslant h_1 + h_2 + h_3 + h_4$$

式中　H——起重机的起重高度(m)，从停机面算起至吊钩钩口；

$\quad\quad h_1$——安装支座表面高度(m)，从停机面算起；

$\quad\quad h_2$——安装间隙(m)，应不小于 0.3 m；

$\quad\quad h_3$——绑扎点至构件吊起后底面的距离(m)；

$\quad\quad h_4$——索具高度(m)，绑扎点至吊钩钩口的距离，视具体情况而定。

(3)起重半径。当起重机可以不受限制地开到所安装构件附近去吊装构件时，可不验算起重半径。但当起重机受限制不能靠近吊装位置去吊装构件时，起重半径应满足在起重量与起重高度一定时，能保持一定距离吊装该构件的要求。起重半径可按下式计算求得：

$$R = F + L\cos\alpha$$

式中　R——起重机的起重半径(m)；

$\quad\quad F$——起重臂下铰点中心至起重机回转中心的水平距离，其数值由起重机技术参数表查得；

$\quad\quad L$——起重臂长度(m)；

$\quad\quad \alpha$——起重臂的中心线与水平夹角。

(4)最小起重臂长度。当起重机的起重臂须跨过已安装好的结构去安装构件时，例如跨过屋架安装屋面板时，为了不与屋架相碰，必须求出起重机的最小起重臂长度。求最小起重臂长度可用图解法(图 5-3)，其步骤如下：

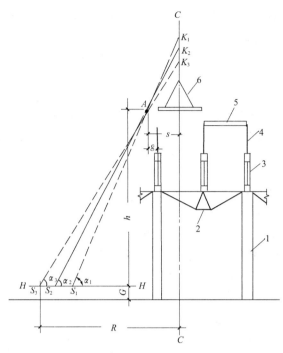

图 5-3　图解法求起重机臂杆最小长度
1—柱；2—托架；3—屋架；4—天窗架；5—屋面板；6—吊索；α—起重机臂杆的仰角

1）按比例绘出欲吊装厂房最高一个节间的纵剖面图及节间中心线 $C-C$。

2）根据拟定选用起重机臂杆底部设支点距地面距离 G，通过 G 点画水平线 $H-H$。

3）自天窗架或屋架（无天窗架厂房用）顶点向起重机的水平方向量出 1.0 m 的水平距离 g，可得 A 点。

4）通过 A 点画若干条与水平线近似 60°角的斜线，被 $C-C$ 及 $H-H$ 两线所截得线段 S_1K_1、S_2K_2、S_3K_3 等，取其中最短的一根线，即为吊装屋面板时的起重臂的最小长度，量出 α 角，即得所求的起重臂杆仰角。量出 R 即得起重半径。

5）按此参数复核能否满足吊装最边缘一块屋面板或屋面支撑要求。若不能满足要求，可采取以下措施：

①改用较长的起重臂杆或较大的起重仰角。

②使起重机由直线行走改为折线行走。

③在起重臂杆头部（顶部）加一鸭嘴，以增加外伸距离吊装屋面板（适当增加配重）。

第二节　钢结构安装施工准备

一、图纸会审

为了熟悉和掌握图纸的内容和要求，解决钢结构安装施工过程中的矛盾和协作，发现并更正图纸中的差错和遗漏，提出不便于钢结构安装施工的设计内容并进行洽商和更正。

钢结构安装前应进行图纸会审。

(1)图纸会审的内容包括以下两个方面：

1)由总工程师主持图纸会审。

2)会审前有关人员要认真熟悉和学习施工图，对有关专业要进行翻样。结合施工能力和设备、装备情况找出图纸问题，对现场有关的情况要进行调查研究，将可能出现的技术难题和质量隐患消灭在萌芽状态。

(2)图纸会审的步骤可分为以下三个阶段：

1)学习阶段。学习图纸主要是摸清钢结构安装工程的规模和工艺流程、结构形式和构造特点、主要材料和特殊材料、技术标准和质量要求，以及坐标和标高等。

2)初审阶段。掌握钢结构安装工程的基本情况后，分工种详细核对各工种的详图，核查有无错、漏等问题，并对相关经济与安全等问题提出初步修改意见。

3)会审阶段。会审是指各专业间对施工图的审查。在初审的基础上，各专业之间核对图纸是否相符、有无矛盾，以便消除差错。对图纸中相关的经济与安全等问题，提出修改意见。同时应研究设计中提出的新结构、新技术、新材料实现的可能性和应采取的必要措施。

(3)图纸会审要抓住以下几个重点：

1)设计是否符合国家有关现行政策和本地区的实际情况。

2)工程的结构是否符合安全、消防、可靠、经济合理的原则，有哪些合理的改进意见。

3)本单位的技术特长和机械装备能力、施工现场条件是否满足安全施工要求。

4)图纸各部位尺寸、标高是否统一，图纸说明是否一致，设计的尺寸是否满足施工要求。

5)工程的结构、设备安装等各专业图纸之间是否有矛盾，钢筋细部节点是否符合施工要求。

二、吊装技术准备

(1)认真熟悉掌握施工图纸、设计变更，组织图纸审查和会审；核对构件的空间就位尺寸和相互之间的关系。

(2)计算并掌握吊装构件的数量、单体重量和安装就位高度以及连接板、螺栓等吊装铁件数量；熟悉构件间的连接方法。

(3)组织编制吊装工程施工组织设计或作业设计(内容包括工程概况，选择吊装机械设备，确定吊装程序、方法、进度、构件制作、堆放平面布置、构件运输方法、劳动组织、构件和物资机具供应计划、保证质量安全技术措施等)。

(4)了解已选定的起重、运输及其他辅助机械设备的性能及使用要求。

(5)进行技术交底，包括任务、施工组织设计或作业设计，技术要求，施工保证措施，现场环境(如原有建筑物、构筑物、障碍物、高压线、电缆线路、水道、道路等)情况，内外协作配合关系等。

三、构件准备

(1)清点构件的型号、数量，并按设计和规范要求对构件复验是否合格，包括构件强度与完整性(有无严重裂缝、扭曲、侧弯、损伤及其他严重缺陷)；外形和几何尺寸、平整度；埋设件、预留孔位置、尺寸、标识、精度和数量；接头钢筋吊环、埋设件的稳固程度和构件的轴线等是否准确，有无出厂合格证等。如有超出设计或规范规定偏差，应在吊装前纠正。

(2)在构件上根据就位、校正的需要弹好轴线。柱应弹出三面中心线、牛腿面与柱顶面中心线、±0.00线(或标高准线)、吊点位置；基础杯口应弹出纵横轴线；吊车梁、屋架等构件应在端头与顶面及支撑处弹出中心线及标高线；在屋架(屋面梁)上弹出天窗架、屋面板或檩条的安装就位控制线，两端及顶面弹出安装中心线。

(3)现场构件进行脱模，排放；场外构件进场及排放。按图纸对构件进行编号。不易辨别上下、左右、正反的构件，应在构件上用记号注明，以免吊装时搞错。

(4)检查厂房柱基轴线和跨度，检查基础地脚螺栓位置和伸出是否符合设计要求，找好柱基标高。

四、吊装接头准备

(1)准备和分类清理好各种金属支撑件及安装接头用连接板、螺栓、铁件和安装垫铁；施焊必要的连接件(如屋架、吊车梁垫板、柱支撑连接件及其余与柱连接相关的连接件)，以减少高空作业。清除构件接头部位及埋设件上的污物、铁锈。

(2)对需组装拼装及临时加固的构件，按规定要求使其达到具备吊装条件。

(3)在基础杯口底部，根据柱子制作的实际长度(从牛腿至柱脚尺寸)误差，调整杯底标高，用1：2水泥砂浆找平，标高允许偏差为±5 mm，以保持吊车梁的标高在同一水平面上；当预制柱采用垫板安装或重型钢柱采用杯口安装时，应在杯底设垫板处局部抹平，并加设小钢垫板。

(4)柱脚或杯口侧壁未划毛的，要在柱脚表面及杯口内稍加凿毛处理。

(5)钢柱基础，要根据钢柱实际长度牛腿间距离，钢板底板平整度检查结果，在柱基础表面浇筑标高块(块成十字式或四点式)，标高块强度不小于30 MPa，表面埋设16～20 mm厚钢板，基础上表面也应凿毛。

五、构件吊装稳定性的检查

(1)根据起吊吊点位置，验算柱、屋架等构件吊装时的抗裂度和稳定性，防止出现裂缝和构件失稳。

(2)对屋架、天窗架、组合式屋架、屋面梁等侧向刚度差的构件，在横向用1～2道杉木脚手杆或竹竿进行加固。

(3)按吊装方法要求，将构件按吊装平面布置图就位。直立排放的构件，如屋架天窗架等，应用支撑稳固。高空就位构件应绑扎好牵引溜绳、缆风绳(图5-4)。

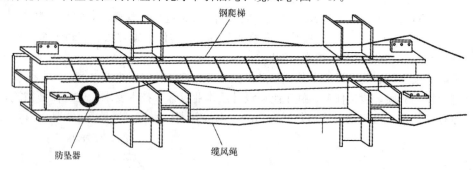

图5-4 装有防坠器、缆风绳、爬钢梯的柱子

六、吊装机具、材料准备

(1)检查吊装用的起重设备、配套机具、工具等是否齐全、完好，运输是否灵活，并进行试运转。准备好并检查吊索、卡环、绳卡、横吊梁、倒链、千斤顶、滑车等吊具的强度和数量是否满足吊装需要。

（2）准备吊装用工具，如高空用吊挂脚手架、操作台、爬梯、溜绳、缆风绳、撬杠、大锤、钢(木)楔、垫木、铁垫片、线锤、钢尺、水平尺，测量标记以及水准仪、经纬仪、全站仪等。做好埋设地锚等工作。

（3）准备施工用料，如加固脚手杆、电焊、气焊设备、材料等的供应准备。

1）焊接材料的准备。钢结构焊接施工之前应对焊接材料的品种、规格、性能进行检查，各项指标应符合现行国家标准和设计要求。检查焊接材料的质量合格证明文件、检验报告及中文标志等。对重要钢结构采用的焊接材料应进行抽样复验。

2）高强度螺栓的准备。钢结构设计用高强度螺栓连接时应根据图纸要求分规格统计所需高强度螺栓的数量并配套供应至现场。应检查其出厂合格证、扭矩系数或紧固轴力(预拉力)的检验报告是否齐全，并按规定作紧固轴力或扭矩系数复验。对钢结构连接件摩擦面的抗滑移系数进行复验。

七、临时设施、人员的准备

整平场地、修筑构件运输和起重吊装开行的临时道路，并做好现场排水设施。清除工程吊装范围内的障碍物，如旧建筑物、地下电缆管线等。铺设吊装用供水、供电、供气及通信线路。修建临时建筑物，如工地办公室、材料仓库、机具仓库、工具房、电焊机房、工人休息室、开水房等。按吊装顺序组织施工人员进厂，并进行有关技术交底、培训、安全教育。

第三节　钢结构安装施工

一、构件安装要求

（1）钢柱安装应符合下列规定：

1）在进行柱脚安装时，锚栓宜使用导入器或护套。

2）首节钢柱安装后应及时进行垂直度、标高和轴线位置校正，钢柱的垂直度可采用经纬仪或线锤测量；在校正合格后，钢柱应可靠固定，并应进行柱底二次灌浆，灌浆前应清除柱底板与基础面间杂物。

钢结构工程
施工规范

3）首节以上的钢柱定位轴线应从地面控制轴线直接引上，不得从下层柱的轴线引上；钢柱校正垂直度时，应确定钢梁接头焊接的收缩量，并应预留焊缝收缩变形值。

4）倾斜钢柱可采用三维坐标测量法进行测校，也可采用柱顶投影点结合标高进行测校，校正合格后宜采用刚性支撑固定。

（2）钢梁安装应符合下列规定。

1）钢梁宜采用两点起吊；当单根钢梁长度大于 21 m，采用两点吊装不能满足构件强度和变形要求时，宜设置 3 或 4 个吊装点吊装或采用平衡梁吊装，吊点位置应通过计算确定。

2）钢梁可采用一机一吊或一机串吊的方式吊装，就位后应立即临时固定连接。

3）钢梁面的标高及两端高差可采用水准仪与标尺进行测量，校正完成后应进行永久性连接。

（3）支撑安装应符合下列规定：

1）交叉支撑应按从下到上的顺序组合吊装。

2)无特殊规定时,支撑构件的校正应在相邻结构校正固定后进行。

3)屈曲约束支撑应按设计文件和产品说明书的要求进行安装。

(4)桁架(屋架)安装应在钢柱校正合格后进行,并应符合下列规定:

1)钢桁架(屋架)可采用整榀或分段安装。

2)钢桁架(屋架)应在起搬和吊装过程中防止产生变形。

3)单榀钢桁架(屋架)在安装时应采用缆绳或刚性支撑增加侧向临时约束。

(5)钢板剪力墙安装应符合下列规定:

1)钢板剪力墙吊装时应采取防止平面外变形的措施。

2)钢板剪力墙的安装时间和顺序应符合设计文件要求。

(6)关节轴承节点安装应符合下列规定:

1)关节轴承节点应采用专门的工装进行吊装和安装。

2)轴承总成不应解体安装,就位后应采取临时固定措施。

3)连接销轴与孔装配时应密贴接触,应采用锥形孔、轴,并采用专用工具顶紧安装。

4)安装完毕后应做好成品保护。

(7)钢铸件或铸钢节点安装应符合下列规定:

1)出厂时应标示清晰的安装基准标记。

2)现场焊接应严格按焊接工艺专项方案施焊和检验。

(8)由多个构件在地面组拼的重型组合构件吊装时,吊点位置和数量应经过计算后确定。

(9)后安装构件应根据设计文件或吊装工况的要求进行安装,其加工长度应根据现场实际测量确定;当后安装构件与已完成结构采用焊接连接时,应采取减少焊接变形和减小焊接残余应力的措施。

二、单层钢结构

(一)钢柱安装

1. 单层钢结构钢柱柱脚节点构造

(1)外露式铰接柱脚节点构造如图 5-5 所示。

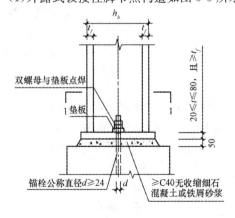

外露式铰接柱脚构造（一）

（用于柱截面较小时）

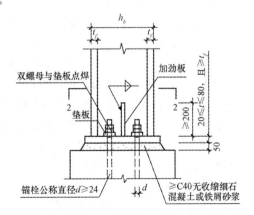

外露式铰接柱脚构造（二）

（用于柱截面较大时）

图 5-5 外露式铰接柱脚节点构造

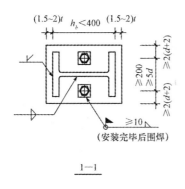

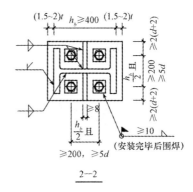

1—1

2—2

图 5-5　外露式铰接柱脚节点构造(续)

1)柱翼缘与底板间采用全焊透坡口对接焊缝连接,柱腹板及加劲板与底板间采用双面角焊缝连接。

2)铰接柱脚的锚栓直径应根据钢柱板件厚度和底板厚度相协调的原则确定,一般取24～42 mm,且不应小于 24 mm。锚栓的数目常采用 2 或 4 个,同时应与钢柱截面尺寸以及安装要求相协调。当刚架跨度小于或等于 18 m时,采用 2M24;当刚架跨度小于或等于 27 m时,采用 4M24;当刚架跨度小于或等于 30 m时,采用 4M30。锚栓安装时应采用具有足够刚度的固定架定位。柱脚锚栓均用双螺母或其他能防止螺帽松动的有效措施。

3)柱脚底板上的锚栓孔径宜取锚栓直径加20 mm,锚栓螺母下的垫板孔径取锚栓直径加 2 mm,垫板厚度一般为$(0.4～0.5)d$(d 为锚栓外径),但不应小于 20 mm,垫板边长取$3(d+2)$。

(2)外露式刚接柱脚节点构造如图 5-6 所示。

1)外露式刚接柱脚,一般均应设置加劲肋,以加强柱脚刚度。

2)柱翼缘与底板间采用全焊透坡口对接焊缝连接,柱腹板及加劲板与底板间采用双面角焊缝连接。角焊缝焊脚尺寸不小于 $1.5\sqrt{t_{\min}}$,不宜大于 $1.2t_{\max}$,且不宜大于 16 mm($t_{\min}$ 和 $t_{\max}$ 分别为较薄和较厚板件厚度)。

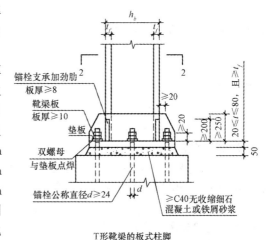

T 形靴梁的板式柱脚
(柱脚 b)

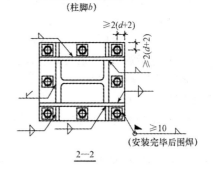

2—2

图 5-6　外露式刚接柱脚节点构造

3)刚接柱脚锚栓承受拉力和作为安装固定之用,一般采用 Q235 钢制作。锚栓的直径不宜小于 24 mm。底板的锚栓孔径不小于锚栓直径加 20 mm;锚栓垫板的锚栓孔径取锚栓直径加 2 mm。锚栓螺母下垫板的厚度一般为$(0.4～0.5)d$,但不宜小于 20 mm,垫板边长取 $3(d+2)$。锚栓应采用双螺母紧固。为使锚栓能准确锚固于设计位置,应采用具有足够刚度的固定架。

(3)插入式刚接柱脚节点构造如图 5-7 所示。

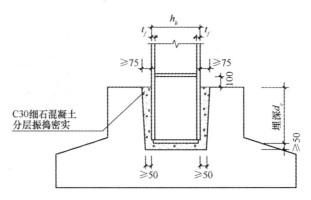

图 5-7　插入式刚接柱脚节点构造

对于非抗震设计，插入式柱脚埋深 $d_c \geqslant 1.5\, h_b$，且 $d_c \approx 500\ \text{mm}$，不应小于吊装时钢柱长度的 1/20；对于抗震设计，插入式柱脚埋深 $d_c \geqslant 2\, h_b$，同时应满足下式要求：

$$d_0 = \sqrt{\dfrac{6\,M}{b_c f_c}}$$

式中　M——柱底弯矩设计值；

$\quad\quad b_c$——翼缘宽度；

$\quad\quad f_c$——混凝土轴心抗压强度设计值。

2. 柱基检验

(1)构件安装前，必须取得基础验收的合格资料。基础施工单位可分批或一次交给，但每批所交的合格资料应是一个安装单元的全部桩基基础。

(2)安装前应根据基础验收资料复核各项数据，并标注在基础表面上。支承面、支座和地脚螺栓的位置和标高等的偏差应符合相关规定。

(3)复核定位应使用轴线控制点和测量标高的基准点。

(4)钢柱脚下面的支承构造应符合设计要求。需要填垫钢板时，每摞不得多于三块。

(5)钢柱脚底板面与基础间的空隙，应用细石混凝土浇筑密实。

3. 标高观测点与中心线标志设置

钢柱安装前应设置标高观测点和中心线标志，同一工程的观测点和标志设置位置应一致。

(1)标高观测点的设置应符合下列规定：

1)标高观测点的设置以牛腿(肩梁)支承面为基准，设在柱的便于观测处。

2)无牛腿(肩梁)柱，应以柱顶端与屋面梁连接的最上一个安装孔中心为基准。

钢柱安装施工常见
问题与处理措施

(2)中心线标志的设置应符合下列规定：

1)在柱底板上表面上行线方向设一条中心标志，列线方向两侧各设一个中心标志。

2)在柱身表面上行线和列线方向各设一条中心线，每条中心线在柱底部、中部(牛腿或肩梁部)和顶部各设一处中心标志。

3)双牛腿(肩梁)柱在行线方向两个柱身表面分别设中心标志。

4. 钢柱吊装

(1)钢柱的安装方法有旋转吊装法和滑行吊装法两种。单层轻钢结构钢柱应采用旋转法吊装。

1)采用旋转法吊装柱时，柱脚宜靠近基础，柱的绑扎点、柱脚中心与基础中心三者应位于起重机的同一起重半径的圆弧上。当起吊时，起重臂边升钩、边回转，柱顶随起重钩的运动，也边升起、边回转，把柱吊起插入基础。

2）采用滑行法吊装柱时，起重臂不动，仅起重钩上升，柱顶也随之上升，而柱脚则沿地面滑向基础，直至将柱提离地面，把柱子插入杯口。

（2）吊升时，宜在柱脚底部拴好拉绳和垫以垫木，以防止钢柱起吊时，柱脚拖地和碰坏地脚螺栓。

（3）钢柱对位时，一定要使柱子中心线对准基础顶面安装中心线，并使地脚螺栓对孔，注意钢柱垂直度，在基本达到要求后，方可落下就位。通常，钢柱吊离杯底30～50 mm。

（4）对位完成后，可用八只木楔或钢楔打紧帮或拧上四角地脚螺栓临时固定。钢柱垂直度偏差应控制在20 mm以内。重型柱或细长柱除采用楔块临时固定外，必要时可增设缆风绳拉锚。

5. 钢柱校正

（1）柱基标高调整。根据钢柱实际长度、柱底平整度、钢牛腿顶部距柱底部的距离，控制基础找平标高，如图5-8所示。其重点是保证钢牛腿顶部标高值。

调整方法为柱安装时，在柱子底板下的地脚螺栓上加一个调整螺母，把螺母上表面的标高调整到与柱底板标高齐平，放上柱子后，利用底板下的螺母控制柱子的标高，精度可达±1 mm以内。用无收缩砂浆以捻浆法填实柱子底板下面预留的空隙。

（2）钢柱垂直度校正。钢柱吊装柱脚穿入基础螺栓就位后，柱子校正工作主要是对标高进行调整和对垂直度进行校正，对钢柱垂直度的校正可采用起吊初校、加千斤顶复校的办法，其操作要点如下：

1）对钢柱垂直度的校正，可在吊装柱到位后，利用起重机的起重臂回转进行初校，一般钢柱垂直度控制在20 mm之内，拧紧柱底地脚螺栓，起重机方可松钩。

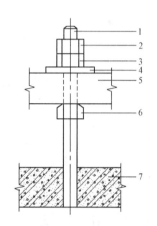

图5-8 柱基标高调整示意图
1—地脚螺栓；2—止松螺母；3—紧固螺母；
4—螺母垫板；5—柱脚底板；
6—调整螺母；7—钢筋混凝土基础

2）在用千斤顶复校过程中，须不断观察柱底和砂浆标高控制块之间是否有间隙，以防在校正过程中顶升过度造成水平标高产生误差。待垂直度校正完毕，再度紧固地脚螺栓，并塞紧柱子底部四周的承重校正块（每摞不得多于三块），并用电焊定位固定，如图5-9所示。

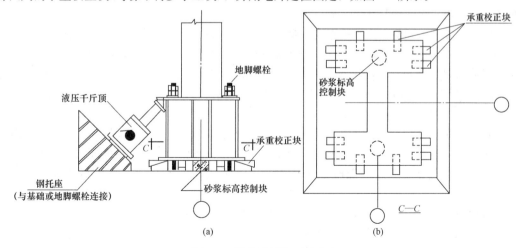

图5-9 用千斤顶校正垂直度
（a）千斤顶校正垂直度；（b）千斤顶校正的整剖面

3)为了防止钢柱在垂直度校正过程中产生轴线位移，应在位移校正后在柱子底脚四周用4~6块厚度为10 mm的钢板作定位靠模，并用电焊与基础面埋件焊接固定，防止移动。

（3）平面位置校正。钢柱底部制作时，在柱底板侧面用钢冲打出互相垂直的十字线上的四个点，作为柱底定位线。在起重机不脱钩的情况下，将柱底定位线与基础定位轴线对准缓慢落至标高位置，就位后如果有微小的偏差，用钢楔子或千斤顶侧向顶移动校正。预埋螺杆与柱底板螺孔有偏差时，适当加大螺孔，上压盖板后焊接。

6. 钢柱固定

（1）临时固定。柱子插入杯口就位并初步校正后，即用钢或硬木楔临时固定。当柱插入杯口使柱身中心线对准杯口或杯底中心线后刹车，用撬杠拨正，在柱与杯口壁之间的四周空隙，每边塞入两块钢或硬木楔，再将柱子落到杯底并复查对线，接着同时打紧两侧的楔子，如图5-10所示，起重机即可松绳脱钩进行下一根柱的吊装。

重型或高在10 m以上的细长柱及杯口较浅的柱，如果遇刮风天气，应在大面两侧加缆风绳或支撑来临时固定。

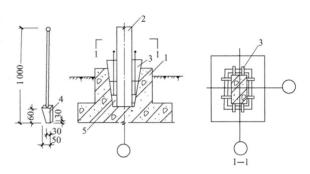

图 5-10 柱子临时固定方法
1—杯形基础；2—柱；3—钢或木楔；
4—钢塞；5—嵌小钢塞或卵石

（2）钢柱最后固定。钢柱校正后，应立即进行固定，同时还需满足以下规定：

1）钢柱校正后应立即灌浆固定。若当日校正的柱子未灌浆，次日应复核后再灌浆，以防因刮风导致楔子松动变形和千斤顶回油等而产生新的偏差。

2）灌浆（灌缝）时应将杯口间隙内的木屑等建筑垃圾清除干净，并用水充分湿润，使之能良好结合。

3）当柱脚底面不平（凹凸或倾斜）或与杯底之间有较大间隙时，应先灌一层同强度等级的稀砂浆，充满后再灌细石混凝土。

4）无垫板钢柱固定时，应在钢柱与杯口的间隙内灌注比混凝土强度等级高一级的细碎石混凝土。先清理并湿润杯口，分两次灌浆，第一次灌至楔子底面，待混凝土强度等级达到25%后，将楔子拔出，再二次灌至与杯口齐平。

5）第二次灌浆前须复查柱子垂直度，超出允许误差时应采取措施重新校正并纠正。

6）有垫板安装柱（包括钢柱杯口插入式柱脚）的二次灌浆方法，通常采用赶浆法或压浆法。

①赶浆法是在杯口一侧灌强度等级高一级的无收缩砂浆（掺水泥用量0.03‰~0.05‰的铝粉）或细石混凝土，用细振捣棒振捣使砂浆从柱底另一侧挤出，待填满柱底周围约10 cm高，接着在杯口四周均匀地灌细石混凝土至与杯口齐平。

②压浆法是在杯口空隙插入压浆管与排气管，先灌高度为20 cm高混凝土，并插捣密实，然后开始压浆，待混凝土被挤压上拱，停止顶压，再灌高度为20 cm的混凝土顶压一次，即可拔出压浆管和排气管，继续灌混凝土至杯口。本法适用于截面很大、垫板高度较薄的杯底灌浆。

7）捣固混凝土时，应严防碰动楔子而造成柱子倾斜。

8）采用缆风绳校正的柱子，待二次所灌混凝土强度达到70%，方可拆除缆风绳。

7. 钢柱安装允许偏差

单层钢结构中柱子安装的允许偏差应符合表 5-1 的规定。

表 5-1　单层钢结构中柱子安装的允许偏差　　　　　　　　　　　mm

项　目		允许偏差	图　例	检验方法
柱脚底座中心线对定位轴线的偏移		5.0		用吊线和钢尺检查
柱基准点标高	有起重机梁的柱	+3.0 −5.0	基准点	用水准仪检查
	无起重机梁的柱	+5.0 −8.0		
弯曲矢高		$H/1\,200$，且不应大于 15.0		用经纬仪或拉线和钢尺检查
柱轴线垂直度	单层柱 $H \leqslant 10\ \mathrm{m}$	$H/1\,000$		用经纬仪或吊线和钢尺检查
	单层柱 $H > 10\ \mathrm{m}$	$H/1\,000$，且不应大于 25.0		
	多节柱 单节柱	$H/1\,000$，且不应大于 10.0		
	多节柱 柱全高	35.0		

(二)起重机梁安装

1. 安装前的检查

(1)检查定位轴线。 起重机梁吊装前应严格控制定位轴线，认真做好钢柱底部临时标高垫块的设备工作，密切注意钢柱吊装后的位移和垂直度偏差数值。

(2)复测起重机梁纵横轴线。 安装前，应对起重机梁的纵横轴线进行复测和调整。钢柱的校正应把有柱间支撑的作为标准排架认真对待，从而控制其他柱子纵向的垂直偏差和竖向构件吊装时的累积误差；在已吊装完的柱间支撑和竖向构件的钢柱上复测起重机梁的纵横轴线，并进行调整。

(3)调整牛腿面的水平标高。 安装前，调整搁置钢起重机梁牛腿面的水平标高时，应先用水准仪(精度为±3 mm/km)测出每根钢柱上原先弹出的±0.000 基准线在柱子校正后的实际变化值。一般实测钢柱横向近牛腿处的两侧，同时做好实测标记。

根据各钢柱搁置起重机梁牛腿面的实测标高值，定出全部钢柱搁置起重机梁牛腿面的统一标高值，以统一标高值为基准，得出各搁置起重机梁牛腿面的标高差值。

根据各个标高差值和起重机梁的实际高差来加工不同厚度的钢垫板。同一搁置起重机梁牛腿面上的钢垫板一般应分成两块加工，以利于两根起重机梁端头高度值不同的调整。

在吊装起重机梁前，应先将精加工过的垫板点焊在牛腿面上。

2. 起重机梁的绑扎

（1）钢起重机梁一般绑扎两点。绑扎时吊索应等长，左右绑扎点对称。

（2）对于设有预埋吊环的起重机梁，可用带钢钩的吊索直接钩住吊环起吊；自重较大的梁，应用卡环与吊环吊索相互连接在一起。

（3）对于未设吊环的起重机梁，在绑扎时，应在梁端靠近支点处，用轻便吊索配合卡环绕起重机梁（或梁）下部左右对称绑扎，或用工具式吊耳吊装，如图5-11所示。

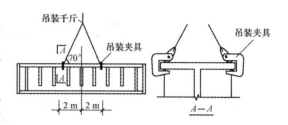

图 5-11 利用工具式吊耳吊装

（4）在绑扎时，起重机梁棱角边缘处应衬以麻袋片、汽车废轮胎块、半边钢管或短方木护角。同时，在梁一端需拴好溜绳（拉绳），以防就位时左右摆动，碰撞柱子。

3. 起重机梁的起吊与就位

（1）起重机梁的吊装须在柱子最后固定、柱间支撑安装后进行。

（2）在屋盖吊装前安装起重机梁，可使用各种起重机。一般采用与柱子吊装相同的起重机或桅杆，用单机起吊；对24 m、36 m重型起重机梁，可采用双机抬吊的方法。

（3）如屋盖已吊装完成，则应用短臂履带式起重机或独脚桅杆吊装，起重臂杆高度应比屋架下弦低0.5 m以上。如无起重机，也可在屋架端头、柱顶拴倒链安装。

（4）起重机梁应布置后接近安装的位置，使梁重心对准安装中心，安装可由一端向另一端，或从中间向两端顺序进行。

（5）当梁吊至设计位置离支座面20 cm时，用人力扶正，使梁中心线与支承面中心线（或已安装的相邻梁中心线）对准，并使两端搁置长度相等，然后缓慢落下。如有偏差，稍吊起用撬杠引导正位，如支座不平，用斜铁片垫平。

（6）当梁高度与宽度之比大于4或遇5级以上大风时，脱钩前，应用8号钢丝将梁捆于柱上临时固定，以防倾倒。

4. 起重机梁垂直度及水平度的控制

（1）起重机梁吊装前，应测量支承处的高度和牛腿距柱底的高度。如有偏差，可用垫铁在基础平面上或牛腿支承面上予以调整。

（2）为防止垂直度、水平度超差，起重机梁吊装前应认真检查其变形情况，当发生扭曲等变形时应予以矫正，并采取刚性加固措施防止吊装再变形。吊装时应根据梁的长度，采用单机或双机进行。

（3）安装时应按梁的上翼缘平面事先画的中心线，进行水平移位、梁端间隙的调整，达到规定的标准要求后，再进行梁端部与柱的斜撑等连接。

（4）起重机梁各部位置基本固定后应认真复测有关安装的尺寸，按要求达到质量标准后，再进行制动架的安装和紧固。

（5）防止起重机梁垂直度、水平度超差，应认真搞好校正工作。

5. 起重机梁的定位校正

起重机梁的定位校正应在梁全部安完，屋面构件校正并最后固定后进行，并符合下列规定：

（1）校正内容。起重机梁的校正内容包括中心线（位移）、轴线间距（跨距）、标高垂直度等。纵向位移在就位时已校正，故校正主要为横向位移。

（2）校正机具。高低方向校正主要是对梁的端部标高进行校正，可用起重机吊空、特殊工具抬空、油压千斤顶顶空，然后在梁底填设垫块。

水平方向移动校正常用撬杠、钢楔、花篮螺栓、倒链和油压千斤顶进行。一般重型起重机梁用油压千斤顶和倒链使其在水平方向上的移动较为方便[图 5-12(a)]。

(3)校正顺序。 起重机梁的校正顺序是先校正标高，待屋盖系统安装完成后再校正、调整其他项目，这样可防止因屋盖安装而引起钢柱变形，从而影响起重机梁的垂直度和水平度。重量较大的起重机梁也可边安装边校正。

(4)标高校正。 校正起重机梁的标高时，可将水平仪放置在厂房中部某一起重机梁上或地面上，在柱上测出一定高度的水准点，再用钢尺或样杆量出水准点至梁面铺轨需要的高度。每根梁观测两端及跨中三点，根据测定标高进行校正，校正时用撬杠撬起或在柱头屋架上弦端头节点上挂倒链，将起重机梁需垫垫板的一端吊起。重型柱在梁一端下部用千斤顶顶起，填塞铁片，如图 5-12(b)所示。在校正标高的同时，用靠尺或线锤在起重机梁的两端(鱼腹式起重机梁在跨中)测垂直度，如图 5-13 所示。当偏差超过规范允许偏差(一般为 5 mm)时，用楔形钢板在一侧填塞纠正。

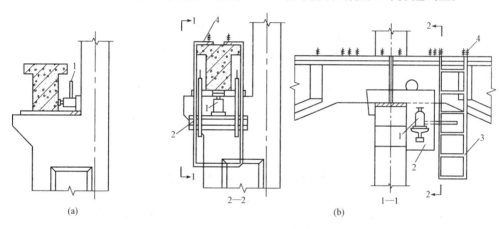

图 5-12 用千斤顶校正起重机梁

(a)千斤顶校正侧向位移；(b)千斤顶校正垂直度

1—液压(或螺栓)千斤顶；2—钢托架；3—钢爬梯；4—螺栓

(5)校正中心线与跨距。 校正起重机梁中心线与起重机跨距时，先在起重机轨道两端的地面上根据柱轴线放出起重机轨道轴线，用钢尺校正两轴线的距离，再用经纬仪放线、钢丝挂线锤或在两端拉钢丝等方法校正，如图 5-14 所示。如有偏差，用撬杠拨正，或在梁端设螺栓、液压千斤顶侧向顶正，如图 5-12 所示，或在柱头挂倒链将起重机梁吊起或用杠杆将起重机梁抬起，如图 5-15 所示，再用撬杠配合移动拨正。

6. 起重机梁的固定

起重机梁校正完毕后应立即将起重机梁与柱牛腿上的埋设件焊接固定，在梁柱接头处支侧模，浇筑细石混凝土并养护。

7. 起重机梁安装的允许偏差

根据《钢结构工程施工质量验收规范》(GB 50205—2001)的规定，钢起重机梁安装的允许偏差见表 5-2。

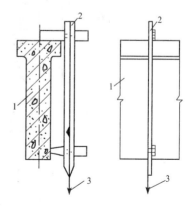

图 5-13 起重机梁垂直度的校正

1—起重机梁；2—靠尺；3—线锤

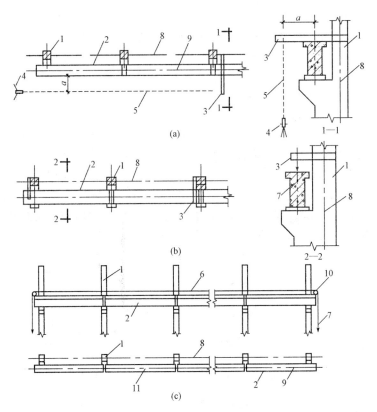

图 5-14　起重机梁轴线的校正

(a)仪器法校正；(b)线锤法校正；(c)通线法校正

1—柱；2—起重机梁；3—短木尺；4—经纬仪；5—经纬仪与梁轴线平行视线；

6—钢丝；7—线锤；8—柱轴线；9—起重机梁轴线；10—钢管或圆钢；11—偏离中心线的起重机梁

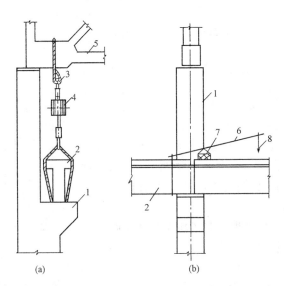

图 5-15　用悬挂法和杠杆法校正起重机梁

(a)悬挂法校正；(b)杠杆法校正

1—柱；2—起重机梁；3—吊索；4—倒链；5—屋架；6—杠杆；7—支点；8—着力点

表 5-2　钢起重机梁安装的允许偏差　　　　　　　　　mm

项　　　目		允许偏差	图　　　例	检验方法
梁的跨中垂直度 Δ		$h/500$		用吊线和钢尺检查
侧向弯曲矢高		$l/1\,500$，且应不大于 10.0		用拉线和钢尺检查
垂直上拱矢高		10.0		
两端支座中心位移 Δ	安装在钢柱上时，对牛腿中心的偏移	5.0		
	安装在混凝土柱上时，对定位轴线的偏移	5.0		
起重机梁支座加劲板中心与柱子承压加劲板中心的偏移 Δ_1		$t/2$		用吊线和钢尺检查
同跨间内同一横截面起重机梁顶面高差 Δ	支座处	10.0		用经纬仪、水准仪和钢尺检查
	其他处	15.0		
同跨间内同一横截面下挂式起重机梁底面高差 Δ		10.0		
同列相邻两柱间起重机梁顶面高差 Δ		$l/1\,500$，且不应大于 10.0		用水准仪和钢尺检查
相邻两起重机梁接头部位 Δ	中心错位	3.0		用钢尺检查
	上承式顶面高差	1.0		
	下承式底面高差	1.0		
同跨间任一截面的起重机梁中心跨距 Δ		±10.0		用经纬仪和光电测距仪检查；跨度小时，可用钢尺检查

项　　　目	允许偏差	图　　　例	检验方法
轨道中心对起重机梁腹板轴线的偏移 $\triangle$	$t/2$		用吊线和钢尺检查

(三)钢屋架安装

1. 钢屋架绑扎

(1)当屋架跨度小于或等于 18 m 时，采用两点绑扎；当屋架跨度大于 18 m 时，需采用四点绑扎；当屋架跨度大于 30 m 时，应考虑采用横吊梁，以减小绑扎高度。

(2)绑扎时，吊索与水平线的夹角不应小于 45°，以免屋架上弦承受压力过大。

2. 钢屋架吊装

(1)在屋架吊装前，应用经纬仪或其他工具在柱顶放出建筑物的定位轴线。如柱顶截面中线与定位轴线偏差过大，应调整纠正。

(2)当屋架吊升时，应先将屋架吊离地面约 300 mm，然后将屋架转至吊装位置下方，再将屋架提升超过柱顶约 30 cm，然后将屋架缓慢降至柱顶，进行对位。

(3)屋架对位应以建筑物的定位轴线为准。

(4)屋架对位后，应将屋架扶直。根据起重机与屋架相对位置的不同，屋架扶直的方式也不相同，大致有如下两种：

1)正向扶直：起重机位于屋架下弦一侧，扶直时屋架以下弦为轴缓缓转直，如图 5-16(a)所示。

2)反向扶直：起重机位于屋架上弦一侧，扶直时屋架以下弦为轴缓缓转直，如图 5-16(b)所示。

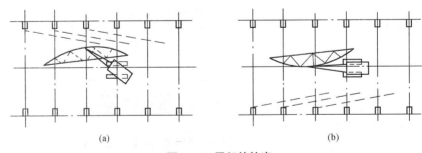

(a)　　　　　　　　　　　　　　　　　(b)

图 5-16　屋架的扶直

(a)正向扶直；(b)反向扶直

(5)钢屋架扶直后应立即进行就位。按位置的不同，就位可分为同侧就位和异侧就位两种。

1)同侧就位时，屋架的预制位置与就位位置均在起重机开行路线的同一边。

2)异侧就位时，需将屋架由预制的一边转至起重机开行路线的另一边。

(6)屋架就位按方式可分为靠柱边斜向就位和靠柱边成组纵向就位。

屋架成组纵向就位时，一般以 4 或 5 榀为一组靠柱边顺轴线纵向就位。屋架与柱之间、屋架与屋架之间的净距大于 20 cm，相互之间用铅丝及支撑拉紧撑牢。每组屋架之间应留 3 m 左右的间距作为横向通道。

(7)屋架对位后，立即进行临时固定。临时固定稳妥后，起重机方可摘去吊钩。

1)第一榀屋架就位后，一般在其两侧各设置两道缆风绳作为临时固定，并用缆风绳来校正垂直度。当厂房有抗风柱并已吊装就位时，也可将屋架与抗风柱连接作为临时固定。

2)第二榀及以后各榀屋架的临时固定，是用屋架校正器撑牢在上一榀的屋架上，作为临时固定。15 m 跨以内的屋架用一根校正器，18 m 跨以上的屋架用两根校正器。

3. 钢屋架校正与固定

屋架经对位、临时固定后，主要校正屋架垂直度偏差。有关规范规定：屋架上弦(在跨中)对通过两支座中心垂直面的偏差不得大于 $h/250$(h 为屋架高度)。检查时可用锤球或经纬仪。

钢屋架径校正无误后，应立即用电焊焊牢作为最后固定，应对角施焊，以防焊缝收缩导致屋架倾斜。

4. 钢屋架安装的允许偏差

钢屋架安装的允许偏差见表 5-3。

表 5-3　钢屋架安装的允许偏差

项　目	允　许　偏　差		图　例
跨中的垂直度	$h/250$，且不应大于 15.0		
侧向弯曲矢高 f	$l \leqslant 30$ m	$l/1\,000$，且不应大于 10.0	
	30 m$<l \leqslant$60 m	$l/1\,000$，且不应大于 30.0	
	$l>60$ m	$l/1\,000$，且不应大于 50.0	

(四)钢桁架和水平支承安装

1. 钢桁架的安装

(1)钢桁架可用自行杆式起重机(尤其是履带式起重机)、塔式起重机等进行安装。由于桁架的跨度、重量和安装高度不同，因此，适合的安装机械和安装方法也各不同。

(2)桁架多用悬空吊装，为使桁架在吊起后不致发生摇摆、与其他构件碰撞等现象，起吊前在离支座节间附近需用麻绳系牢，随吊随放松，以此保证其位置正确。

(3)桁架的绑扎点要保证桁架的吊装稳定性，否则就需在吊装前进行临时加固。

(4)钢桁架的侧向稳定性较差，在吊装机械的起重量和起重臂长度允许的情况下，最好经扩大拼装后进行组合吊装，即在地面上将两榀桁架及其上的天窗架、檩条、支承等拼装成整体，一次进行吊装，这样不但可提高吊装效率，也有利于保证其吊装的稳定性。

(5)桁架临时固定如需用临时螺栓和冲钉，则每个节点处应穿入的数量必须由计算确定。

(6)钢桁架要检验校正其垂直度和弦杆的正直度。桁架的垂直度可用挂线锤球检验，弦杆的正直度则可用拉紧的测绳进行检验。

(7)钢桁架需使用电焊或高强度螺栓进行最后的固定。

2. 水平支承的安装

(1)严格控制下列构件制作、安装时的尺寸偏差。

1)控制钢屋架的制作尺寸和安装位置的准确。

2)控制水平支承在制作时的尺寸不产生偏差：采用焊接连接时，应用放实样法确定总长尺寸；采用螺栓连接时，应通过放实样法制出样板来确定连接板的尺寸；号孔时应使用统一样板进行；钻孔时要使用统一固定模具钻孔；拼装时，应按实际连接的构件长度尺寸、连接的位置，在底样上用挡铁准确定位进行拼装；为防止水平支承产生上拱或下挠，在保证其总长尺寸不产生偏差的条件下，可将连接的孔板用螺栓临时连接在水平支承的端部，待安装时与屋架相连。如水平支承的制作尺寸及屋架的安装位置都能保证准确时，也可将连接板按位置先焊在屋架上，安装时可直接将水平支承与屋架孔板连接。

(2)吊装时，应采用合理的吊装工艺，以防止构件产生弯曲变形。应采用下列方法防止吊装变形：

1)如十字水平支承长度较长、型钢截面较小、刚性较差，吊装前应用圆木杆等材料进行加固。

2)吊点位置应合理，使其受力重心在平面内均匀受力，以吊起时不产生下挠为准。

(3)安装时应使水平支承稍作上拱略大于水平状态与屋架连接，使安装后的水平支承能消除下挠；当连接位置发生较大偏差不能安装就位时，不宜采用牵拉工具用较大的外力强行入位连接，否则不仅会使屋架下弦侧向弯曲或水平支承发生过大的上拱或下挠，还会使连接构件存在较大的结构应力。

(五)檩条、墙架安装

1. 檩条、墙架的吊装校正与固定

(1)檩条与墙架等构件单位截面较小，重量较轻，为发挥起重机效率，多采用一钩多吊或成片吊装方法，如图 5-17 所示。对于不能进行平行拼装的拉杆和墙架、横梁等，可根据其架设位置，用长度不等的绳索进行一钩多吊。为防止变形，可用木杆加固。

(2)檩条、拉杆、墙架主要是尺寸和自身平直度的校正。间距检查可用样杆顺着檩条或墙架杆件之间来回移动检验，如有误差，可放松或拧紧檩条、墙架、杆件之间的螺栓进行校正。

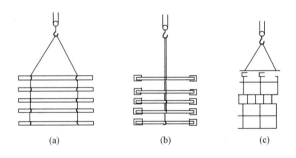

图 5-17 檩条、拉杆、墙架吊装
(a)檩条一钩多吊；(b)拉杆一钩多吊；(c)墙架成片吊装

平直度用拉线和长靠尺或钢直尺检查，校正后，用电焊或螺栓最后固定。

2. 钢梁和剪力板的吊装校正与固定

(1)吊装前对梁的型号、长度、截面尺寸和牛腿位置、标高进行检查。装上安全扶手和扶手绳(就位后拴在两端柱上)，在钢梁上翼缘处适当位置开孔作为吊点。

(2)吊装采用塔式起重机，主梁一次吊一根，两点绑扎起吊。次梁和小梁可采用多头吊索，一次吊装数根，以充分发挥起重机起重能力。

（3）当一节钢框架吊装完毕，即需对已吊装的柱、梁进行误差检查和校正。对于控制柱网的基准柱用线锤或激光仪观测，其他柱根据基准柱用钢卷尺测量。

（4）梁校正完毕用高强度螺栓临时固定后，再进行柱校正，紧固连接高强度螺栓、焊接柱节点和梁节点，进行超声波检验。

（5）墙剪力板的吊装在梁柱校正固定后进行。剪力板整体组装校正检验尺寸后从侧向吊入（图5-18），就位找正后用螺栓固定。

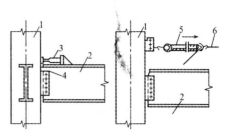

图 5-18　剪力板吊装
1—钢柱；2—钢梁；3—剪力板；
4—安装螺栓；5—卡环；6—吊索

3. 檩条、墙架等次要构件安装的允许偏差

檩条、墙架等次要构件安装的允许偏差见表5-4。

表 5-4　墙架、檩条等次要构件安装的允许偏差　　　　　　　　　mm

项　目		允　许　偏　差	检　验　方　法
墙架立柱	中心线对定位轴线的偏移	10.0	用钢尺检查
	垂直度	$H/1\,000$，且不应大于 10.0	用经纬仪或吊线和钢尺检查
	弯曲矢高	$H/1\,000$，且不应大于 15.0	用经纬仪或吊线和钢尺检查
抗风桁架的垂直度		$h/250$，且不应大于 15.0	用吊线和钢尺检查
檩条、墙梁的间距		±5.0	用钢尺检查
檩条的弯曲矢高		$L/750$，且不应大于 12.0	用拉线和钢尺检查
墙梁的弯曲矢高		$L/750$，且不应大于 10.0	用拉线和钢尺检查
注：H 为墙架立柱的高度；h 为抗风桁架的高度；L 为檩条或墙梁的长度。			

三、多层、高层钢结构

（一）流水段划分

多层及高层钢结构宜划分多个流水作业段进行安装，流水段宜以每节框架为单位。流水段划分应符合下列规定：

（1）流水段内的最重构件应在起重设备的起重能力范围内。

（2）起重设备的爬升高度应满足下节流水段内构件的起吊高度。

（3）每节流水段内的柱长度应根据工厂加工、运输堆放、现场吊装等因素确定，长度宜取 2 或 3 个楼层高度，分节位置宜在梁顶标高以上 1.0～1.3 m 处。

（4）流水段的划分应与混凝土结构施工相适应。

（5）每节流水段可根据结构特点和现场条件在平面上划分流水区进行施工。

（二）多层及高层钢结构节点构造

1. 多层及高层钢结构柱脚节点构造

(1)外露式 I 形截面柱的铰接柱脚节点构造如图 5-19 所示。

1)柱底端宜磨平顶紧。其翼缘与底板之间宜采用半熔透的坡口对接焊缝连接。柱腹板及加劲板与底板之间宜采用双面角焊缝连接。

2)基础顶面和柱脚底板之间须二次浇灌大于或等于 C40 无收缩细石混凝土或铁屑砂浆，施

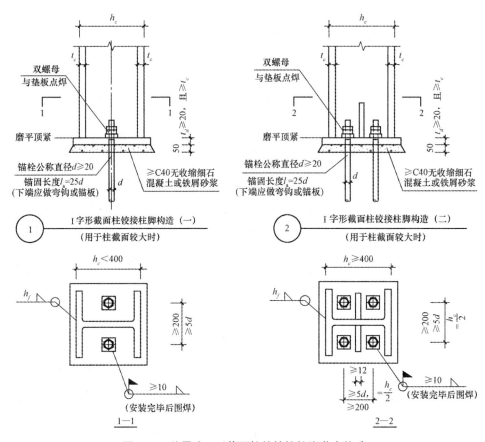

图 5-19　外露式 I 形截面柱的铰接柱脚节点构造

工时应采用压力灌浆。

3)铰接柱脚的锚栓仅做安装过程的固定之用,其直径应根据钢柱板件厚度和底板厚度相协调的原则确定,一般取 20～42 mm。

4)锚栓应采用 Q235 钢制作,安装时应采用固定架定位。

5)柱脚底板上的锚栓孔径宜取锚栓外径的 1.5 倍,锚栓螺母下的垫板孔径取锚栓直径加 2 mm,垫板厚度一般为(0.4～0.5)d(d 为锚栓外径),但不宜小于 20 mm。

(2)外露式箱形截面柱的刚性柱脚节点构造如图 5-20 所示。

1)当为抗震设防的结构时,柱底与底板间宜采用完全熔透的坡口对接焊缝连接,加劲板与底板之间采用双面角焊缝连接。当为非抗震设防的结构时,柱底宜磨平顶紧,并在柱底采用半熔透的坡口对接焊缝连接,加劲板采用双面角焊缝连接。

2)基础顶面和柱脚底板之间需二次浇灌,并大于或等于 C40 无收缩细石混凝土或铁屑砂浆,施工时应采用压力灌浆。

3)刚性柱脚的锚栓在弯矩作用下承受拉力,同时也在安装过程中起固定之用,其锚栓直径一般多在 30～76 mm 的范围内使用。柱脚底板和支承托座上的锚栓孔径一般宜取锚栓外径的1.5 倍。锚栓螺母下的垫板孔径取锚栓直径加 2 mm。垫板的厚度一般为(0.4～0.5 mm)d(d 为锚栓外径),但不宜小于 20 mm。

4)锚栓应采用 Q235 钢制作,以保证柱脚转动时锚栓的变形能力,安装时应采用固定架定位。

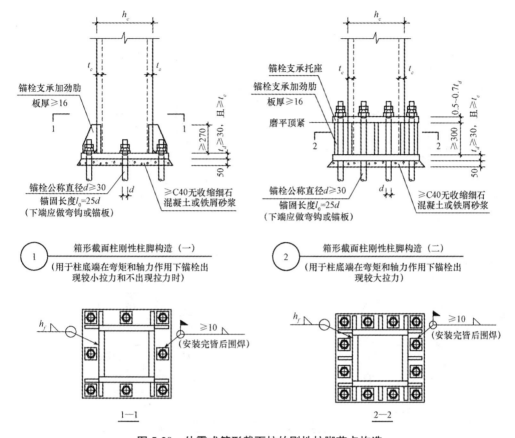

图 5-20　外露式箱形截面柱的刚性柱脚节点构造

（3）外露式 I 形截面柱及十字形截面柱的刚性柱脚节点构造如图 5-21 所示。

1）当为抗震设防的结构时，柱翼缘与底板之间宜采用完全熔透的坡口对接焊缝连接，柱腹板及加劲板与底板之间宜采用双面角焊缝连接。当为非抗震设防的结构时，柱底宜磨平顶紧，柱翼缘与底板间可采用半熔透的坡口对接焊缝连接，柱腹板及加劲板仍采用双面角焊缝连接。

2）基础顶面和柱脚底板之间须二次浇灌大于或等于 C40 无收缩细石混凝土或铁屑砂浆，施工时应采用压力灌浆。

3）刚性柱脚的锚栓在弯矩作用下承受拉力，同时也作为安装过程的固定之用，其锚栓直径一般多在 30～76 mm 的范围内使用。

4）锚栓应采用 Q235 钢制作，以保证柱脚转动时锚栓的变形能力，安装时应采用固定架定位。

5）柱脚底板和支承托座上的锚栓孔径一般宜取锚栓外径的 1.5 倍。锚栓螺母下的垫板孔径取锚栓直径加 2 mm。垫板的厚度一般为 $(0.4～0.5)d$（d 为锚栓外径），但不应小于 20 mm。

（4）外包式刚性柱脚节点构造如图 5-22 所示。超过 12 层钢结构的刚性柱脚宜采用埋入式柱脚。当抗震设防烈度为 6.7 度时，也可采用外包式刚性柱脚。

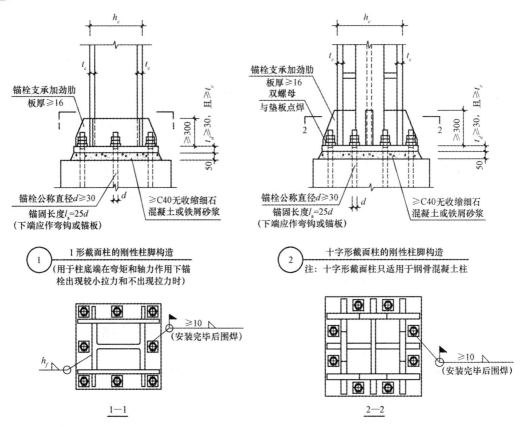

图 5-21　外露式 I 形截面柱及十字形截面柱的刚性柱脚节点构造

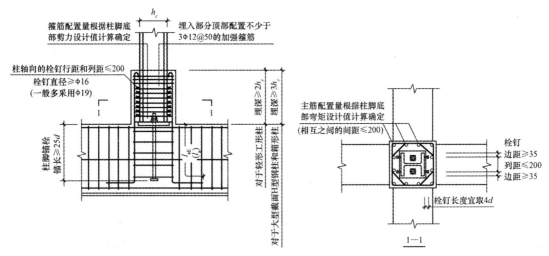

图 5-22　外包式刚性柱脚节点构造

(5)埋入式刚性柱脚节点构造如图 5-23 所示。埋入部分顶部需设置水平加劲肋,其宽厚比应满足下列要求:

1)对于 I 形截面柱,其水平加劲肋外伸宽度的宽厚比小于或等于 $9\sqrt{235/f_y}$。

2)对于箱形截面柱,其内横隔板的宽厚比小于或等于 $30\sqrt{235/f_y}$。

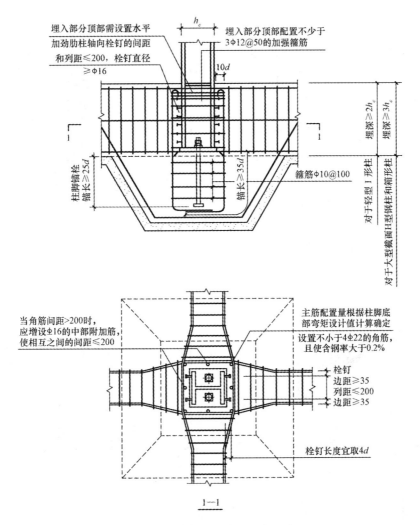

图 5-23　埋入式刚性柱脚节点构造

2. 支撑斜杆在框架节点处的连接节点构造

支撑斜杆在框架节点处的连接节点构造如图 5-24 所示。

3. 人字形支撑与框架横梁的连接节点构造

人字形支撑与框架横梁的连接节点构造如图 5-25 所示。

4. 十字形交叉支撑的中间连接节点构造

十字形交叉支撑的中间连接节点构造如图 5-26 所示。

5. 交叉支撑在框架横梁交叉点处的连接节点构造

交叉支撑在框架横梁交叉点处的连接节点构造如图 5-27 所示。

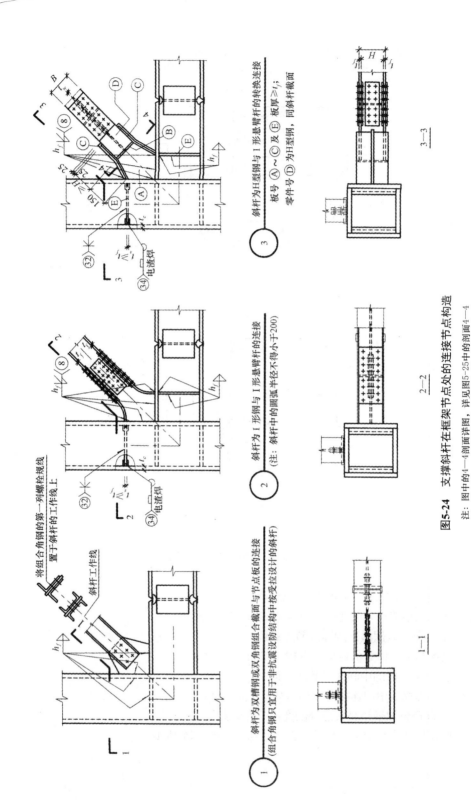

图5-24 支撑斜杆在框架节点处的连接节点构造

注：图中的1—1剖面详图，详见图5-25中的剖面4—4

①

斜杆为双槽钢或双角钢组合截面与节点板的连接
（组合角钢只宜用于非抗震设防结构中按受拉设计的斜杆）

②

斜杆为Ⅰ形钢与Ⅰ形悬臂杆的连接
（注：斜杆中的圆弧半径不得小于200）

③

斜杆为H型钢与Ⅰ形悬臂杆的转换连接
板号 Ⓐ～Ⓒ及Ⓔ 板厚≥t_j;
零件号 Ⓓ 为H型钢，同斜杆截面

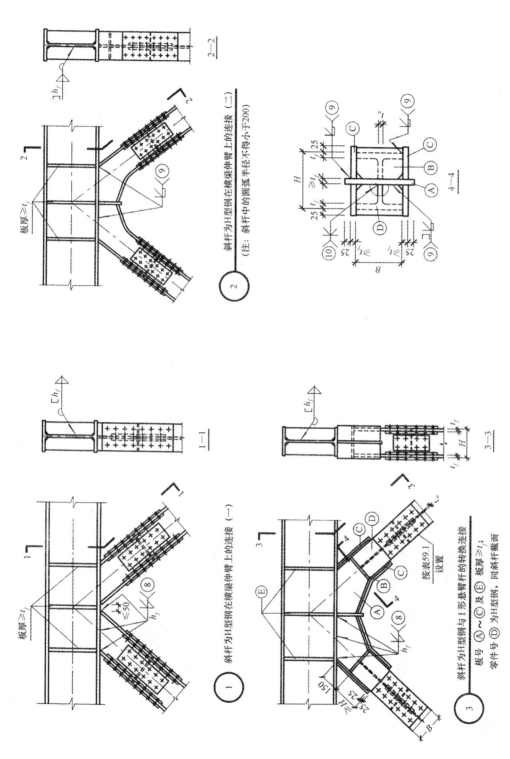

图5-25 人字形支撑与框架横梁的连接节点构造

2—2

1—1

3—3

4—4

②
斜杆为H型钢在横梁伸臂上的连接（二）
（注：斜杆中的圆弧半径不得小于200）

①
斜杆为H型钢在横梁伸臂上的连接（一）

③
斜杆为H型钢与I形悬臂杆的转换连接
板号 Ⓐ～Ⓒ及Ⓔ 板厚≥t_f；
零件号 Ⓓ 为H型钢，同斜杆截面

按表59.1
设置

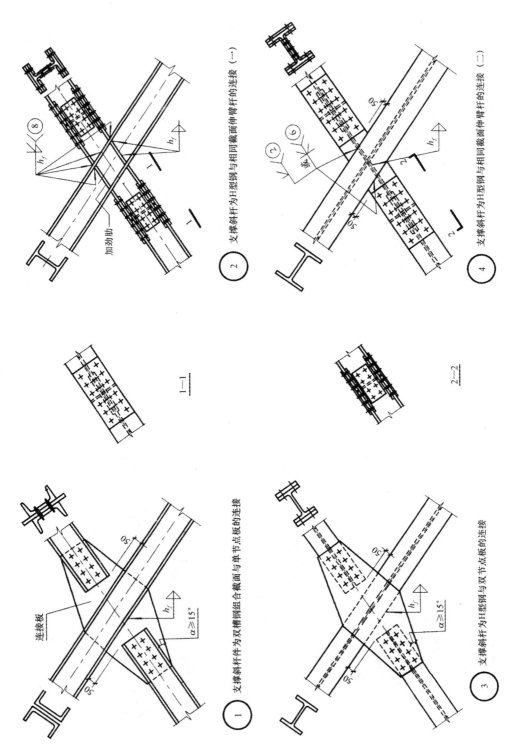

图5-26 十字形交叉支撑的中间连接节点构造

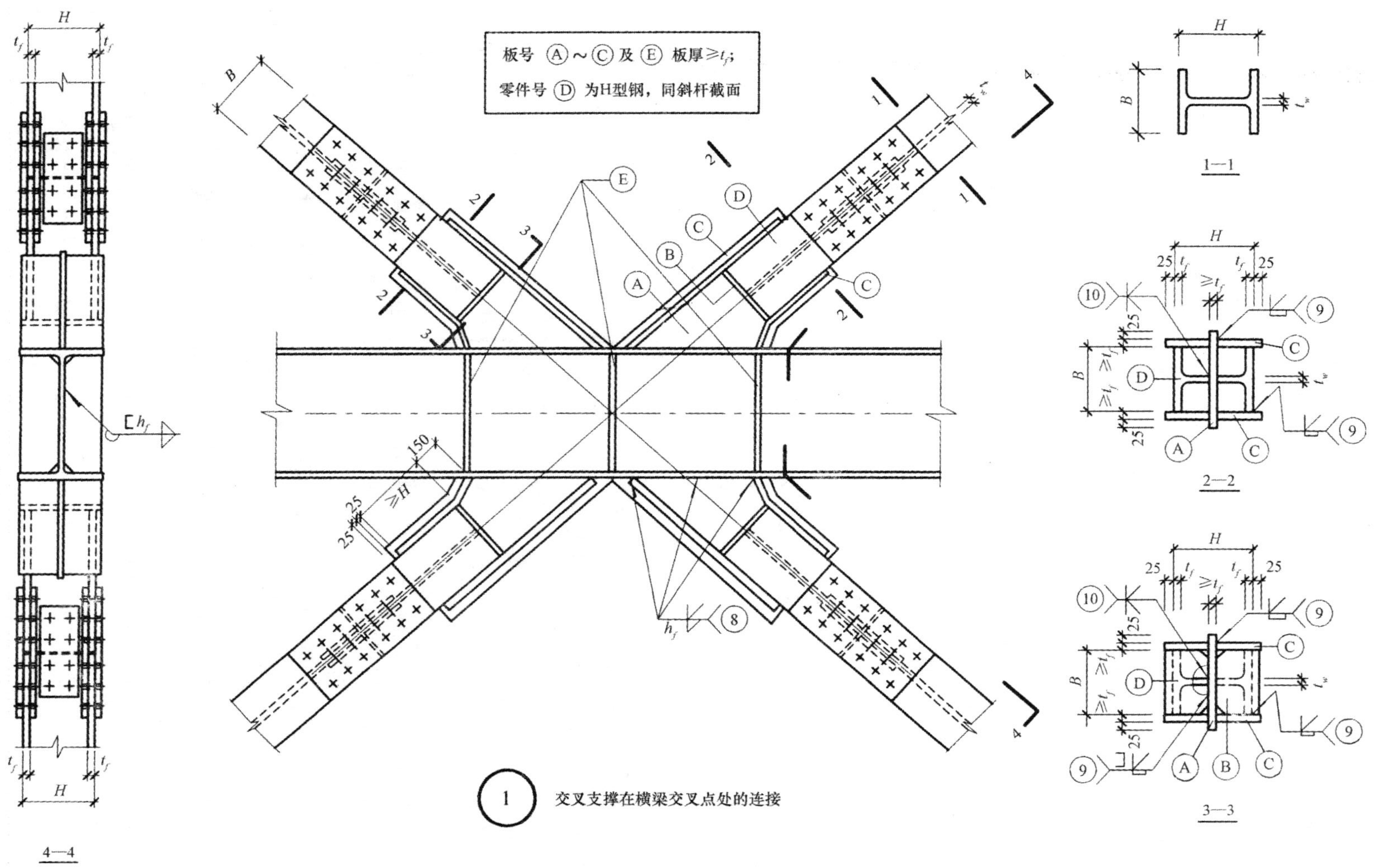

图5-27 交叉支撑在框架横梁交叉点处的连接节点构造

板号 Ⓐ～Ⓒ及Ⓔ 板厚≥t_j;
零件号 Ⓓ 为H型钢,同斜杆截面

1—1

2—2

3—3

4—4

① 交叉支撑在框架横梁交叉点处的连接

(三)钢柱安装

在多层及高层建筑工程中，钢柱多采用实腹式。**实腹钢柱的截面有 I 形、箱形、十字形和圆形等多种形式。钢柱接长时，多采用对接接长，也有采用高强度螺栓连接接长的。劲性柱与混凝土采用熔焊栓钉连接。**

1. 施工检查

(1)安装在钢筋混凝土基础上的钢柱，安装质量和工效与混凝土柱基和地脚螺栓的定位轴线、基础标高直接有关，必须会同设计、监理、总包、业主共同验收，合格后才可以进行钢柱连接。

(2)采用螺栓连接钢结构和钢筋混凝土基础时，预埋螺栓应符合施工方案规定：预埋螺栓标高偏差应在±5 mm 以内；定位轴线的偏差应在±2 mm 以内。

(3)应认真搞好基础支承平面的标高，其垫放的垫铁应正确；二次灌浆工作应采用无收缩、微膨胀的水泥砂浆；避免因基础标高超差而影响起重机梁安装水平度的超差。

2. 吊点设置

(1)钢柱安装属于竖向垂直吊装，为使吊起的钢柱保持下垂，便于就位，需根据钢柱的种类和高度确定绑扎点。

(2)钢柱吊点一般采用焊接吊耳、吊索绑扎、专用吊具等。钢柱的吊点位置及吊点数应根据钢柱形状、断面、长度、起重机性能等具体情况确定。

(3)为了保证吊装时索具安全，在吊装钢柱时，应设置吊耳。吊耳应基本通过钢柱重心的铅垂线。吊耳的设置如图 5-28 所示。

(4)钢柱一般采用一点正吊。吊点应设置在柱顶处，吊钩通过钢柱重心线，钢柱易于起吊、对线、校正。当受起重机臂杆长度、场地等条件限制时，吊点可放在柱长 1/3 处斜吊。由于钢柱倾斜，故斜吊的起吊、对线、校正较难控制。

(5)具有牛腿的钢柱，绑扎点应靠近牛腿下部；无牛腿的钢柱按其高度比例，绑扎点应设在钢柱全长 2/3 的上方位置处。

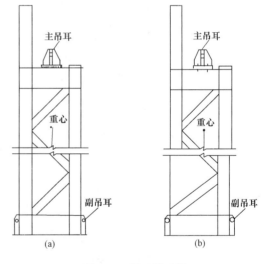

图 5-28　吊耳的设置
(a)永久式吊耳；(b)工具式吊耳

(6)防止钢柱边缘的锐利棱角在吊装时损伤吊绳，应用适宜规格的钢管割开一条缝，套在棱角吊绳处，或用方形木条垫护。注意绑扎牢固，并易拆除。

3. 钢柱吊装

(1)根据现场实际条件选择好吊装机械后，方可进行吊装。吊装前应将待安装钢柱按位置、方向放到吊装(起重半径)位置。

(2)钢柱起吊前，应在柱底板向上 500～1 000 mm 处画一水平线，以便固定前后复查平面标高。

(3)钢柱吊装施工时，为了防止钢柱根部在起吊过程中变形，钢柱吊装一般采用双机抬吊，主机吊在钢柱上部，辅机吊在钢柱根部。待柱子根部离地一定距离(约 2 m)后，辅机停止起钩，主机继续起钩和回转，直至把柱子吊直后将辅机松钩。

（4）对重型钢柱可采用双机递送抬吊或三机抬吊、一机递送的方法吊装；对于很高和细长的钢柱，可采取分节吊装的方法，在下节柱及柱间支撑安装并校正后，再安装上节柱。

（5）钢柱柱脚固定方法一般有两种形式：一种是在基础上预埋螺栓固定，底部设钢垫板找平；另一种是插入杯口灌浆固定。前者是将钢柱吊至基础上部并插锚固螺栓固定，多用于一般厂房钢柱的固定；后者是当钢柱插入杯口后，支承在钢垫板上找平，最后固定方法同钢筋混凝土柱，用于大、中型厂房钢柱的固定。

（6）为避免吊起的钢柱自由摆动，应在柱底上部用麻绳绑好，作为牵制溜绳的调整方向。

（7）吊装前的准备工作就绪后，应首先进行试吊。吊起一端高度为 100～200 mm 时应停吊，检查索具是否牢固和起重机稳定板是否位于安装基础上。

（8）钢柱起吊后，在柱脚距地脚螺栓或杯口 30～40 cm 时扶正，使柱脚的安装螺栓孔对准螺栓或柱脚对准杯口，缓慢落钩、就位，经过初校，待垂直偏差在 20 mm 以内时，拧紧螺栓或打紧木楔临时固定，即可脱钩。

（9）钢柱柱脚套入地脚螺栓。为防止其损伤螺纹，应用薄钢板卷成筒套到螺栓上。钢柱就位后，取下套筒。

（10）如果进行多排钢柱安装，可继续按此做法吊装其余所有的柱子。

（11）吊装钢柱时还应注意起吊半径或旋转半径。钢柱底端应设置滑移设施，以防钢柱吊起扶直时产生拖动阻力以及压力作用，致使柱体产生弯曲变形或损坏底座板。

（12）当钢柱被吊装到基础平面就位时，应将柱底座板上面的纵横轴线对准基础轴线（一般由地脚螺栓与螺孔来控制），以防止其跨度尺寸产生偏差，导致柱头与屋架安装连接时，发生水平方向向内拉力或向外撑力作用，而使柱身弯曲变形。

4. 分节钢柱吊装

（1）吊装前，先做好柱基的准备，进行找平，画出纵横轴线，设置基础标高块，标高块的强度不应低于 30 N/mm²；顶面埋设厚度为 12 mm 的钢板，并检查预埋地脚螺栓位置和标高。

（2）钢柱多用宽翼I形或箱形截面，前者用于高度为 6 m 以下的柱子，多采用焊接 H 型钢，截面尺寸为 300 mm×200 mm～1 200 mm×600 mm，翼缘板厚度为 10～14 mm，腹板厚度为 6～25 mm；后者多用于高度较大的高层建筑柱，截面尺寸为 500 mm×500 mm～700 mm×700 mm，钢板厚度为 12～30 mm。

为充分利用起重机的能力和减少连接，一般将钢柱制成 3 层或 4 层一节，节与节之间用坡口焊连接，一个节间的柱网必须安装 3 层的高度后再安装相邻节间的柱。

（3）钢柱吊点应设在吊耳（制作时预先设置，吊装完成后割去）处。同时，在钢柱吊装前预先在地面挂上操作挂筐、爬梯等。

（4）钢柱的吊装，根据柱子重量、高度情况采用单机吊装或双机抬吊。单机吊装时，需在柱根部垫以垫木，用旋转法起吊，防止柱根拖地和碰撞地脚螺栓，损坏螺纹；双机抬吊多采用递送法，将钢栓吊离地面后，在空中进行回直。

（5）钢柱就位后，立即对垂直度、轴线、牛腿面标高进行初校，安设临时螺栓，然后卸去吊索。

（6）钢柱上、下接触面间的间隙一般不得大于 1.5 mm；如间隙为 1.6～6.0 mm，可用低碳钢的垫片垫实间隙。柱间间距偏差可用液压千斤顶与钢楔、倒链与钢丝绳或缆风绳进行校正。

（7）在第一节框架安装、校正、螺栓紧固后，即应进行底层钢柱柱底灌浆。先在柱脚四周立模板，将基础上表面清洗干净，清除积水，然后用高强度聚合砂浆从一侧自由灌入至密实。灌浆后，用湿草袋或麻袋护盖养护。

5. 钢柱校正

(1)起吊初校与千斤顶复校。钢柱吊装柱脚穿入基础螺栓后，柱子校正工作主要是对标高和垂直度进行校正。钢柱垂直度的校正，可采用起吊初校加千斤顶复校的办法。其操作要点如下：

1)钢柱吊装到位后，应先利用起重机起重臂回转进行初校，钢柱垂直度一般应控制在20 mm以内。初核完成后，需拧紧柱底地脚螺栓，起重机方可脱钩。

2)在用千斤顶复核的过程中，必须不断观察柱底和砂浆标高控制块之间是否有间隙，以防校正过程中顶升过度造成水平标高产生误差。

3)待垂直度校正完毕，再度紧固地脚螺栓，并塞紧柱子底部四周的承重校正块(每摞不得多于三块)，并用电焊点焊固定。

(2)松紧楔子和千斤顶校正。

1)柱平面轴线校正。在起重机脱钩前，将轴线误差调整到规范允许偏差范围以内。就位后如有微小偏差，在一侧将钢楔稍松动，另一侧打紧钢楔或敲打插入杯口内的钢楔，或用千斤顶侧向顶移纠正。

2)标高校正。在柱安装前，根据柱实际尺寸(以半腿面为准)用抹水泥砂浆或设钢垫板来校正标高，使柱牛腿标高偏差在允许范围内。如安装后还有偏差，则在校正起重机梁时，对砂浆层、垫板厚度予以纠正；如偏差过大，则将柱拔出重新安装。

3)垂直度校正。在杯口用紧松钢楔、设小型丝杠千斤顶或小型液压千斤顶等工具给柱身施加水平或斜向推力，使柱子绕柱脚转动来纠正偏差。在顶的同时，缓慢松动对面楔子，并用坚硬石子把柱脚卡牢，以防发生水平位移，校好后打紧两面的楔子，对大型柱横向垂直度的校正，可用内顶或外设卡具外顶的方法。校正以上柱子时应考虑温差的影响，宜在早晨或阴天进行。柱子校正后灌浆前每边两点用小钢塞2块或3块将柱脚卡住，以防受风力等影响引起转动或倾斜。

(3)缆风绳校正法。

1)柱平面轴线、标高的校正同上述"松紧楔子和千斤顶校正"的相关内容。

2)垂直度校正。校正时，将杯口钢楔稍微松动、拧紧或放松缆风绳上的法兰螺栓或倒链，即可使柱子向要求方向转动。由于本法需较多缆风绳，操作麻烦，占用场地大，常影响其他作业的进行，同时校正后易回弹影响精度，故仅适用于长度不大、稳定性差的中小型柱子。

(4)撑杆校正法。

1)柱平面轴线、标高的校正同上。

2)垂直度校正是利用木杆或钢管撑杆在牛腿下面进行校正。在校正时敲打木楔，拉紧倒链或转动手柄，即可给柱身施加一斜向力使柱子向箭头方向移动，同样应稍松动对面的楔子，待垂直后再楔紧两面的楔子。本法使用的工具较简单，适用于10 m以下的矩形或I形中小型柱的校正。

(5)垫铁校正法。垫铁校正法是指用经纬仪或吊线锤对钢柱进行检验，当钢柱出现偏差时，在底部空隙处塞入铁片或在柱脚和基础之间打入钢楔子，以增减垫板。

1)采用此法校正时，钢柱位移偏差多用千斤顶校正。标高偏差可用千斤顶将底座少许抬高，然后增减垫板厚度使其达到设计要求。

2)钢柱校正和调整标高时，垫不同厚度垫铁或偏心垫铁的重叠数量不准多于两块，一般要求厚板在下面薄板在上面。每块垫板要求伸出柱底板外5～10 mm，以便焊成一体，保证柱底板与基础板平稳、牢固结合。

3)校正钢柱垂直度时，应以纵横轴线为准，先找正并固定两端边柱作为样板柱，然后以样板柱为基准来校正其余各柱。

4)调整垂直度时,垫放的垫铁厚度应合理,否则垫铁的厚度不均也会使钢柱垂直度产生偏差。可根据钢柱的实际倾斜数值及其结构尺寸,用下式计算所需增、减垫铁厚度来调整垂直度:

$$\delta = \frac{\Delta S\,B}{2\,L}$$

式中 δ ——垫板厚度调整值(mm);

ΔS ——柱顶倾斜的数值(mm);

B ——柱底板的宽度(mm);

L ——柱身高度(mm)。

5)垫板之间的距离要以柱底板的宽为基准,要做到合理、恰当,使柱体受力均匀,避免柱底板局部压力过大产生变形。

(6)多节钢柱的校正。 多节钢柱的校正比普通钢柱的校正更为复杂,实践中要对每根下节柱重复多次校正并观测垂直偏移值,其主要校正步骤如下:

1)多节钢柱初校应在起重机脱钩后、电焊前进行,电焊完毕后应作第二次观测。

2)电焊施焊应在柱间砂浆垫层凝固前进行,以免因砂浆垫层的压缩而减少钢筋的焊接应力。接头坡口间隙尺寸宜控制在规定的范围内。

3)梁和楼板吊装后,柱子因增加了荷载,以及梁柱间的电焊会使柱产生偏移。在这种情况下,对荷载不对称的外侧柱的偏移会更为明显,故需再次进行观测。

4)对数层一节的长柱,在每层梁板吊装前后,均需观测垂直偏移值,使柱最终垂直,偏移值控制在允许值以内。如果超过允许值,则应采取有效措施。

5)当下节柱经最后校正后,偏差在允许范围以内时,可不再进行调整。在这种情况下,吊装上节柱时,如果对准标准中心线,在柱子接头处钢筋往往对不齐,若对准下节柱的中心线则会产生积累误差。一般的解决方法是:上节柱底部就位时,应对准上述两根中心线(下柱中心线和标准中心线)的中点,各借一半,如图5-29所示;校正上节柱顶部时,仍以标准中心线为准,以此类推。

6)钢柱校正后,其垂直度允许偏差为 $h/1\,000$(h 为柱高),但不大于 20 mm。中心线对定位轴线的位移不得超过 5 mm,上、下柱接口中心线位移不得超过 3 mm。

7)柱垂直度和水平位移均有偏差时,如果垂直度偏差较大,则应先校正垂直度偏差,然后校正水平位移,以减少柱倾覆的可能性。

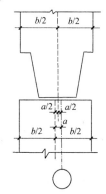

图 5-29   上下节柱校正时
中心线偏差调整简图

a—下节柱柱顶中线偏差值;b—柱宽
┈┈柱标准中心线;——上、下柱实际中心线

8)多层装配式结构的柱,特别是一节到顶、长细比较大、抗弯能力较小的柱,杯口要有一定的深度。如果杯口过浅或配筋不够,易使柱倾覆,校正时要特别注意撑顶与敲打钢楔的方向,切勿弄错。

此外,钢柱校正时,还应注意风力和日照温度、温差的影响,一般当风力超过5级时不宜进行校正工作,已校正的钢柱应进行侧向梁安装或采取加固措施。对受温差影响较大的钢柱,宜在没有阳光影响时(如阴天、早晨、傍晚)进行校正。

6. 钢柱的固定

多、高层钢柱的固定可参考单层钢柱的相关内容。

7. 钢柱安装的允许偏差

根据《钢结构工程施工质量验收规范》(GB 50205—2001)的规定，多层及高层钢结构中柱子安装的允许偏差见表 5-5。可用全站仪式激光经纬仪和钢尺实测，标准柱全部检查，非标准柱抽查 10%，且不应小于三根。

表 5-5   多层及高层钢结构中柱子安装的允许偏差   mm

项 目	允 许 偏 差	图 例
底层柱柱底轴线对定位轴线偏移	3.0	
柱子定位轴线	1.0	
单节柱的垂直度	$h/1\,000$，且应不大于 10.0	

(四)多层装配式框架安装

1. 构件吊装

吊装顺序应先低跨后高跨，由一端向另一端进行，这样既有利于安装期间结构的稳定，也有利于设备安装单位的进场施工。根据起重机开行路线和构件安装顺序的不同，吊装方法可分为以下几种：

(1)构件综合吊装。 构件综合吊装是用一台或两台履带式起重机在跨内开行，起重机在一个节间内将各层构件一次吊装到顶，并由一端向另一端开行，采用综合法逐间、逐层把全部构件安装完成。其适用于构件重量较大且层数不多的框架结构吊装。

如图 5-30 所示，吊装时采用两台履带式起重机在跨内开行，采用综合法吊装梁板式结构(柱为二层一节)的顺序。起重机 Ⅰ 先安装ⓒ、ⓓ跨间第 1~2 节间柱 1~4、梁 5~8，形成框架后，再吊装楼板 9，接着吊装第二层梁 10~13 和

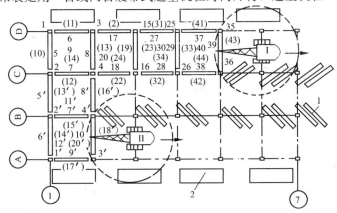

图 5-30   履带式起重机跨内综合吊装法(吊装二层梁板结构顺序图)
1—柱预制、堆放场地；2—梁板堆放场地；1, 2, 3…—起重机 Ⅰ 的吊装顺序；
1′, 2′, 3′…—起重机 Ⅱ 的吊装顺序；带括号的数据—第二层梁板吊装顺序

楼板14，完成后起重机后退，用同样方法依次吊装第2～3、第3～4等节间各层构件，依次类推，直到ⓒ、ⓓ跨构件全部吊装完成后退出；起重机Ⅱ安装ⓐ、ⓑ、ⓑ、ⓒ跨柱、梁和楼板，顺序与起重机Ⅰ安装时相同。

每一层构件吊装均需在下一层结构固定完毕和接头混凝土强度等级达到70%后进行，以保证已吊装好结构的稳定性。同时，应尽量缩短起重机往返行驶路线，并在吊装中减少变幅和更换吊点的次数，妥善考虑吊装、校正、焊接和灌浆工序的衔接以及工人操作的方便和安全。

此外，也可采用一台起重机在所在跨用综合吊装法，其他相邻跨采用分层分段流水吊装法进行。

(2)构件分件吊装。构件分件吊装是用一台塔式起重机沿跨外一侧或四周开行，各类构件依次分层吊装。本法按流水方式不同，又分为分层分段流水吊装和分层大流水吊装两种。前者将每一楼层(柱为两层一节时，取两个楼层为一施工层)根据劳力组织(安装、校正、固定、焊接及灌浆等工序的衔接)以及机械连接作业的需要，分为2～4段进行分层流水作业；后者不分段进行分层吊装，适用于面积不大的多层框架吊装。

如图5-31所示，塔式起重机在跨外开行，采取分层分段流水吊装某层框架顺序，划分为四个吊装段进行。起重机先吊装第一

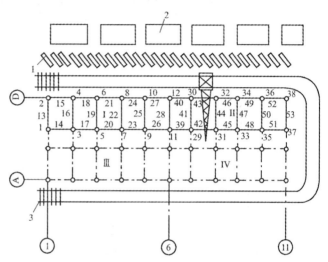

图5-31 塔式起重机跨外分件吊装法(吊装一个楼层的顺序)
1—柱预制堆放场地；2—梁、板堆放场；3—塔式起重机轨道；
Ⅰ，Ⅱ，Ⅲ……—吊装段编号；1，2，3……—构件吊装顺序

吊装段的第一层柱1～14，接着吊装梁15～33，使其形成框架，随后吊装第二吊装段的柱、梁。为便于吊装，待一、二段的柱和梁全部吊装完后再统一吊装一、二段的楼板，接着吊装第三、四吊装段，顺序同前。当第一施工层全部吊装完成后，再按同样的方法逐层向上推进。

2. 构件接头施工

(1)多层装配式框架结构房屋柱较长，常分成多节吊装。柱接头形式有榫接头、浆锚接头两种，柱与梁接头形式有简支铰接和刚性接头两种。前者只传递垂直剪力，施工简便；后者可传递剪力和弯矩，使用较多。

(2)榫接头钢筋多采用单坡K形坡口焊接，以削减温度应力和变形，同时注意使坡口间隙尺寸大小一致，焊接时避免夹渣。如上、下钢筋错位，可用冷弯或热弯使钢筋轴线对准，但弯曲率不得超过1：6。

(3)柱与梁接头钢筋焊接，全部采用V形坡口焊，也可采用分层轮流施焊，以减小焊接应力。

(4)对整个框架而言，柱、梁刚性接头焊接顺序应从整个结构的中间开始，先形成框架，然后再纵向继续施焊。同时，梁应采取间隔焊接固定的方法，避免两端同时焊接，梁中产生过大的温度收缩应力。

(5)浇筑接头混凝土前，应将接头处混凝土凿毛并洗净、湿润，接头模板离底2/3以上应支成倾斜，混凝土强度等级宜比构件本身提高两级，并宜在混凝土中掺入微膨胀剂(在水泥中掺加

0.2‰的脱脂铝粉），分层浇筑捣实，待混凝土强度达到 5 N/mm² 后，再将多余部分凿去，表面抹光，继续湿润养护不少于 7 d，待强度达到 10 N/mm² 或采取足够的支承措施（如加设临时柱间支撑）后，方可吊装上一层柱、梁及楼板。

　　3. 多层装配式框架安装的允许偏差

　　根据《钢结构工程施工质量验收规范》（GB 50205—2001）的规定，多层装配式框架安装验收标准如下：

　　（1）主体结构整体垂直度和整体平面弯曲的允许偏差应符合表 5-6 的规定。

表 5-6　主体结构整体垂直度和整体平面弯曲的允许偏差　　　　　　　　　　　　mm

项　目	允许偏差	图　例	检验方法	检查数量
主体结构的整体垂直度 Δ	（$H/2\,500$）+ 10.0，且不应大于 50.0		对于整体垂直度，可采用激光经纬仪、全站仪测量，也可根据各节柱的垂直度允许偏差累计（代数和）计算。对于整体平面弯曲，可按产生的允许偏差累计（代数和）计算	对主要立面全部检查。对每个所检查的立面，除列角柱外，还应至少选取一列中间柱
主体结构的整体平面弯曲 Δ	$L/1\,500$，且不应大于 25.0			

　　（2）多层及高层钢结构中构件安装的允许偏差应符合表 5-7 的规定。

表 5-7　多层及高层钢结构中构件安装的允许偏差　　　　　　　　　　　　mm

项　目	允许偏差	图　例	检验方法
上、下柱连接处的错口 Δ	3.0		用钢尺检查
同一层柱的各柱顶高度差 Δ	5.0		用水准仪检查
同一根梁两端顶面的高差 Δ	$l/1\,000$，且应不大于 10.0		

项　　目	允许偏差	图　　例	检验方法
主梁与次梁表面的高差 Δ	±2.0		用直尺和钢尺检查
压型金属板在钢梁上相邻列的错位 Δ	15.00		

（3）多层及高层钢结构主体结构总高度的允许偏差应符合表 5-8 的规定。

表 5-8　多层及高层钢结构主体结构总高度的允许偏差　　　　　　　　mm

项　　目	允　许　偏　差	图　　例
用相对标高控制安装	$\pm \sum (\Delta_h + \Delta_z + \Delta_w)$	
用设计标高控制安装	$H/1\,000$，且应不大于 30.0 $-H/1\,000$，且应不小于 -30.0	

注：Δ_h 为每节柱子长度的制造允许偏差；Δ_z 为每节柱子长度受荷载后的压缩值；Δ_w 为每节柱子接头焊缝的收缩值。

（五）钢梯、钢平台及防护栏安装

1. 钢直梯安装

（1）钢直梯应采用性能不低于 Q235 A・F 的钢材。其他构件应符合下列规定：

1）梯梁应采用不小于∟50×5 角钢或－60×8 扁钢。

2）踏棍应采用不小于 φ20 的圆钢，间距宜为 300 mm 等距离分布。

3）支撑应采用角钢、钢板或钢板组焊成 T 形钢制作，埋设或焊接时必须牢固、可靠。

无基础的钢直梯至少焊两对支撑，支撑竖向间距不应大于 3 000 mm，最下端的踏棍距离基准面不应大于 450 mm。

（2）梯段高度超过 300 mm 时应设护笼。护笼下端距基准面为 2 000～2 400 mm，护笼上端高出基准面的高度应与《固定式钢梯及平台安全要求　第 3 部分：工业防护栏杆及钢平台》（GB 4053.3—2009）中规定的栏杆高一致。

护笼直径为 700 mm，其圆心距踏棍中心线为 350 mm。水平圈采用不小于－40×4，间距为 450～750 mm，在水平圈内侧均布焊接 5 根不小于－25×4 的扁钢垂直条。

（3）钢直梯每级踏棍的中心线与建筑物或设备外表面之间的净距离不得小于 150 mm。侧进式钢直梯中心线至平台或屋面的距离为 380～500 mm，梯梁与平台或屋面之间的净距离为 180～300 mm。

（4）梯段高不应大于 9 m。超过 9 m 时宜设梯间平台，以分段交错设梯。攀登高度在 15 m 以下时，梯间平台的间距为 5～8 m；超过 15 m 时，每五段设一个梯间平台。平台应设安全防护栏杆。

（5）钢直梯上端的踏板应与平台或屋面平齐，其间隙不得大于 300 mm，并在直梯上端设置高度不低于 1 050 mm 的扶手。

（6）钢直梯最佳宽度为 500 mm。由于工作面所限，攀登高度在 5 000 mm 以下时，梯宽可适当缩小，但不得小于 300 mm。

（7）固定在平台上的钢直梯，应下部固定，其上部的支撑与平台梁固定，在梯梁上开设长圆孔，采用螺栓连接。

（8）钢直梯全部采用焊接连接，焊接要求应符合《钢结构工程施工质量验收规范》(GB 50205—2001)的规定。所有构件表面应光滑，无毛刺。安装后的钢直梯不应有歪斜、扭曲、变形及其他缺陷。

（9）荷载规定如下：

1）踏棍按在中点承受 1 kN 集中活荷载计算。容许挠度不大于踏棍长度的 1/250。

2）梯梁按组焊后其上端承受 2 kN 集中活荷载计算（高度按支撑间距选取，无中间支撑时按两端固定点距离选取）。容许长细比不应大于 200。

（10）钢直梯安装后必须认真除锈并作防腐涂装。

2. 固定钢斜梯安装

依据《固定式钢梯及平台安全要求　第 2 部分：钢斜梯》(GB 4053.2—2009)和《钢结构工程施工质量验收规范》(GB 50205—2001)，固定钢斜梯的安装规定如下：

（1）梯梁采用性能不低于 Q235 A·F 的钢材，其截面尺寸应通过计算确定。

（2）踏板采用厚度不小于 4 mm 的花纹钢板，或经防滑处理的普通钢板，或采用由－25×4 扁钢和小角钢组焊成的格子板。

（3）立柱应采用截面不小于 ∟ 40×4 角钢或外径为 30～50 mm 的管材，从第一级踏板开始设置，间距不应大于 1 000 mm。横杆采用直径不小于 16 mm 圆钢或－30×4，固定在立柱中部。

（4）不同坡度的钢斜梯，其踏步高 R、踏步宽 t 的尺寸见表 5-9，其他坡度按直线插入法取值。

表 5-9　钢斜梯踏步尺寸

α	30°	35°	40°	45°	50°	55°	60°	65°	70°	75°
R/mm	160	175	185	200	210	225	235	245	255	265
t/mm	280	250	230	200	180	150	135	115	95	75

（5）扶手高应为 900 mm，或与《固定式钢梯及平台安全要求　第 3 部分：工业防护栏杆及钢平台》(GB 4053.3—2009)中规定的栏杆高度一致，应采用外径为 30～50 mm、壁厚不小于 2.5 mm 的管材。

（6）常用坡度和高跨比($H：L$)见表 5-10。

表 5-10　钢斜梯常用坡度和高跨比

坡度 α	45°	51°	55°	59°	73°
高跨比 $H：L$	1：1	1：0.8	1：0.7	1：0.6	1：0.3

(7)梯高不宜大于 5 m。当大于 5 m 时，宜设梯间平台，分段设梯。梯宽宜为 700 mm，最大不得大于 1 100 mm，最小不得小于 600 mm。

(8)钢斜梯应全部采用焊接连接，焊接要求应符合《钢结构工程施工质量验收规范》(GB 50205—2001)。

(9)所有构件表面应光滑、无毛刺，安装后的钢斜梯不应有歪斜、扭曲、变形及其他缺陷。

(10)荷载规定。钢斜梯活荷载应按实际要求采用，但不得小于下列数值。

1)钢斜梯水平投影面上的活荷载标准取 3.5 kN/m²。

2)踏板中点集中活荷载取 1.5 kN/m²。

3)扶手顶部水平集中活荷载取 0.5 kN/m²。

4)挠度不大于受弯构件跨度的 1/250。

(11)钢斜梯安装后，必须认真除锈并作防腐涂装。

3. 平台、栏杆安装

(1)平台钢板应铺设平整，与承台梁或框架密贴、连接牢固，表面有防滑措施。

(2)栏杆安装连接应牢固、可靠，扶手转角应光滑。

(3)梯子、平台和栏杆宜与主要构件同步安装。

4. 钢梯、钢平台及防护栏杆安装的允许偏差

钢梯、钢平台及防护栏杆安装允许偏差见表 5-11。

表 5-11 钢梯、钢平台及防护栏杆安装允许偏差　　　　　　　　　　　mm

项　　目	允许偏差	检验方法
平台高度	±15.0	用水准仪检查
平台梁水平度	$l/1\ 000$，且应不大于 20.0	
平台支柱垂直度	$H/1\ 000$，且应不大于 15.0	用经纬仪或吊线和钢尺检查
承重平台梁侧向弯曲	$l/1\ 000$，且应不大于 10.0	用拉线和钢尺检查
承重平台梁垂直度	$h/250$，且应不大于 15.0	用吊线和钢尺检查
直梯垂直度	$l/1\ 000$，且应不大于 15.0	
栏杆高度	±15.0	用钢尺检查
栏杆立柱间距		

四、钢结构整体平移安装技术

整体平移安装技术是指在易于结构施工的位置将结构组成单元或整体，然后通过平移系统将结构单元(或整体)平移(或旋转)至设计位置，从而完成结构安装的技术。同常规的钢结构吊装技术相比，整体平移安装技术的主要优点在于：对周边环境的影响小；可最大限度地满足其他工种的交叉施工，节省施工工期；减少大型设备的使用，节约机械台班费用，节约施工成本；减少临时支撑的使用，节约措施用钢，节约成本和资源；低能耗，低噪声，具有良好的社会效益和环境效益。随着技术的发展，目前，整体平移安装技术多采用计算机控制的液压系统作为动力源。根据液压系统的不同，可以分为牵引滑移、顶推平移等。此外，还发展了曲线滑移、带胎架滑移等多种平移技术。

1. 液压动力系统

液压动力系统由液压泵站、液压连接元件、顶推油缸(液压千斤顶)、比例阀、换向阀、分

流发阀、压力开关、油管等组成。其主要作用是通过接收电气信号来实施顶推(牵引)和提升(顶升)等各种动作,同时根据信号来确定动作的快慢,从而达到同步工作的目的。一般的液压工作原理图如图 5-32 所示。

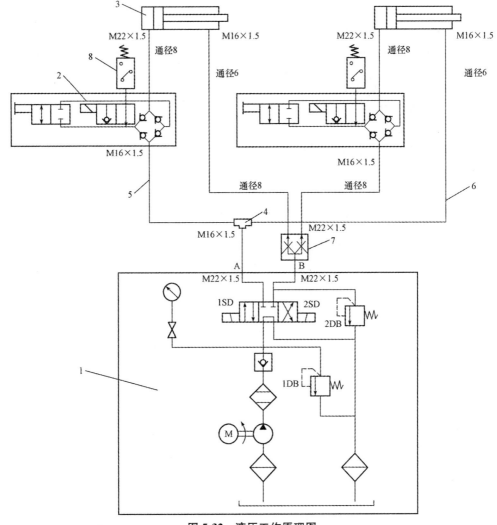

图 5-32　液压工作原理图

1—液压泵站;2—液压阀块;3—顶推液压油缸;4—三通接头;

5—高压软管(通径8);6—高压软管(通径6);7—分流阀;8—压力开关

2. 电气控制系统

计算机控制部分通过电气控制部分驱动液压系统,并通过电气控制部分采集液压系统状态和顶推工作的数据作为控制调节的依据。电气控制部分还要负责整个顶推系统的启动、停机、安全联锁以及供配电管理等,因此,电气控制是计算机系统与液压执行系统之间的桥梁与纽带。电气控制设计要求功能齐全、设计合理、可靠性好、安全性好,具有完善的安全联锁机制、规范可靠的安全用电措施以及紧急情况下的应急措施,同时其安装、维护更加方便。

电气控制系统由总控箱、单控箱、泵站控制箱、传感器、传感检测电路、现场控制总线、供配电线路等组成。其中,总控箱有操作面板(含启动按钮、暂停按钮、停机按钮、操作方式切换、系统伸缸缩缸按钮、纠偏实时调节开关）、显示面板（含电源指示、操作方式指示、油缸全伸全缩显示、截止阀运行指示、分控箱专用指示、支座移位结束指示、系统正常及系统故障偏差异常指示，并有偏差报警、故障报警等）。

3. 计算机控制系统

计算机控制系统的主要功能是通过电气系统反馈信号，通过实时数据处理和分析，发出指令，通过电气系统控制液压千斤顶的顶推（提升）作业，并将各顶推点的位移控制在允许范围内。计算机控制系统由顺序控制系统、偏差控制系统和操作台监控子系统组成。其控制参数可根据不同构筑物的结构可以承受的不同步量来确定。计算机控制系统包括硬件和软件两个方面。整个计算机反馈及控制系统的一般构成如图 5-33 所示。

4. 滑道及滑靴（滑块）系统

滑道系统起到结构在平移安装过程中的承重及导向作用。滑道的强度、平整度以及平直度，是关键的控制点。滑道根据形式，大致可分为导向型滑道和非导向型滑道两种。导向型滑道具有物理强制导向

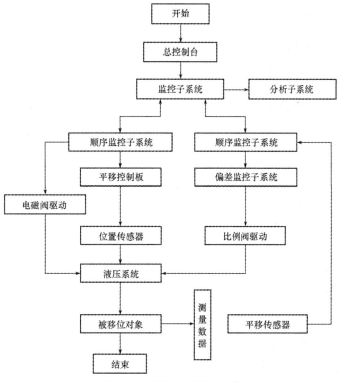

图 5-33　移位作业控制系统

功能，通常多采用钢轨滑道[图 5-34(a)]和槽形滑道[图 5-34(b)]；非导向型滑道为无物理强制导向的平面滑道，如图 5-35 所示。

当滑道下方通长存在现有的结构构件，如混凝土梁等，可将滑道直接铺设在现有结构上。当下方无可直接利用的通长结构，可通过设置滑道梁的方式解决，比如，可在柱顶之间增设钢梁或钢桁架（滑道梁），然后在钢梁或钢桁架顶面铺设滑轨。为确保安全，需要对滑道梁及其下方的支承结构进行承载能力、变形等计算。

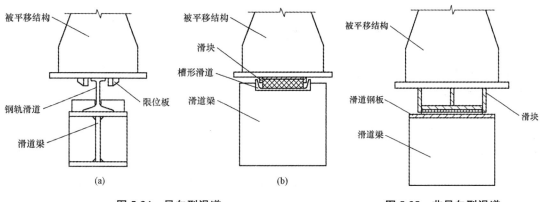

图 5-34　导向型滑道　　　　　　　　　　　　　　　　图 5-35　非导向型滑道

滑道的施工误差应符合下面规定：

(1)同一条滑道滑移面高差不大于1 mm。

(2)滑道接头处中心线偏差不大于3 mm。

滑靴(滑块)安装在被平移结构上，作为被平移结构的支承结构，与滑道配合。为减小滑靴与滑道之间的摩擦力，降低平移需要的动力，通常采用以下几种组合方法：

(1)台车滑移[图5-36(a)]。采用单个或一组车轮组成的台车，与钢轨配合。这种组合，由于是滚动摩擦，台车车轮与钢轨之间的摩擦系数较小，可有效降低平移过程中的摩擦力。但是，受台车承载力的限制，被平移结构的重量相对较小。

(2)滚轴滑移[图5-36(b)]。滚轴一般与槽形滑道配合，同样采用滚动摩擦原理，摩擦系数相对较小。为进一步降低平移过程中的摩擦力，在槽形滑道内还可以增加润滑剂，或铺设不锈钢板(或镀锌钢板)后再加润滑剂等。滚轴滑移的缺点是承载能力相对较小且滚轴容易损坏，这种做法在施工中应用较少。

(3)滑块滑移[图5-36(c)]。滑块一般与槽形滑道或钢轨滑道配合使用。平移时，滑块与滑道之间是滑动摩擦，相对来说摩擦系数较大，因此，需要增加润滑措施。常用措施有：在钢滑块与钢滑道之间添加润滑剂减摩，摩擦系数可控制在0.1~0.12；也可在滑块底部增设聚四氟乙烯等高分子材料(四氟板)，此类材料与钢的摩擦系数在0.05~0.1。此外，也可以通过聚四氟乙烯等高分子材料、不锈钢板、镀锌钢板和润滑剂等组合使用，进一步实现降低摩擦系数的目的。

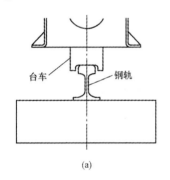 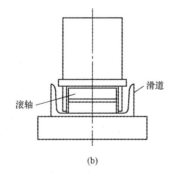 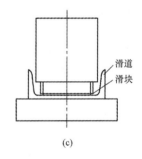

图5-36 滑靴(滑块)与滑道的组合

本章小结

本章主要讲述了钢结构安装程序及吊装起重机械的选择、钢结构安装施工准备及钢结构安装施工。钢结构安装宜采用塔式起重机、履带起重机、汽车起重机等定型产品；常用吊具宜选用钢丝绳、吊装带、卸扣、吊钩等。钢结构安装准备工作包括文件资料与技术准备(主要指图纸会审与设计变更、施工组织设计及相关文件资料的准备)和基础、支承面、预埋件准备。钢结构安装为本章的重点内容，主要从构件安装前检查、吊点设备、构件吊装、构件校正、构件固定、安装允许偏差等几个方面，阐述单层钢结构和多层及高层钢结构的安装。

思考与练习

一、填空题

1. 对厂房大型构件的安装，可采用_____和_____吊装。

2. 柱脚或杯口侧壁未划毛的，要在柱脚表面及杯口内稍加_____处理。

3. 钢柱安装时，钢柱垂直度偏差应控制在_____以内。

4. 钢直梯应采用性能不低于_____的钢材。

二、单项选择题

1. 钢结构吊装作业必须在起重设备的( )范围内进行。
   A. 最小起重臂长度 B. 额定起重量 C. 起重高度 D. 起重半径

2. 当起重机可以不受限制地开到所安装构件附近去吊装构件时，可不验算( )。
   A. 起重半径 B. 起重高度 C. 起重量 D. 最小起重臂长度

3. 钢柱脚下面的支承构造需要填垫钢板时，每摞不得多于( )块。
   A. 一 B. 两 C. 三 D. 四

4. 对整个框架而言，柱梁刚性接头焊接顺序应从整个结构的中间开始，先形成框架，然后再纵向继续施焊，同时梁应采取( )固定的方法。
   A. 直接焊接 B. 间隔焊接 C. 螺栓连接 D. 铆钉连接

5. 梯段高度超过( )mm时，应设护笼。
   A. 200 B. 300 C. 400 D. 500

三、多项选择题

1. 钢丝绳具有( )等特点，是起重吊装中常用的绳索，广泛地应用于各种吊装、运输设备上。
   A. 强度高 B. 不易磨损 C. 弹性大 D. 起重量大

2. 有关锚栓及预埋件安装，描述正确的是( )。
   A. 宜采取锚栓定位支架、定位板等辅助固定措施
   B. 锚栓和预埋件安装到位后，应可靠固定；当锚栓埋设精度较高时，可采用预留孔洞、二次埋设等工艺
   C. 锚栓应采取防止损坏、锈蚀和污染的保护措施
   D. 钢柱地脚螺栓紧固后，外露部分应采取防止螺母松动和锈蚀的措施

3. 水平方向移动校正常用撬杠、钢楔、花篮螺栓、倒链和液压千斤顶进行。一般重型起重机梁用( )解决在水平方向上的移动较为方便。
   A. 撬杠 B. 倒链 C. 钢楔 D. 液压千斤顶

4. 在安装水平支承时，应采用合理的吊装工艺，以防止构件产生弯曲变形，常用的方法有( )。
   A. 如十字水平支承长度较长、型钢截面较小、刚性较差，吊装前应用圆木杆等材料进行加固
   B. 如十字水平支承长度较短、型钢截面较小、刚性较差，吊装前应用圆木杆等材料进行加固
   C. 吊点位置应合理，使其受力重心在平面内均匀受力，以吊起时不产生下挠为准
   D. 以上都不对

5. 多层、高层钢柱吊装柱脚穿入基础螺栓后，柱子校正工作主要是对( )进行校正。
   A. 标高 B. 垂直度 C. 平面位置 D. 中心线

四、简答题

1. 钢结构安装用吊装起重机械的选择应遵循哪些原则?

2. 钢结构安装前,图纸会审的重点工作有哪些?

3. 钢结构安装前应做好哪些准备工作?

4. 钢柱脚采用钢垫板做支承时,应符合哪些规定?

5. 如何进行起重机梁的校正?

6. 根据起重机与屋架相对位置的不同,屋架扶直的方式有何不同?

7. 如何控制水平支承在制作时的尺寸不产生偏差?

8. 如何划分多层及高层钢结构流水段?

9. 钢柱安装时如何设置吊点?

10. 如何防止钢柱根部在起吊过程中变形?

11. 试阐述多节钢柱的校正步骤。

12. 多层装配式框架安装的常用吊装方法有哪几种?

13. 整体平移技术的优点是什么?

第六章 钢网架结构工程安装

能力目标

1. 能够进行螺栓球节点、焊接空心球节点、焊接钢板节点及支座节点的制作。
2. 能够进行钢网架结构的拼装、吊装与安装。

知识目标

1. 了解钢网架结构类型，掌握钢网架结构构造。
2. 掌握螺栓球节点、焊接空心球节点、焊接钢板节点及支座节点的构造要求及其制作。
3. 熟悉钢网架拼装作业条件，掌握钢网架拼装施工及质量要求。
4. 熟悉钢网架吊装方式，掌握钢网架的绑扎和空中移位方法。
5. 掌握钢网架安装方法及质量要求。

第一节 钢网架结构类型与构造

网架结构属于大跨空间结构体系中的铰接杆系结构，其结构整体性能好，空间刚度大，受力合理、均匀，节省材料，杆件单一，且各杆件材料能充分发挥作用，制作安装方便。网架结构杆件布置灵活，适用于各种形状的建筑以及大跨度、大柱距的屋盖结构。另外，网架结构的抗震性能好，施工周期短，加上其杆件布置有一定的规律性，结构轻巧，造型美观，具有一定的装饰效果，是目前我国各类大中跨度建筑中使用得最为广泛的一类空间结构。

一、钢网架结构类型

钢网架结构根据外形可以分为平板网架和曲面网架两种类型。

1. 平板网架

一般情况下，平板网架简称为网架，由上弦杆、下弦杆两个表层以及上下弦面之间的腹杆组成，称为双层网架。有时，网架由上弦、下弦、中弦三个弦杆面以及三层弦杆之间的腹杆组成，称为三层网架。

平板网架有以下两大类：

(1)交叉桁架体系网架。交叉桁架体系网架由不同方向的平行弦桁架相互交叉组成。其可分为以下四种类型。

1)两向正交正放网架。两向正交正放网架是由两组相互交叉成90°角的平面桁架组成，且两组桁架分别与其相应的建筑平面边线平行。

2)两向正交斜放网架。两向正交斜放网架是由两组相互交叉成90°角的平面桁架组成，且两组桁架分别与建筑平面边线成45°角。

3)两向斜交斜放网架。两向斜交斜放网架由两组平面桁架斜交而成，桁架与建筑边界成一斜角。

4)三向交叉网架。三向交叉网架由三组互成60°夹角的平面桁架相交而成。

(2)角锥体系网架。角锥体系网架是由三角锥、四角锥或六角锥等锥体单元组成的空间网架结构。

1)三角锥体网架。三角锥体网架的基本组成单元是三角锥体。由于三角锥体单元布置的不同，其上、下弦网格可以分为三角形、六边形，从而形成三角锥网架、抽空三角锥网架、蜂窝形三角锥网架等几种不同的三角锥网架。

2)四角锥体网架。四角锥体网架的上、下弦平面均为正方形网格，并且相互错开半格，使下弦网格的交点对准上弦网格的形心，再用斜腹杆将上、下弦的网格节点连接起来，即形成一个个互连的四角锥体。目前，常用的四角锥体网架包括正放四角锥网架、正放抽空四角锥网架、斜放四角锥网架、星形四角锥网架、棋盘形四角锥网架以及单向折线形网架几种。

3)六角锥体网架。六角锥体网架由六角锥体单元组成。

2. 曲面网架

曲面网架简称为网壳。当网壳结构的曲面形式确定后，根据曲面结构的特性，支承的数目、位置、形式，杆件材料和节点形式等，便可确定网壳的构造形式和几何构成。其中，重要的问题是曲面网格划分。进行网格划分时，一是要求杆件和节点的规格尽可能少，以便工业化生产和快速安装；二是要求结构为几何不变体系。不同的网格划分方法，将得到不同形式的网壳结构。网壳结构形式较多，按高斯曲率划分包括零高斯曲率网壳、正高斯曲率网壳、负高斯曲率网壳。负高斯曲率的网壳又包括双曲抛物面网壳和单块扭网壳等。按层数划分，可分为单层网壳、双层网壳和变厚度网壳。

(1)单层网壳的曲面形式包括柱面和球面两种。

1)单层柱面网壳。**单层柱面网壳形式包括单斜杆柱面网壳、双斜杆柱面网壳和三向网格型柱面网壳。**

2)单层球面网壳。**球面网壳的网格形状包括正方形、梯形、菱形、三角形和六角形等。**从受力性能考虑，最好选用三角形网格。

(2)双层网壳是由两个同心或不同心的单层网壳通过斜腹杆连接而成的。按照网壳曲面形成的方法，双层网壳又可分为双层柱面网壳和双层球面网壳，其结构形式可分为交叉桁架和角锥，角锥又包括三角锥、四角锥、六角锥，抽空的、不抽空的两大体系。

(3)变厚度双层球面网壳的形式很多，常见的有从支承周边到顶部，网壳的厚度均匀地减少，大部分为单层，仅在支承区域内为双层。

二、钢网架结构构造

1. 网架的高度

(1)在确定网架高度时，不仅要考虑上、下弦杆内力的大小，还需要充分发挥腹杆的受力作用，一般应使腹杆与弦杆的夹角为30°～60°。

（2）根据国内工程实践的经验综合分析，网架高度与跨度之比应符合表 6-1 的规定。

表 6-1　网架高度与跨度之比

网架短边跨度 L_2/m	<30	30～60	>60
网架高度/m	$\left(\dfrac{1}{14} \sim \dfrac{1}{10}\right)L_2$	$\left(\dfrac{1}{16} \sim \dfrac{1}{12}\right)L_2$	$\left(\dfrac{1}{20} \sim \dfrac{1}{14}\right)L_2$

（3）在不同的屋面体系中，对于周边支承的各类网架，其网格数及跨高比可按表 6-2 选用。表 6-2 是按经济和刚度要求制订的。当符合表 6-2 的规定时，一般可不验算网架的挠度。

表 6-2　网架的上弦网格数和跨高比

网架形式	混凝土屋面体系		钢檩条屋面体系	
	网格数	跨高比	网格数	跨高比
两向正交正放网架、正放四角锥网架、正放抽空四角锥网架	$(2 \sim 4)+0.2L_2$	$10 \sim 14$	$(6 \sim 8)+0.07L_2$	$(13 \sim 17)-0.03L_2$
两向正交斜放网架、棋盘形四角锥网架、斜放四角锥网架、星形四角锥网架	$(6 \sim 8)+0.08L_2$			

注：1. L_2 为网架短向跨度，单位为 m。
　　2. 当跨度小于 18 m 时，网格数可适当减少。

（4）当屋面荷载较大时，为满足网架相对刚度的要求$\left(\text{控制挠度}\leqslant\dfrac{L_2}{250}\right)$，网架高度应适当提高一些；当屋面采用轻型材料时，网架高度可适当降低一些；当网架上设有悬挂的起重机或有吊重时，应满足悬挂起重机轨道对挠度的要求。在这种情况下，网架的高度就应适当地取高一些。

2. 网格的尺寸

（1）平板网架网格的大小与屋面板种类及材料有关，网格尺寸应符合下列规定：

1）当选用钢筋混凝土屋面板时，板的尺寸不应过大，一般以不超过 3 m 为宜，否则会带来吊装的困难。

2）若采用轻型屋面板材，如用压型钢板、太空网架板时，一般需加设檩条，此时檩距不应小于 1.5 m，网格尺寸应为檩距的倍数。

（2）不同材料的屋面体系，网架上弦网格数和跨高比应满足表 6-2 的规定。

（3）为减少或避免出现过多的构造杆件，网格的尺寸应尽可能大一些。网格尺寸 a 与网架短向跨度 L_2 之间的关系如下：

1）当网架短向跨度 $L_2<30$ m 时，网格尺寸 $a=(1/12 \sim 1/6)L_2$；

2）当网架短向跨度 $30 \text{ m} \leqslant L_2 \leqslant 60$ m 时，$a=(1/16 \sim 1/10)L_2$；

3）当网架短向跨度 $L_2>60$ m 时，$a=(1/20 \sim 1/12)L_2$。

（4）网格的大小与杆件材料有关。当网架杆件采用钢管时，由于钢管截面性能好，杆件可以长一些，即网格尺寸可以大一些；当网架杆件采用角钢时，杆件截面可能要由长细比控制，故杆件不宜太长，即网格尺寸不宜过大。

3. 腹杆布置

腹杆布置原则是尽量使压杆短、拉杆长，使网架受力合理。对交叉桁架体系网架，腹杆倾角一般为 $40°\sim55°$；角锥体系网架，斜腹杆的倾角应采用 $60°$，可以使杆件标准化，便于制作。

当网架跨度较大时，造成网格尺寸较大，上弦一般受压，需减小上弦长度，应采用再分式腹杆。

4. 网架的杆件

网架常采用圆钢管、角钢、薄壁型钢作为杆件。由于圆钢管截面封闭，并且各向同性、抗弯刚度都相同、回转半径大、抗扭刚度大，所以，受力性能较好，承载力高。在选取杆件时，应优先选用圆钢管，而且最好是薄壁钢管，但圆钢管的价格较高。因而，对于中小跨度且荷载较小的网架，也可采用角钢或薄壁型钢。

杆件的材料一般用 Q235 钢和 Q345 钢。因 Q345 钢的强度高，塑性好，故当荷载较大或跨度较大时，应采用 Q345 钢，可以减轻网架自重和节约钢材。

5. 网架的节点

(1)钢板节点。当网架的杆件采用角钢或薄壁型钢时，应采用钢板节点。该节点刚度大，整体性好，制作加工简单。当网架的杆件采用圆钢管时，采用钢板节点就不合理，不但节点构造复杂，而且不能充分发挥钢管的优越性能。

(2)焊接空心球节点。焊接空心球节点是用两块圆钢板经热压或冷压成的两个半球，然后对焊成整体。为了加强球的强度和刚度，可先在一半球中加焊一加劲肋，因而焊接空心球节点又分为加肋与不加肋两种。

焊接空心球节点适用于连接圆钢管，只要钢管沿垂直于本身轴线切断，杆件就能自然对准球心，并且可与任意方向的杆件相连。因其具有适应性强、传力明确、造型美观等优点，故目前网架多采用此种节点，但其焊接质量要求高、焊接量大，易产生焊接变形，并且要求杆件下料正确。

(3)螺栓球节点。螺栓球节点是在实心钢球上钻出螺丝孔，然后用高强度螺栓将汇交于节点处的焊有锥头或封板的圆钢管杆件连接而成。

这种节点具有焊接空心球节点的优点，同时又不用焊接，能加快安装速度，缩短工期。但这种节点构造复杂，机械加工量大。

6. 钢网架的支承方式、屋面材料与坡度的设置

(1)钢网架的支承方式。**钢网架的支承方式包括周边支承、点支承和周边支承与点支承结合三种方式。**

1)周边支承的方式。周边支承的方式的所有边界节点都支承在周边柱上时，虽柱子布置较多，但是传力直接明确，网架受力均匀，适用于大、中跨度的网架；所有边界节点支承于梁上时，柱子数量较少，而且柱距布置灵活，从而便于建筑设计，并且网架受力均匀。它一般适用于中、小跨度的网架。以上两种周边支承都不需要设边桁架。

2)点支承的方式。点支承的方式一般将网架支承在四个支点或多个支点上，柱子数量少，建筑平面布置灵活，建筑使用方便，特别适用于大柱距的厂房和仓库。为了减少网架跨中的内力或挠度，网架周边应设置悬挑，而且建筑外形轻巧、美观。

3)周边支承与点支承结合的方式。由于建筑平面布置以及使用的要求，有时要采用边点混合支承，或三边支承一边开口，或两边支承两边开口等情况。此时，开口边应设置边梁或边桁架梁。

(2)钢网架的支座节点。钢网架的支座节点有如下几种类型。

1)平板压力支座节点。因为支座底板与支承面间的摩擦力较大，支座不能转动、移动，与计算假定中铰接假定不太相符，所以，平板压力支座节点只适用于小跨度网架。

2)单面弧形压力支座节点。由于支座底板和柱顶板之间加设一弧形钢板，支座可产生微量转动和移动，与铰接的计算假定较符合，因此，这种支座节点适用于中、小跨度的网架。

3)双面弧形压力支座节点。双面弧形压力支座又称为摇摆支座，它是在支座底板与柱顶板间加设一块上下两面为弧形的铸钢块，所以，支座可以沿钢块的上下两弧形面做一定的转动和侧移。

4)球铰压力支座节点。球铰压力支座节点是以一个凸出的实心半球嵌合在一个凹进半球内，在任意方向都能转动，不产生弯矩，并在 x、y、z 三个方向都不产生线位移，所以这种支座节点有利于抗震。

5)板式橡胶支座节点。这种支座节点是在支座底板和柱顶板间加设一块板式橡胶支座垫板，它是由多层橡胶与薄钢板制成的。这种支座不仅可沿切向及法向移动，还可绕两向转动。其构造简单，造价较低，安装方便，适用于大、中跨度网架。

一般考虑到网架在不同方向自由伸缩和转动约束的不同，一个网架可以采用多种支座节点形式。

（3）钢网架的屋面材料及构造。钢网架结构一般采用轻质、高强、保温、隔热、防水性能良好的屋面材料，以实现网架结构经济、节省钢材的优点。由于选择的屋面材料不同，**网架结构的屋面包括有檩体系和无檩体系两种。**

1)有檩体系屋面。当屋面材料选用木板、水泥波形瓦、纤维水泥板或各种压型铜板时，此类屋面材料的支点距离较小，所以，采用有檩体系屋面。近年来，压型钢板作为新型屋面材料，得到较广泛的应用。由于这种屋面材料轻质高强、美观耐用，并且可直接铺在檩条上，因而其加工、安装已达到标准化、工厂化，施工周期短，但价格较高。

2)无檩体系屋面。当屋面材料选用钢丝网水泥板或预应力混凝土屋面板时，一般它们的尺寸较大，所需的支点间距较大，所以，采用无檩体系屋面。一般情况下，屋面板的尺寸与上弦网格尺寸相同，屋面板可直接放置在上弦网格节点的支托上，并且至少有三点与网架上弦节点的支托焊牢，该做法即为无檩体系屋面。

（4）屋面坡度。网架结构屋面的排水坡度较平缓，一般取 $1\% \sim 4\%$。屋面的坡度一般可采用下面几种办法设置：

1)上弦节点上加小立柱找坡。

2)网架变高。

3)整个网架起坡。

4)支承柱变高。

第二节　钢网架节点构造要求与制作

在钢网架结构中，节点起着连接汇交杆件、传递内力的作用。同时，其也是网架与屋面结构、顶棚吊顶、管道设备、悬挂起重机等的连接之处，起着传递荷载的作用。目前，国内对钢管网架一般采用螺栓球节点和焊接空心球节点；对型钢网架一般采用焊接钢板节点。

一、螺栓球节点

（一）螺栓球节点构造要求

螺栓球节点是在设有螺纹的钢球体上，通过螺栓将管形截面的杆件和钢球连接起来的节点，一般由螺栓、钢球、销子、套筒和锥头或封板等零件组成，如图6-1所示，适用于中、小跨度的网架。

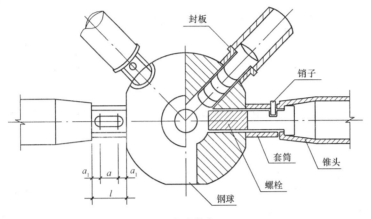

图 6-1　螺栓球节点

钢网架螺栓球节点

钢网架螺栓球节点用高强度螺栓

套筒的外形尺寸应符合扳手开口尺寸系列，端部要保持平整，内孔径一般比螺栓直径大1 mm。套筒端部到开槽端部距离应使该处有效截面抗剪力不低于销子(或螺钉)抗剪力，而且不应小于1.5倍的开槽宽度。

杆件可采用封板或锥头连接。为避免汇交于节点的杆件相互干扰并使其传力顺畅，当管径大于或等于76 mm时，一般宜采用锥头的连接形式；当管径小于76 mm时，可采用封板。

(二)螺栓球节点制作

1. 螺栓球加工

螺栓球是连接各杆件的零件，可分为螺栓球、半螺栓球及水雷球，宜采用45号钢锻造成形。

螺栓球(钢球)加工应在车床上进行，其加工程序为：第一步是加工定位工艺孔；第二步是加工各弦杆孔。

(1)施工准备。球材应采用锯床下料并应控制下料尺寸，同时放出适当余量，下料后长度允许偏差为±2.0 mm。此外，螺栓球的画线与加工需经铣平面、分角度、钻孔、攻螺纹、检验等工序。

(2)球材加热。球材加热须符合下列规定：

1)焊接球材应加热到600 ℃～900 ℃之间的适当温度。

2)将加热后的钢材放到半圆胎架内，逐步压制成半圆形球。压制过程中，应尽量减少压薄区与压薄量，采取的措施是加热均匀。压制时氧化皮应及时清理，半圆球在胎位内能变换位置。钢板压成半圆球后，表面不应有裂纹、褶皱。

3)半圆球出胎冷却后，对半圆球用样板修正弧度，然后切割半圆球的平面，注意按半径切割，但应留出拼圆余量。

4)半圆球修正、切割以后应该打坡口，坡口角度与形式应符合设计要求。

(3)球加肋。加肋半圆球与空心焊接球受力情况不同，故对钢网架重要节点一般均安排加肋焊接球，加肋形式有多种，有加单肋的，还有垂直双肋球等，所以圆球拼装前，还应加肋、焊接。注意加肋高度不应超出圆周半径，以免影响拼装。

(4)球拼装。球拼装时应有胎位，保证拼装质量，球的拼装应保持球的拼装直径尺寸、球的圆度一致。

(5)球焊接。拼装好的球放在焊接胎架上，两边各打一小孔以固定圆球，并能随着机床慢慢旋转，旋转一圈，调整焊道、焊丝高度及各项焊接参数，然后用半自动埋弧焊机(也可以用气体保护焊机)对圆球进行多层多道焊接，直至焊道焊平为止，不要余高。

(6)焊缝检查。焊缝外观经检查合格后，应在 24 h 后对钢球焊缝进行超声波探伤检查。

(7)质量检验。螺栓球成形后，不应有裂纹、褶皱、过烧。其加工允许偏差见表 6-3。

表 6-3　螺栓球加工允许偏差　　　　　　　　　　　　　　　　　　　　mm

项　　目		允许偏差	检验方法
圆　度	$d \leqslant 120$	1.5	用卡尺和游标卡尺检查
	$d > 120$	2.5	
同一轴线上两铣平面平行度	$d \leqslant 120$	0.2	用百分表、V 形块检查
	$d > 120$	0.3	
铣平面距球心距离		±0.2	用游标卡尺检查
相邻两个螺栓孔中心线夹角		±30′	用分度头检查
两铣平面与螺栓孔轴线垂直度		0.005t	用百分表检查
球毛坯直径	$d \leqslant 120$	+0.2 −1.0	用卡尺和游标卡尺检查
	$d > 120$	+3.0 −1.5	

注：d 为螺栓球直径，t 为壁厚。

2. 锥头、封板加工

锥头、封板是钢管端部的连接件，其材料应与钢管材料一致。锥头、封板的加工可在车床上进行，锥头也可用模锻成形。锥头、封板等原材料的加热温度控制为 900 ℃～1 100 ℃，分别固定在锻模具上压制成形，对锻压件外观要求为不得有裂纹或过烧。

加工时，焊接处坡口角度宜取 30°。内孔可比螺栓直径大 0.5 mm，封板中心孔同轴度极限偏差为 0.2 mm，如图 6-2 所示封板厚度和锥头底板厚度 h 极限偏差为 $^{+0.5}_{-0.2}$ mm。锥头、封板与钢管杆件配合间隙为 2.0 mm，以保证底层全部熔透。

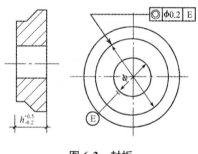

图 6-2　封板

3. 套筒加工

套筒可采用 Q235 号钢、20 号钢或 45 号钢加工而成，其外形尺寸应符合开口尺寸系列的要求。经模锻后，毛坯长度为 +3.0 mm，六角对边为 $S \pm 1.5$ mm，六角对角 $D \pm 2.0$ mm。加工后，套筒长度极限偏差为 ±0.2 mm，两端面的平行度为 0.3 mm，套筒内孔中心至侧面距离 s 的极限偏差为 ±0.5 mm，套筒两端平面与套筒轴线的垂直度极限偏差为其外接圆半径 r 的 0.5%，如图 6-3 所示。

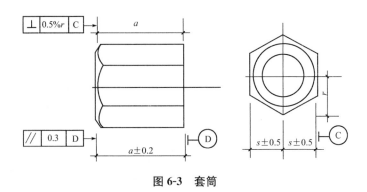

图 6-3　套筒

二、焊接空心球节点

1. 焊接空心球节点构造要求

焊接空心球节点分为加肋和不加肋两种。它是将两块圆钢板经热压或冷压成两个半球后对焊而成的，如图 6-4 所示。只要是将圆钢管垂直于本身轴线切割，杆件就会和空心球自然对中而不产生节点偏心。它是我国最早、应用最广的一种节点，其构造简单、受力明确、连接方便，适用于钢管杆件的各种网架。但节点的用钢量较大，是螺栓节点的两倍，现场焊接工作量大，而且仰焊、立焊占很大比重。

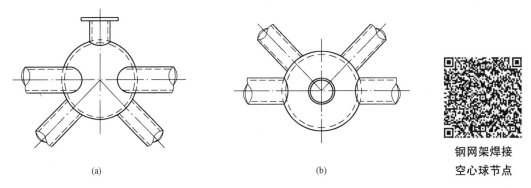

(a)　　　　　　　　　　　　　　(b)

钢网架焊接
空心球节点

图 6-4　焊接空心球节点

(a)上弦节点；(b)下弦节点

2. 焊接空心球节点制作

焊接空心球节点主要由空心球、钢管杆件、连接套管等零件组成。空心球制作工艺流程应为：下料→加热→冲压→切边坡口→拼装→焊接→检验。

(1)半球圆形坯料钢板应用乙炔氧气或等离子切割下料。下料后坯料直径允许偏差为 2.0 mm，钢板厚度允许偏差为 ±0.5 mm。坯料锻压的加热温度应控制在 900 ℃～1 100 ℃。半球成形，其坯料须在固定锻模具上热挤压成半个球形，半球表面应光滑、平整，不应有局部凸起或褶皱，壁厚减薄量不大于 1.5 mm。

(2)毛坯半圆球可用普通车床切边坡口，坡口角度为 22.5°～30°。不加肋空心球的两个半球对装时，中间应余留 2.0 mm 的缝隙，以保证焊透(图 6-5)。焊接成品的空心球直径的允许偏差：当球直径小于或等于 300 mm 时，为 ±1.5 mm；当直径大于 300 mm 时，为 ±2.5 mm。圆度允许偏差：当直径小于或等于 300 mm 时，应小于 2.0 mm。对口错边量允许偏差应小于 1.0 mm。

(3)加肋空心球的肋板位置应在两个半球的拼接环形缝平面处(图 6-6)。加肋钢板应用乙炔、氧气切割下料，外径留有加工余量，其内孔以 $D/3\sim D/2$ 割孔。板厚宜不加工，下料后应用车床加工成形，直径偏差为 $\begin{smallmatrix}0\ mm\\-1.0\ mm\end{smallmatrix}$。

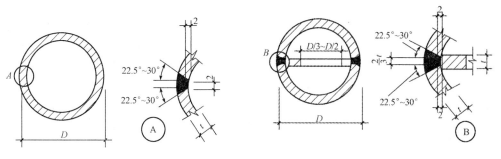

图 6-5　不加肋空心球　　　　　　　　　图 6-6　加肋空心球

(4)套管是钢管杆件与空心球拼焊连接定位件，应用同规格钢管剖切一部分圆周长度，经加热后在固定芯轴上成形。套管外径比钢管杆件内径小 1.5 mm，长度为 40～70 mm(图 6-7)。

(5)空心球与钢管杆件连接时，钢管两端开坡口 30°，并在钢管两端头内加套管与空心球焊接，球面上相邻钢管杆件之间的缝隙 a 不宜小于 10 mm(图 6-8)。钢管杆件与空心球之间应留有 2.0～6.0 mm 缝隙予以焊透。

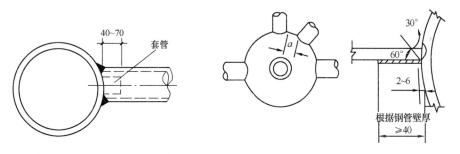

图 6-7　加套管连接　　　　　　　　　图 6-8　空心球节点连接

(6)焊接球加工的允许偏差应符合表 6-4 中的规定。

表 6-4　焊接球加工的允许偏差　　　　　　　　　　　　　　mm

项　　　目	允许偏差	检验方法
直　　　径	$\pm 0.005d$ ± 2.5	用卡尺和游标卡尺检查
圆　　　度	2.5	用卡尺和游标卡尺检查
壁厚减薄量	$0.13t$，且不应大于 1.5	用卡尺和测厚仪检查
两半球对口错边	1.0	用套模和游标卡尺检查

三、焊接钢板节点

焊接钢板节点可由十字节点板和盖板组成，适用于连接型钢构件。

十字节点板由两个带企口的钢板对插焊成，也可由三块钢板焊成，如图 6-9 所示。小跨度网架的受拉节点，可不设置盖板。

十字节点板与盖板所用钢材应与网架杆件钢材一致。

十字节点板的竖向焊缝应有足够的承载力，并宜采用 V 形或 K 形坡口的对接焊缝。

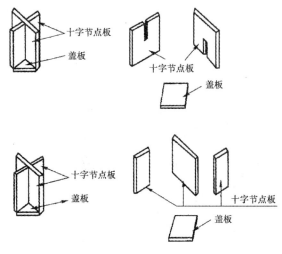

图 6-9　焊接钢板节点

四、支座节点

支座节点一般采用铰节点，应尽量采用传力可靠、连接简单的构造形式。常用的压力支座节点有下列四种：

(1)平板压力支座节点。 平板压力支座节点构造简单、便于安装，在支承底板与结构支承面间加设一块带有埋头螺栓的过渡钢板。安装定位后，将过渡钢板的两侧与支承底板面的顶部焊接，并将过渡钢板上的埋头螺栓与支承底板相连，如图 6-10 所示。

(2)单面弧形压力支座节点。 制作单面弧形压力支座节点时，为了保证支座的转动，可将锚栓放在弧形支座的中心线位置上，并要把支座底板的锚栓孔做成椭圆形，如图 6-11(a) 所示。当支座反力较大，需要四个锚栓时，为了使锚栓锚固后不影响支座的转动，可在锚栓上部加设弹簧，如图 6-11(b) 所示。

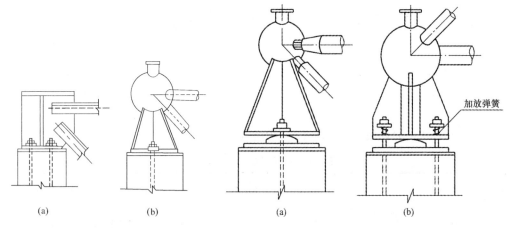

(a)　　　　　　(b)　　　　　　　　　　(a)　　　　　　(b)

图 6-10　网架平板压力支座节点　　　图 6-11　单面弧形压力支座节点

(a)角钢杆件(拉)力支座；　　　　　(a)两个锚栓连接；(b)四个锚栓连接

(b)钢管杆件平板压(拉)力支座

(3)双面弧形压力支座节点。 双面弧形压力支座节点构造复杂、施工麻烦、造价较高，其节点构造如图 6-12 所示。

(4)球铰压力支座节点。球铰压力支座节点构造如图 6-13 所示。这种支座节点主要是以一个凸出的实心半球,嵌合在一个凹进的半球内,在任何方向都可以自由转动,而不会产生弯矩,并在 x、y、z 三个方向都不会产生线位移。为使其能承受地震作用和其他外力,防止凸面球从凹面球内脱出,四周应以锚栓固定。

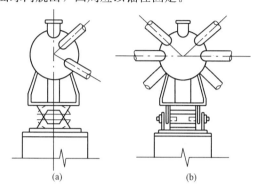

图 6-12　双面弧形压力支座节点

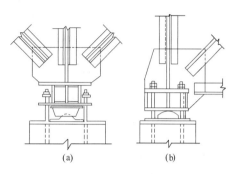

图 6-13　球铰压力支座节点

第三节　钢网架拼装

　　钢网架拼装应根据网架跨度、平面形状、网架结构形状和吊装方法等因素,综合分析确定网架制作的拼装方案。现场拼装时,应注意拼装顺序,以减小焊接变形和焊接应力,最好是从中间向四周拼装,使其两边可以自由收缩。

　　平面桁架系网架适用于划分成平面桁架拼装单元,如图 6-14 所示;锥形体系网架适用于划分成锥体拼装单元,如图 6-15 所示。

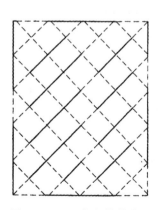

图 6-14　平面桁架拼装单元

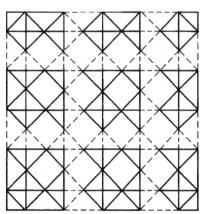

图 6-15　锥体拼装单元

一、钢网架拼装作业条件

(1)准备好施工主要机具,如电焊机、切割机床等加工机具;钢板尺、超声波探伤仪等检查仪器；铁锤、钢丝刷等辅助工具。

(2)拼装焊工必须有焊接考试合格证，有相应焊接材料与焊接工作的资格证明。

(3)拼装前应对拼装场地做好安全设施、防火设施。拼装前应对拼装胎位进行检测，以防止胎位移动和变形。拼装胎位应留出恰当的焊接变形余量，防止拼装杆件变形、角度变形。

(4)拼装前杆件尺寸、坡口角度以及焊缝间隙应符合规定。

(5)熟悉图纸，编制好拼装工艺，做好技术交底。

(6)拼装前，对拼装用的高强度螺栓应逐个进行硬度试验，达到标准值后才能进行拼装。

二、钢网架拼装施工

拼装时，要选择合理的焊接工艺，尽量减少焊接变形和焊接应力。拼装的焊接顺序应从中间开始向两端或向四周延伸展开进行。

1. 小拼单元拼装

只有焊接球网架才制作小拼单元，小拼单元的拼装是在专门的模架上进行的，以保证小拼单元的精度和互换性，拼装模架有转动型和平台型两种，如图 6-16 和图 6-17 所示。螺栓球网架在杆件拼装、支座拼装之后即可安装。

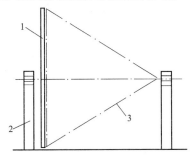

图 6-16　转动型拼装模架示意图

1—模架；2—支架；3—锥体网架杆件

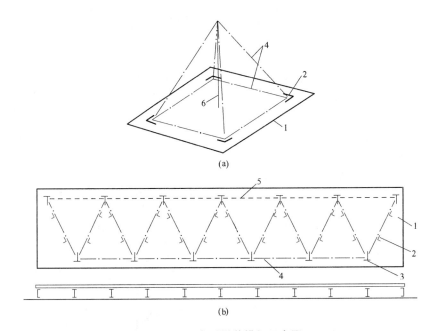

(a)

(b)

图 6-17　平台型拼装模架示意图

(a)四角锥体小拼单元；(b)桁架式小拼单元

1—拼装平台；2—用角钢做的靠山；3—搁置节点槽口；4—网架杆件中心线；5—临时上弦；6—标杆

2. 网架单元拼装

(1)网架单元应在地面上进行预拼装。拼装完成后应予以检验，如拼装场地不够，可采用"套拼"的方法，即先将两个或三个单元在地面上进行预拼装。拼装完成后，先吊去一个单元，然后再拼接一个单元。

（2）网架结构总拼时，应选择合理的焊接工艺，以减少焊接变形和焊接应力。总拼时，应从中间向两边或从中间向四周进行拼装。拼装时，严禁形成封闭圈，以避免产生很大的焊接收缩应力。

（3）焊接节点的网架结构在总拼前应精确放线，放线的允许偏差分别为边长及对角线长的 1/10 000。

3. 螺栓球节点网架拼装

（1）螺栓球节点网架拼装时，一般是先拼下弦，将下弦的标高和轴线调整后，拧紧全部螺栓，起定位作用。开始连接腹杆，螺栓不宜一次拧紧，但必须使其与下弦连接端的螺栓吃上劲。如吃不上劲，在周围螺栓都拧紧后，这个螺栓就可能偏歪（因锥头或封板的孔较大），那时将无法拧紧。

（2）连接上弦时，开始时也不能将螺栓一次拧紧。当分条拼装时，安装好三行上弦球后，即可将前两行调整校正。这时，可通过调整下弦球的垫块高低进行；然后，固定第一排锥体的两端支座，同时将第一排锥体的螺栓拧紧。如此循环，使整个拼装完成。

（3）在整个网架拼装完成后，必须进行一次全面检查，看螺栓是否都已拧紧。

4. 焊接球节点网架的拼装

（1）焊接球节点网架在拼装前应考虑焊接的收缩量，其值可通过试验确定。

（2）对供应的杆件、球及其他部件在拼装前，要严格检查其质量及各部分尺寸，不符合规范规定数值的，要进行技术处理后方可用于拼装。

（3）网架焊接时，一般先焊下弦，使下弦收缩而略上拱，然后焊接腹杆及上弦，即下弦→腹杆→上弦。如先焊上弦，则易造成不易消除的人为挠度。

（4）当用散件总拼时（不用小拼单元），不得将所有杆件全部定位焊牢（即用电焊点上），否则在全面施焊时易将已定位焊的焊缝拉裂。因为在这种情况下全面施焊，焊缝将没有自由收缩边，类似在封闭圈中进行焊接。

（5）在钢管球节点的网架结构中，当钢管厚度大于 6 mm 时，必须开坡口。在钢管与球全焊透连接时，钢管与球壁之间必须留有 1~2 mm 的间隙，加衬管，以保证实现焊缝与钢管的等强连接。

（6）如将坡口（不留根）钢管直接与环壁顶紧后焊接，则必须用单面焊接双面成形的焊接工艺。为保证焊透，建议采用 U 形坡口或阶梯形坡口（虚线表示）（图 6-18）进行焊接。

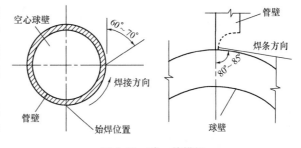

图 6-18　球、管横焊

（7）焊接节点的网架点拼后，对其所有焊缝均应进行全面检查；对大、中跨度的钢管网架的对接焊缝，应进行无损检验。

三、钢网架拼装质量控制

（1）拼装单元网架应检查网架长度尺寸、宽度尺寸、对角线尺寸、网架长度尺寸是否在允许偏差范围之内。

（2）检查拼装单元的焊接质量、焊缝外观质量，主要是防止咬肉，咬肉深度不能超过 0.5 mm；焊缝 24 h 后用超声波探测检查焊缝内部质量情况。

（3）小拼单元的允许偏差应符合表 6-5 的规定。

表 6-5　小拼单元的允许偏差　　　　　　　　　　　　　　　　　　　　　　mm

项　　　目		允许偏差	检查方法	检查数量
节点中心偏移		2.0	用钢尺和拉线等辅助量具实测	按单元数抽查5%，且应不少于5个
焊接球节点与钢管中心的偏移		1.0		
杆件轴线的弯曲矢高		$L_1/1\,000$，且应不大于5.0		
锥体型小拼单元	弦杆长度	±2.0		
	锥体高度	±2.0		
平面桁架型小拼单元	上弦杆对角线长度	±3.0		
	跨长　≤24 m	+3.0 −7.0		
	跨长　>24 m	+5.0 −10.0		
	跨中高度	±3.0		
	跨中拱度　设计要求起拱	±$L/5\,000$		
	跨中拱度　设计未要求起拱	+10.0		

注：L_1 为杆件长度；L 为跨长。

(4)网架结构分条或分块拼装的允许偏差项目和检验方法应符合表 6-6 的规定。

表 6-6　网架结构分条或分块拼装的允许偏差项目和检验方法

项　　　目		允许偏差/mm	检验方法	检查数量
单元长度 L≤20 m 时，拼接边长度	单　跨	±10.0	用钢尺检查	按条或块全数检查
	多跨连续	±5.0		
单元长度 L>20 m 时，拼接边长度	单　跨	±20.0		
	多跨连续	±10.0		

(5)网架结构地面总拼装的允许偏差项目和检验方法应符合表 6-7 的规定。

表 6-7　网架结构地面总拼装的允许偏差项目和检验方法

项　　　目	允许偏差/mm	检验方法	检查数量
纵向、横向长度	±$L/2\,000$ ±30.0	用钢尺检查	全数检查
支座中心偏移	$L/3\,000$ 30.0	用钢尺、经纬仪检查	
周边支承网架相邻支座高差	$L/400$ 15.0	用钢尺、水准仪检查	
支座最大高差	30.0		
多点支承网架相邻支座高差	$l_1/800$ 30.0		
杆件弯曲矢高	$l_2/1\,000$ 5.0	用拉线和钢尺检查	

注：L 为纵横向长度；l_1 为相邻支座间距；l_2 为杆件长度。

（6）钢网架结构总拼完成后，应测量其挠度值，且所测的挠度值应不超过相应设计值的1.15倍。

第四节　钢网架吊装

钢网架吊装是指网架在地面总拼装后，采用单根或多根扒杆、一台或多台起重机进行吊装就位的施工方法。此方法不常搭设拼装架，高空作业少，易于保证接头焊接的质量，但需要起重能力较大的设备，吊装技术较复杂。

一、钢网架绑扎

1. 绑扎点的确定

网架绑扎前应确定网架绑扎点，网架绑扎点的位置和数量应满足以下要求：

（1）网架绑扎点应与网架结构使用时的受力状况相接近。

（2）吊点的最大反力不应大于起重设备的负荷能力，各起重设备的负荷宜相互接近。

2. 绑扎方法

（1）单机吊装绑扎。对于大跨度钢立体桁架（钢网架片，下同）多采用单机吊装。吊装时一般采用六点绑扎，并加设横吊梁，以降低起吊高度和对桁架网片产生较大的轴向压力，避免桁架、网片出现较大的侧向弯曲。

（2）双机抬吊绑扎。采用双机抬吊时，可在支座处两点起吊或四点起吊，另加两副辅助吊索。

二、钢网架吊装方式

钢网架的吊装方式有多种，根据吊装设备的数量可简单划分为单机吊装、双机抬吊和多机抬吊等。网架整体吊装时，应采用多机抬吊或独脚扒杆吊升。

1. 单机吊装

单机吊装较简单，当桁架在跨内斜向布置时，可采用 150 kN 履带起重机或 400 kN 轮胎式起重机垂直起吊。吊至比柱顶高 50 cm 时，可将机身就地在空中旋转，然后落于柱头上就位。其施工方法可参照一般钢屋架的吊装。

2. 双机抬吊

当采用双机抬吊时，桁架分为跨内和跨外两种布置及吊装方式。

（1）当桁架略斜向布置在房屋内时，可用两台履带式起重机或塔式起重机抬吊，吊起到一定高度后即可旋转就位。其施工方法可参照一般屋架双机抬吊法。

（2）当桁架在跨外时，可在房屋一端设拼装台进行组装，一般拼一榀吊一榀。施工时，可在房屋两侧铺上轨道，安装两台 600/800 kN 塔式起重机，吊点可直接绑扎在屋架上弦支座处，每端用两根吊索。

吊装时，由两台起重机抬吊，伸臂与水平之间的角度保持大于 60°。起吊时统一指挥两台起重机同步上升，将屋架缓慢起至高于柱顶 500 mm 后，同时行走到屋架安装地点落下就位，并立即找正固定。待第二榀吊上后，接着吊装支撑系统及檩条，及时校正，形成几何稳定单元。

此后，每吊一榀，可用上一节间檩条临时固定，整个屋盖吊完后，再将檩条统一找平加以固定，以保证屋面平整。

3. 多机抬吊

多机抬吊作业适用于跨度为 40 m 左右、高度为 2.5 m 左右的中小型网架屋盖的吊装。施工时，多台起重设备钩升降速度要一致，否则会造成起重机（或扒杆）超载、网架受扭等事故。

(1)布置起重机时需要考虑各台起重机的工作性能和网架在空中移位的要求。

(2)起吊前要测出每台起重机的吊装速度，以便起吊时准确掌握，或每两台起重机的吊索用滑轮连通。当起重机的起吊速度不一致时，可由连通滑轮的吊索自行调整。

(3)多机抬吊一般用四台起重机联合作业，将地面错位拼装好的网架整体吊升到柱顶后，在空中进行移位落下就位安装。一般有四侧抬吊和两侧抬吊两种方法。

1)两侧抬吊是用四台起重机将网架吊过柱顶，同时向一个方向旋转一定距离，即可就位。

2)四侧抬吊时，为防止起重机因升降速度不一样而产生不均匀荷载，每台起重机均设两个吊点，每两台起重机的吊索互相用滑轮串通，使各吊点受力均匀，网架平稳上升。

(4)如果网架重量较轻，或四台起重机的起重量均能满足要求，宜将四台起重机布置在网架的两侧，这样只要四台起重机将网架垂直吊升超过柱顶后旋转一个小角度，即可完成网架的空中移位要求。

4. 独脚扒杆吊升

独脚扒杆吊升是多机抬吊的另一种形式。它是用多根独脚扒杆，将地面错位拼装的网架吊升超过柱顶进行空中移位后落位固定。采用此法时，支撑屋盖结构的柱与扒杆应在屋盖结构拼装前竖立。

此法所需的设备多、劳动量大，对于吊装高、重、大的屋盖结构，特别是大型网架较为适宜。

三、网架空中移位

(1)在多机抬吊作业中，由于起重机变幅容易，故网架空中移位并不困难；当采用多根独脚扒杆进行整体吊升时，由于扒杆变幅很困难，网架在空中移位是利用扒杆两侧起重滑轮组中的水平力不等而推动网架移位的。

(2)网架被吊升时(图 6-19)，每根扒杆两侧滑轮组夹角相等，上升速度一致，两侧受力相等 $(T_1 = T_2)$，其水平分力也相等 $(H_1 = H_2)$，网架在水平面内处于平衡状态，只垂直上升，不水平移动。此时，滑轮组拉力及其水平分力可分别按下式计算：

$$T_1 = T_2 = \frac{Q}{2\sin\alpha}$$

$$H_1 = H_2 = T_1\cos\alpha$$

式中，Q 是指每根桅杆所负担的网架、索具等荷载(kN)。

(3)网架空中移位的方向与桅杆及其起重滑轮组布置有关。

1)如桅杆对称布置，桅杆的起重平面(即起重滑轮组与桅杆所构成的平面)方向一致且平行于网架的一边，因此，网架产生运动的水平分力 H 平行于网架一边，网架产生单向移位。

2)如桅杆均布于同一圆周上，且桅杆的起重平面垂直于网架半径，这时网架产生运动的水平分力 H 与桅杆起重平面相切，由于切向力 H 的作用，网架即产生绕其圆心旋转的运动。

(4)网架空中移位时(图 6-19)，每根桅杆的同一侧(如右边)滑轮组钢丝绳徐徐放松，而另一侧(左边)滑轮不动。此时，右边钢丝绳因松弛而使拉力 T_2 变小，左边 T_1 则由于网架重力作用而相应增大，因此，两边水平力也不等，即 $H_1 > H_2$。这就打破了平衡状态，网架朝 H_1 所指的方向移动，直至右侧滑轮组钢丝绳放松到停止，重新处于拉紧状态时，$H_1 = H_2$，网架恢复平衡，移动也即终止。此时平衡方程式为

$$T_1 \sin\alpha_1 + T_2 \sin\alpha_2 = Q$$
$$T_1 \cos\alpha_1 = T_2 \cos\alpha_2$$

由于 $\alpha_1 > \alpha_2$，故此时 $T_1 > T_2$。

（5）在平移时，由于一侧滑轮组不动，网架平移的同时，还会产生以 O 点为圆心，OA 为半径的圆周运动而产生少许下降（图 6-19）。

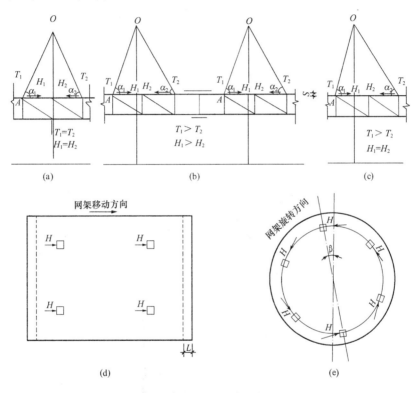

图 6-19　扒杆吊升网架的空中移位顺序

（a）网架提升时的平衡状态；（b）网架移位时的不平衡状态；
（c）网架移位后恢复平衡状态；（d）矩形网架单向平移；（e）圆形网架旋转
S—网架移位时下降距离；L—网架水平移位距离；β—网架旋转角度

第五节　钢网架安装

一、钢网架安装方案确定

1. 采用整体吊装法

整体吊装法，是指网架在地面总拼后，采用单根或多根桅杆、一台或多台起重机进行吊装就

位的施工方法。整体吊装法适用于各种类型的网架结构,在吊装时可在高空平移或旋转就位。

根据网架结构形式、起重机或桅杆起重能力,在建筑物内或建筑物外侧进行总拼,总拼时可以就地与柱错位或在场外进行。当就地与柱错位总拼时,网架起升后需要在空中平移或转动1.0～2.0 m,再下降就位。由于柱穿在网架的网格中,凡与柱相连接的梁均应断开,即在网架吊装完成后,再施工框架梁。建筑物在地面以上的有些结构,必须待网架安装完成后才能进行施工,不能平行施工。

当场地条件许可时,可在场外地面总拼网架,然后用起重机抬吊至建筑物上就位。这时,虽解决了室内结构拖延工期的问题,但起重机必须负重行驶较长距离。

整体吊装可采用单根或多根扒杆起吊,也可采用一台或多台起重机起重就位,各吊点提升及下降应同步,提升及下降各点的升差值可取吊点间距离的1/400,且不应大于100 mm或通过验算确定。

2. 采用网架整体吊装法

采用网架整体吊装法,不需要搭设高的拼装架,高空作业少,易于保证接头焊接质量,但需要起重能力大的设备。吊装技术也复杂,按照住房和城乡建设部的有关规定,重大吊装方案需要专家审定。

吊装前对总拼装的外观及尺寸等应进行全面检查,应符合设计要求和《钢结构工程施工质量验收规范》(GB 50205—2001)的规定。

二、钢网架安装方法

目前,**钢网架常用的安装方法有分条或分块安装、整体吊升、高空散装、高空滑移、整体提升和整体顶升等方法。**在满足质量、安全、进度和经济效益的前提下,根据网架受力和构造特点,结合当地施工技术条件及设备资源等因素,选择适宜的安装方法。网架的安装方法及适用范围见表 6-8。

表 6-8　网架的安装方法及适用范围

安装方法	安装内容	适用范围
分条或 分块安装法	条状单元组装	适用于分割后刚度和受力状况改变较小的各种中小型网架,如双向正交正放、正放四角锥、正放抽空四角锥等网架。对于场地狭小或跨越其他结构、起重机无法进入网架安装区域时,尤为适宜
	块状单元组装	
高空散装法	单件杆拼装	适用于螺栓球或高强度螺栓连接节点的网架结构,不宜用于焊接球网架的拼装
	小拼单元拼装	
高空滑移法	单条滑移法	适用于网架支承结构为周边承重墙或柱上有现浇钢筋混凝土圈梁等情况
	逐条积累滑移法	
提升法	在桅杆上悬挂千斤顶提升	周边支承及多点支承网架,可用升板机、液压千斤顶等小型机具进行施工
	在结构上安装滑模、升板机提升	
顶升法	利用网架支撑柱 作为顶升时的支撑结构	适用于安装多支点支承的各种四角锥网架屋盖安装
	在原支点处或 其附近设置临时顶升支架	

(一)网架分条或分块安装法

分条或分块安装法是为适应起重机械的起重能力和减少高空拼装工作量,将屋盖划分为若干个单元,在地面拼装成条状或块状扩大组合单元体后,用起重机械或设在双肢柱顶的起重设备(钢带提升机、升板机等)垂直吊升或提升到设计位置上,拼装成整体网架结构的安装方法。分条或分块安装法经常与其他安装法相配合使用,如高空散装法、高空滑移法等。

1. 网架的分割要求

(1)分割后的条状(块状)单元体在自重作用下应能形成一个稳定体系,同时还应有足够的刚度,否则应对其进行加固。

(2)对于正放类网架,在分割成条(块)状单元后,自身在自重作用下能形成几何不变体系,同时应有一定的刚度,一般不需要加固。

(3)对于斜放类网架,在分割成条(块)状单元后,由于上弦为菱形结构可变体系,因而必须加固后才能进行吊装。

(4)无论是条状单元体还是块状单元体,每个单元体的重量应以现有起重机承受限度为准。

2. 区段分割

采用分条安装法施工时,可将网架沿长度方向分割成若干个区段,每个区段的宽度为1~3个网格,其区段的长度为网架短跨的跨度。

采用分块安装法施工时,将网架沿纵、横两个方向分割成矩形或正方形单元。划分时应根据网架结构的特点,保证分条或分块单元的几何不变性,满足起重设备的吊装能力。图 6-20 所示为网架条状单元的几种划分方法。条状单元组合体划分时,应沿着屋盖长度方向切割。条状单元的划分主要有以下三种形式:

(1)网架单元相互靠紧,把下弦双角钢分在两个单元上[图 6-20(a)],此法可用于正放四角锥网架。

(2)网架单元相互靠紧,单元间上弦用剖分式安装节点连接[图 6-20(b)],此法可用于斜放四角锥网架。

(3)单元之间空一节间,该节间在网架单元吊装后再在高空拼装[图 6-20(c)],可用于两向正交正放或斜放四角锥等网架。

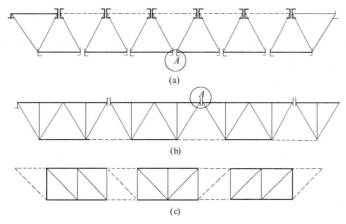

图 6-20 网架条(块)状单元划分方法

(a)网架下弦双角钢分在两单元上;(b)网架上弦用剖分式安装;(c)网架单元在高空拼装

注:①表示剖分式安装节点。

图 6-21 所示为块状单元组合体划分。图 6-21(a)中①~④为块状单元。切割后的块状单元体大多是两邻边或一边有支承,一角点或两角点要增设临时顶撑予以支承,也有将边网格切除的块状单元体。在现场地面对准设计轴线组装,边网格留在垂直吊升后再拼装成整体网架。

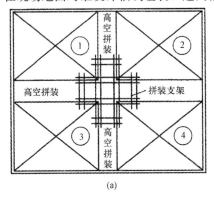
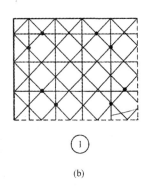

图 6-21　块状单元组合体划分(图中虚线部分表示临时加固边)

3. 网架拼装施工

(1)条(块)状单元尺寸必须准确,以保证高空总拼时节点吻合或减少累积误差,一般可采取预拼装或现场临时配杆等措施解决。

(2)块状单元在地面制作后应模拟高空支承条件,拆除全部地面支墩后观察施工挠度,必要时应调整其挠度。

(3)网架吊装时,有单机跨内吊装和双机跨外抬吊两种方法。在吊装时,应分块或分条逐块或逐条吊取。

(4)网架条状单元在吊装就位过程中,由于其受力状态属平面结构体系,而网架结构是按空间结构设计的,因而,条状单元在总拼前的挠度要比网架形成整体后该处的挠度大,故在总拼前必须在合拢处用支撑顶起,调整挠度使其与整体网架挠度符合。

(5)网架条状单元吊上后,应将半圆球节点焊接和安设下弦杆件,待全部作业完成后拧紧支座螺栓,拆除网架,下立柱,即告完成。

(二)网架高空散装法

网架高空散装法是指将运输到现场的运输单元体(平面桁架或锥体)或散件,用起重机械吊升到高空对位拼装成整体结构的方法。采用该法时,不需要大型起重设备,对场地要求不高,但需要搭设大量拼装支架,高空作业较多。

高空散装法根据脚手架的不同,可分为全支架法和悬挑法两种。全支架法多用于散件拼装,悬挑法多用于小拼装单元在高空总拼。

1. 拼装支架的架设

在网架拼装过程中,始终有一部分网架悬挑着。当网架跨度较大时,拼接到一定悬挑长度后,需设置单肢柱或支架来支承悬挑部分,以减少或避免因自重和施工荷载而产生的挠度。

(1)网架拼装支架一般用扣件和钢管搭设,不宜用竹或木制。因为这些材料容易变形并易燃,故当网架采用焊接连接时禁用。

(2)网架拼装支架既是网架拼装成形的承力架,又是操作平台支架,所以,支架搭设位置必须对准网架下弦节点。

(3)拼装支架必须牢固,设计时应对单肢稳定、整体稳定进行验算,并估算沉降量。其中,单肢稳定验算可按一般钢结构设计方法进行。

(4)网架拼装支架应具有整体稳定性并在荷载作用下有足够的刚度，应将支架本身的弹性压缩、接头变形、地基沉降等引起的总沉降值控制在 5 mm 以下。为了调整沉降值和卸荷方便，可在网架下弦节点与支架之间设置调整标高用的千斤顶。

(5)高空散装法对支架的沉降要求较高(不得超过 5 mm)，应给予足够的重视。大型网架施工必要时可进行试压，以取得所需资料。

(6)支架的整体沉降量包括钢管接头的空隙压缩、钢管的弹性压缩、地基的沉陷等。如果地基情况不良，要采取夯实加固等措施，并且要用木板铺地以分散支柱传来的集中荷载。

2. 网架拼装的顺序

(1)拼装时应从建筑物一端开始，向另一端以两个三角形同时推进，待两个三角形相交后，按人字形逐榀向前推进，最后在另一端的正中合拢。

(2)每榀块体的安装顺序，在开始两个三角形部分是由屋脊部分开始分别向两边拼装；当两个三角形相交后，由交点开始同时向两边拼装，如图 6-22 所示。

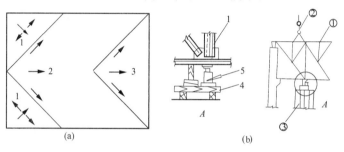

图 6-22　高空散装法安装网架

(a)网架安装顺序；(b)网架块体临时固定方法与安装顺序

1—第一榀网架块体；2—吊点；3—支架；4—枕木；5—液压千斤顶

①、②、③—安装顺序

(3)吊装分块(分件)时，可用两台履带式或塔式起重机进行，拼装支架用钢制，可局部搭设做成活动式，也可采用满堂红搭设。

(4)当采取分件拼装时，一般采取分条进行，顺序为：支架抄平、放线→放置下弦节点垫板→按格依次组装下弦、腹杆、上弦支座(由中间向两端，一端向另一端扩展)→连接水平系杆→撤出下弦节点垫板→总拼精度校验→油漆。

每条网架组装完，经校验无误后，按总拼顺序进行下条网架的组装，直至全部完成。

(5)分块拼装后，在支架上分别用方木和千斤顶顶住网架中央竖杆下方进行标高调整，其他分块则随拼装随拧紧高强度螺栓，与已拼好的分块连接即可。

(6)每条网架组装完，经校验无误后，按总拼顺序进行下条网架的组装，直至全部完成。

3. 网架拼装注意事项

(1)确定合理的拼装顺序，拼装时从脊线开始，或者从中间向两边发展，以减少累积偏差和便于控制标高。

(2)控制好标高和轴线。如果为折线形起拱网架，则以控制脊线标高为准；当采用圆弧线起拱时，应逐个对节点进行测量控制。在拼装过程中，应随时对标高和轴线进行依次调整。

(3)拼装前应进行设计，应验算拼装支架的强度、整体稳定和单肢稳定。对重要的网架还要进行试压试验，以保证拼装的安全。

(4)拼装支架的沉降量是必须控制的又一个关键因素，必要时可采用千斤顶调整。施工中应经常进行观察，并随时调整。

网架拼装成整体并经检查合格后，应立即拆除支架。拼装支架拆除时，可根据网架自重挠度曲线，分区域、按比例降落。对小型网架可以简化为一次性同时拆除，但拆除速度必须保持一致。对于大型网架，每次拆除的高度可根据自重挠度值分成若干批进行。

(三)网架高空滑移法

高空滑移法是将网架条状单元组合体在建筑物上空进行水平滑移对位总拼的一种施工方法。这种方法可以与其他施工立体交叉作业，有利于缩短工期，而且对起重、牵引设备的要求不高，成本较低。

1. 高空滑移法的分类

高空滑移法按其滑移的方式，可分为**单条滑移法**(先将条状单元一条条地从一端滑移到另一端就位安装，各条在高空进行连接)和**逐条积累滑移法**[先将条状单元滑移一段距离(能连接上第二单元的宽度即可)，连接上第二条单元后，两条一起再滑移一段距离(宽度同上)，再接第三条，三条又一起滑移一段距离，如此循环操作直至接上最后一条单元为止]两种，如图 6-23 所示。

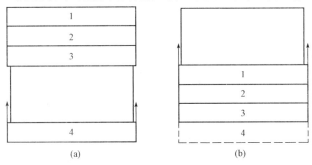

图 6-23　高空滑移法

(a)单条滑移法；(b)逐条积累滑移法

2. 高空滑移施工

(1)挠度控制。当单条滑移时，若设计未考虑施工特点，网架设计的高度较小，则网架滑移时的挠度将会超过形成整体后的挠度。此时，应采用增加施工起拱、开口部分增设成三层网架或中间增设滑轨等措施。

(2)滑移用的轨道。对于中小型网架，滑轨可用圆钢、扁铁、角钢及小型槽钢制作；对于大型网架，可用钢轨、工字钢、槽钢等制作。滑轨可用焊接或螺栓固定在梁上，其安装水平度及接头要符合有关技术要求。网架在滑移完成后，支座即固定于底板上，以便于连接。

(3)导向轮主要做安全保险装置之用，一般设在导轨内侧。正常滑移时，导向轮与导向轨脱开，其间隙为 10～20 mm，只有当同步差超过规定值或拼装误差在某处较大时两者才能碰上。在滑移过程中，当左右两台卷扬机以不同时间启动或停车时，也会造成导向轮顶上滑轨。

(4)网架滑移在施工时，其起始点应尽量利用已建结构物，如门厅、观众厅，高度应比网架下弦低 40 cm，以便在网架下弦节点与平台之间设置千斤顶，用以调整标高。

(5)网架拼装时，应先在地面将杆件拼装成两球一杆和四球五杆的小拼构件，然后用悬臂式桅杆、塔式或履带式起重机，按组合拼接顺序吊到拼接平台上进行扩大拼装。网架扩大拼装时，应先就位点焊，拼接网架下弦方格，再点焊立起横向跨度方向角腹杆。每节间单元网架部件点焊拼接顺序，由跨中向两端对称进行，焊完后临时加固。

(6)牵引可用慢速卷扬机或绞磨进行，并设减速滑轮组。牵引点应分散设置，滑移速度应控制在 1 m/min 以内，并要求做到两边同步滑移。当网架跨度大于 50 m 时，应在跨中增设一条平稳滑道或辅助支顶平台。

(7)当拼装精度要求不高时，可在网架两侧的梁面上标出尺寸，牵引的同时报滑移距离。当同步要求较高时，可采用自整角机同步指示器，以便集中于指挥台随时观察牵引点移动情况，读数精度为 1 mm。该装备的安装如图 6-24 所示。

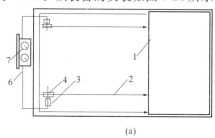 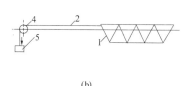

(a)   (b)

图 6-24　自整角机同步指示器安装示意图

(a)平面；(b)立面

1—网架；2—钢丝；3—自整角机发送机；4—转盘；5—平衡重；6—导线；7—自整角机接收机及读数度盘

(8)当网架单条滑移时，其施工挠度的情况与分条分块法完全相同；当逐条积累滑移时，网架的受力情况仍然是两端自由搁置的主体桁架。滑移时，网架虽只承受自重，但其挠度仍较形成整体后大。在连接新单元前，应将已滑移好的网架进行挠度调整，然后再拼接。在滑移时应加强对施工挠度的观测，并随时调整。

(四)网架提升法

1. 滑模提升法

网架滑模提升法安装，是指先在地面一定高度正位拼装网架，然后利用框架柱或墙的滑模装置将网架随滑模顶升到设计位置。

(1)滑模顶升法适用于跨度为 30~40 m 的中小型网架。施工时，不需采用吊装设备，可利用网架作滑模操作平台，施工简便安全，但需整套滑模设备，网架随滑模上升安装速度较慢。

(2)顶升前，先将网架拼装在 1.2 m 高的枕木垫上，使网架支座位于滑模提升架所在柱(或墙)截面内。每柱安四根 Φ28 钢筋支承杆，安设四台千斤顶，每根柱一条油路，直接由网架上操作台控制，滑模装置同常规方法。

(3)滑升时，将网架结构当作滑模操作平台随同滑升到柱顶就位，网架每提升一节，用水平仪、经纬仪检查一次水平度和垂直度，以控制同步正位上升。

(4)在网架提升到柱顶后，将钢筋混凝土连系梁与柱头一起浇筑混凝土，以增强稳定性。

2. 桅杆提升法

网架桅杆提升法安装，是指将网架在地面错位拼装，用多根独脚桅杆将其整体提升到柱顶以上，然后进行空中旋转和移位，落下就位安装，主要适用于安装高度大(跨度 80~110 m)的大型网架结构。

(1)柱和桅杆应在网架拼装前竖立。桅杆可自行制造，起重量可达 1 000~2 000 kN，桅杆高可达 50~60 m。

(2)当安装长方形、八角形网架时，可在网架接近支座处，竖立四根钢制格构独脚桅杆。每根桅杆的两侧各挂一副起重滑车组，每副滑车组下设两个吊点，并配一台卷筒直径、转速相同的电动卷扬机，使其提升同步。每根桅杆设六根缆风绳与地面呈 30°～40°夹角。

（3）网架拼装时，用多根桅杆将网架吊过柱顶后，需要向空中移位或旋转 1.4 m。

（4）提升时，四根桅杆、八副起重滑车组应同时收紧提升网架，使其等速平稳上升，相邻两桅杆处的网架高差应不大于 100 mm。

（5）当提到柱顶以上 50 cm 时，放松桅杆左侧的起重滑车组，使桅杆右侧的起重滑车组保持不动，则左侧滑车组松弛，拉力变小，因而其水平分力也变小，网架便向左移动，进行高空移位或旋转就位。经轴线、标高校正后，用电焊固定。桅杆利用网架悬吊，采用倒装法拆除。

当采用多根桅杆吊装网架时，可利用每根桅杆两侧的起重滑轮组，使其产生水平分力不等的原理，推动网架在空中移动或转动进行就位。网架提升时，每根桅杆上设两组滑轮组。起吊时，应保证各吊升高度的差值不大于吊点距离的 1/400，且不大于 100 mm。

3. 升板机提升法

网架升板机提升法是指网架结构在地面上就位拼装成整体后，用安装在柱顶横梁上的升板机，将网架垂直提升到设计标高以上，安装支承托梁后，落位固定。本法主要适用于跨度 50～70 m、高度 4 m 以上的重量较大的大中型周边支承网架屋盖。

（1）施工特点：本法无需大型吊装设备，机具和安装工艺简单，提升平稳，提升差异小，同步性好，劳动强度低，工效高，施工安全，但需较多提升机和临时支承短钢柱、钢梁，准备工作量大。

（2）提升过程：提升机每提升一节吊杆（升速为 3 cm/min），用 U 形卡板塞入下横梁上部和吊杆上端的支承法兰之间，卡住吊杆，卸去上节吊杆，使提升螺杆下降，与下一节吊杆接好，再继续上升。如此循环往复，直到网架升至托梁以上。然后把预先放在柱顶牛腿的托梁移至中间就位，再将网架下降于托梁上，即告完成。

网架提升时应同步，每上升 60～90 cm 观测一次，控制相邻两个提升点高差不大于 25 mm。

（五）网架顶升法

网架顶升法是指利用支承结构和千斤顶将网架整体顶升到设计位置，主要适用于安装多支点支承的各种四角锥网架屋盖安装。

网架顶升安装设备简单，不用大型吊装设备，顶升支承结构可利用结构永久性支承柱，拼装网架不需搭设拼装支架，可节省大量机具和脚手架、支墩费用，降低施工成本；操作简便、安全，但顶升速度较慢，对结构顶升的误差控制要求严格，以防失稳。

1. 网架顶升准备

（1）顶升用的支承结构一般多利用网架的永久性支承柱，或在原支点处或其附近设备临时顶升支架。

（2）顶升千斤顶可采用普通液压千斤顶或螺栓千斤顶，要求各千斤顶的行程和起重速度一致。

（3）网架多采用伞形柱帽的方式，在地面按原位整体拼装。由四根角钢组成的支承柱（临时支架）从腹杆间隙中穿过，在柱上设置缀板作为搁置横梁、千斤顶和球支座用。

（4）上下临时缀板的间距根据千斤顶的尺寸、冲程、横梁等尺寸确定，应恰为千斤顶使用行程的整数倍，其标高偏差不得大于 5 mm，如用 320 kN 普通液压千斤顶，缀板的间距为 420 mm，即顶升一个循环的总高度为 420 mm，千斤顶分三次（150 mm＋150 mm＋120 mm）顶升到该标高。

2. 网架顶升施工

（1）网架顶升施工时，应加强同步控制，以减少网架的偏移，同时还应避免引起过大的附加杆力。

（2）网架顶升时，应以预防网架偏移为主，严格控制升差，并设置导轨。

（3）网架顶升施工时，每一顶升循环工艺过程如图 6-25 所示。

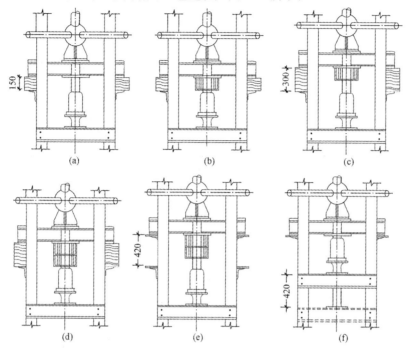

图 6-25　顶升循环工艺过程

(a)顶升 150 mm，两侧垫上方形垫块；(b)回油，垫圆垫块；(c)重复(a)过程；
(d)重复(b)过程；(e)顶升 120 mm，安装两侧上级板；(f)回油，下级板升一级

（4）顶升应做到同步，各顶升点的升差不得大于相邻两个顶升用的支承结构间距的 1/1 000，且不大于 30 mm；在一个支承结构上设有两个或两个以上千斤顶时，升差不大于 10 mm。

（5）当发现网架偏移过大，可采用在千斤顶垫斜垫或有意造成反向升差的方法逐步纠正。

（6）顶升过程中，网架支座中心对柱基轴线的水平偏移值不得大于柱截面短边尺寸的 1/50 及柱高的 1/500，以免导致支承结构失稳。

由于网架的偏移是一种随机过程，纠偏时柱的柔度、弹性变形会给纠偏以干扰，因而纠偏的方向及尺寸并不完全符合主观要求，不能精确地纠偏。

三、钢网架安装质量控制

平板网架安装完成后，其节点及杆件表面应干净，不应有明显的疤痕、泥砂和污垢。螺栓球节点应将所有接缝用油腻子填嵌严密，并应将多余螺孔封口。

钢网架结构安装完成后，其安装的允许偏差应符合表 6-9 的规定。

钢网架安装施工
质量通病及防治

表 6-9　钢网架结构安装的允许偏差　　　　　　　　　　　　　　　　　mm

项　目	允许偏差	检验方法
纵向、横向长度	$L/2\,000$，且应不大于 30.0 $-L/2\,000$，且应不小于 -30.0	用钢尺实测

项　目	允许偏差	检验方法
支座中心偏移	$L/3\,000$，且应不大于 30.0	用钢尺和经纬仪实测
周边支承网架相邻支座高差	$L/400$，且应不大于 15.0	用钢尺和水准仪实测
支座最大高差	30.0	
多点支承网架相邻支座高差	$L_1/800$，且不应大于 30.0	

注：L 为纵向、横向长度，L_1 为相邻支座间距。

本章小结

　　网架结构属于大跨空间结构体系中的铰接杆系结构，其结构整体性能好，空间刚度大，受力合理、均匀，材料省，杆件单一，且各杆件材料能充分发挥作用，制作安装方便。在钢网架结构中，节点起着连接汇交杆件、传递内力的作用，同时也是网架与屋面结构、顶棚吊顶、管道设备、悬挂起重机等连接之处，起着传递荷载的作用。本章重点讲述了螺栓球节点、焊接空心球节点、焊接钢板节点、支座节点的构造要求与制作。钢网架的拼装应根据网架跨度、平面形状、网架结构形状和吊装方法等因素，综合分析确定网架制作的拼装方案。钢网架安装主要采用分条或分块安装、高空散装、高空滑移安装、网架提升法安装及网架顶升法安装。

思考与练习

一、填空题

1. 钢网架结构根据外形可以分为_____和_____。
2. 曲面网架简称为_____。
3. 目前，国内对于钢管网架一般采用_____和_____。
4. 焊接空心球节点主要由_____、_____、_____等零件组成。

二、单选题

1. 在确定网架高度时，不仅要考虑上下弦杆内力的大小，还需充分发挥腹杆的受力作用，一般应使腹杆与弦杆的夹角为（　　）。
   A. 5°～30°　　　　　B. 10°～30°　　　　　C. 30°～60°　　　　　D. 30°～90°

2. 螺栓球加工焊缝外观检查，合格后应在（　　）h 之后对钢球焊缝进行超声波探伤检查。
   A. 7　　　　　　　　B. 10　　　　　　　　C. 12　　　　　　　　D. 24

3. 采用分条法施工时，可将网架沿长度方向分割成若干个区段，每个区段的宽度为（　　）个网格，其区段的长度为网架短跨的跨度。
   A. 1～2　　　　　　B. 1～3　　　　　　C. 2～4　　　　　　D. 2～5

4. 当采取分件拼装时，一般采取分条进行，顺序为（　　）。
   A. 支架抄平、放线→放置下弦节点垫板→按格依次组装下弦、腹杆、上弦支座（由中间向两端，一端向另一端扩展）→连接水平系杆→撤出下弦节点垫板→总拼精度校验→

油漆

B. 支架抄平、放线→放置下弦节点垫板→连接水平系杆→按格依次组装下弦、腹杆、上弦支座(由中间向两端,一端向另一端扩展)→撤出下弦节点垫板→总拼精度校验→油漆

C. 放置下弦节点垫板→支架抄平、放线→按格依次组装下弦、腹杆、上弦支座(由中间向两端,一端向另一端扩展)→连接水平系杆→撤出下弦节点垫板→总拼精度校验→油漆

D. 放置下弦节点垫板→支架抄平、放线→连接水平系杆→按格依次组装下弦、腹杆、上弦支座(由中间向两端,一端向另一端扩展)→撤出下弦节点垫板→总拼精度校验→油漆

三、多选题

1. 下列有关螺栓球材加热的说法,正确的是(   )。

A. 焊接球材加热到 600 ℃~1 100 ℃ 之间的适当温度

B. 加热后的钢材放到半圆胎架内,逐步压制成半圆形球。在压制过程中,应尽量减少压薄区与压薄量,应加热均匀

C. 半圆球出胎冷却后,对半圆球用样板修正弧度,然后切割半圆球的平面,注意必须按半径切割

D. 半圆球修正、切割以后应该打坡口,坡口角度与形式应符合设计要求

2. 钢网架的吊装方式有多种,网架整体吊装时,宜采用(   )。

A. 单机吊装   B. 双机抬吊   C. 多机抬吊   D. 独脚扒杆吊升

3. 钢网架常用的安装方法有(   )等。

A. 分条或分块安装法   B. 高空滑移法

C. 高空散装法   D. 网架提升法

四、简答题

1. 平板网架是如何分类的?

2. 钢网架结构的节点有哪些?

3. 钢网架结构拼装的顺序应符合哪些要求?

4. 网架单元拼装场地不够时应怎么办?

5. 网架绑扎点的位置和数量应满足什么要求?

6. 当采用双机抬吊,桁架在跨外时,应如何吊装?

7. 网架空中移位的方向与桅杆及其起重滑轮组布置有何关系?

8. 钢网架的安装方法有哪些?

9. 条状单元的划分主要有哪几种形式?

10. 在网架拼装过程中,当网架跨度较大时,设置单肢柱或支架来支承悬挑部分有何作用?

11. 网架顶升过程中,发现网架偏移过大时该怎么办?

第七章 压型金属板工程

能力目标

1. 能根据工程需要选用压型金属板工程材料。
2. 具备压型金属板制作和安装的能力。
3. 能进行压型金属板防腐处理。

知识目标

1. 了解压型金属板的类型，掌握压型金属板的型号。
2. 熟悉压型金属板的材料要求，掌握压型金属板的选用。
3. 了解压型金属板制作的要求；掌握压型金属板几何尺寸测量技术。
4. 了解压型金属板的安装要求；掌握压型金属板安装的工艺技术与质量要求。
5. 熟悉压型金属板的防腐措施；掌握压型金属板的防腐处理技术。

第一节 压型金属板的型号与分类

近年来，随着钢结构的快速发展，压型金属板已广泛应用于工业与民用建筑的围护结构（屋面、墙面）与组合楼板部分。压型金属板是以冷轧薄钢板为基板，经镀锌或镀锌后覆以彩色涂层再经辊弯成型的波纹钢材，具有质量轻（板厚 0.5～1.2 mm）、波纹平直坚挺、色彩鲜艳丰富、造型美观大方、耐久性强（涂敷耐腐涂层）、抗震性好、加工简单、施工方便、易于工业化、商品化生产等特点，广泛用于工业与民用建筑及公共建筑的内外墙面、屋面、吊顶等的装饰、轻质夹芯板材的面板以及组合楼板部分等。

一、压型金属板的型号

压型板有多种不同的型号，压型板波距的模数为 50 mm、100 mm、150 mm、200 mm、250 mm、300 mm（但也有例外）；波高为 21 mm、29 mm、35 mm、39 mm、51 mm、70 mm、75 mm、130 mm、173 mm；压型板的有效覆盖宽度的尺寸系列为 300 mm、450 mm、600 mm、750 mm、900 mm、1 000 mm（但也有例外）。压型板（YX）的型号顺序以波高、波距、有效覆盖宽度来表示，如 YX39～175～700 表示波高 39 mm、波距175 mm、有效覆盖宽度为 700 mm 的压型板。

二、压型钢板的分类

(1)按波高分类，可分为低波板、中波板、高波板。

低波板波高为 12～35 mm，适用于墙板、室内装饰板(墙面及顶板)。

中波板波高为 30～50 mm，适用于作楼面板及中小跨度的屋面板。

高波板波高大于 50 mm，由于单坡较长的屋面，通常配有专用固定支架，适用于作屋面板。

(2)按连接形式分类，可分为外露式连接(穿透式连接)和隐藏式连接两种。

1)外露式连接(穿透式连接)。 外露式连接主要指使用紧固体穿透压型钢板将其固定于檩条或墙梁上的方式，紧固件固定位置为屋面板固定于压型板波峰，墙面板固定于波谷。

2)隐藏式连接。 隐藏式连接主要指用于将压型钢板固定于檩条或墙梁上的专有连接支架，以及紧固件通过相应手法不暴露在室外的连接方式，它的防水性能以及压型钢板防腐蚀能力均优于外露式连接。

(3)按压型钢板纵向搭接方式分类，可分为自然扣合式、咬边连接式、扣盖连接式三种。

1)自然扣合式。 自然扣合式采用外露式连接方式完成压型钢板纵向连接，属于压型钢板(压型钢板端波口合后)早期的连接方式。其用于屋面产生渗漏概率大，用于墙面尚能满足基本要求。

2)咬边连接式。 咬边连接式是指压型钢板端边通过专用机具进行 190°或 360°咬口方式完成压型钢板纵向连接，属于隐藏式连接范围，190°咬边是一种非紧密式咬合，360°咬边是一种紧密式咬合，咬边连接的板型比自然扣合连接的板型防水安全度明显增高，是值得推荐使用的板型。

3)扣盖连接式。 扣盖连接式是指压型钢板板端对称设置卡口构造边，专用通长扣盖与卡口构造边扣压型成倒钩构造，完成压型钢板纵向搭接，也属于隐藏式连接范围，防水性能较好，此连接方式有赖于倒钩构造的坚固，因此，对彩板本身的刚度要求高于其他构造。

第二节　压型金属板工程材料的要求及选用

一、压型金属板工程材料要求

1.压型钢板

(1)燃烧性能。 单层压型钢板耐火极限为 15 min。

(2)防水性能。 单独使用的单层压型钢板其构造防水等级为三级。压型钢板可作为一、二级防水等级屋面中的一层使用。

(3)力学性能。 压型钢板的钢材(优先选用卷板)，应满足基材与涂层两部分的要求，基板一般采用现行国家标准《碳素结构钢》(GB/T 700—2006)中规定的 Q235 钢，当由挠度控制截面时，也可选用强度稍低的 Q215 钢，其力学性能见表 7-1。

表 7-1　钢板的力学性能

牌号	等级	屈服点 R_{eH}/(N·mm^{-2})≥	抗拉强度 R_m/(N·mm^{-2})	伸长率 A/%≥	冷弯试验 180°(弯心直径 d)
Q215	B	215	335～450	31(厚度≤40 mm)	$d=a$
Q235	B	135	370～500	26	$d=a$

注：a 为钢材厚度。

2. 镀锌钢板

镀锌钢板应符合现行国家标准《连续热镀锌钢板及钢带》(GB/T 2518—2008)的规定，其公称尺寸见表7-2，最小屈服强度小于 260 MPa 的钢板及钢带的厚度允许偏差见表7-3。

表 7-2　镀锌钢板及钢带的公称尺寸

项目		公称尺寸/mm
公称厚度		0.30～5.0
公称宽度	钢板及钢带	600～2 050
	纵切钢带	<600
公称长度	钢板	1 000～8 000
公称内径	驱带及纵切钢带	610 或 508

表 7-3　镀锌钢板及钢带厚度允许偏差　　　　　　mm

公称厚度	下列公称宽度时的厚度允许偏差[a]					
	普通精度 PT. A			较高精度 PT. B		
	≤1 200	>1 200～1 500	>1 500	≤1 200	>1 200～1 500	>1 500
0.20～0.40	±0.04	±0.05	±0.06	±0.030	±0.035	±0.040
>0.40～0.60	±0.04	±0.05	±0.06	±0.035	±0.040	±0.045
>0.60～0.80	±0.05	±0.06	±0.07	±0.040	±0.045	±0.050
>0.80～1.00	±0.06	±0.07	±0.08	±0.045	±0.050	±0.060
>1.00～1.20	±0.07	±0.08	±0.09	±0.050	±0.060	±0.070
>1.20～1.60	±0.10	±0.11	±0.12	±0.060	±0.070	±0.080
>1.60～2.00	±0.12	±0.13	±0.14	±0.070	±0.080	±0.090
>2.00～2.50	±0.14	±0.15	±0.10	±0.090	±0.100	±0.110
>2.50～3.00	±0.17	±0.17	±0.18	±0.110	±0.120	±0.130
>3.00～5.00	±0.20	±0.20	±0.21	±0.15	±0.16	±0.17
>5.00～6.50	±0.22	±0.22	±0.23	±0.17	±0.18	±0.19

a　钢带焊缝附近 10 m 范围的厚度允许偏差可超过规定值的 50%；对双面镀层质量之和不小于 450 g/m² 的产品，其厚度不允许偏差应增加±0.01 mm。

3. 彩色涂层钢板

彩色涂层钢板应符合现行国家标准《彩色涂层钢板及钢带》(GB/T 12754—2006)的规定，其性能指标见表7-4。

表 7-4　彩色涂层板性能指标

涂料类型 \ 性能参数		涂层厚度/μm	60°光泽			硬度	弯曲		反向冲击/J		耐雾度/h
			高	中	低		厚度≤0.8 mm 180°，T 弯	厚度>0.8 mm	厚度≤0.8 mm	厚度>0.8 mm	
建筑外用	外用聚酯	≥20	>70	40～70	<40	≥HB	≤8t	90°	≥6	≥9	≥500
	硅改性聚酯						≤10t		≥4		≥750
	外用丙烯酸										≥500
	塑料溶胶	≥100	—		—		0		≥9		≥1 000

性能参数 涂料类型		涂层厚度/μm	60°光泽			硬度	弯 曲		反向冲击/J		耐雾度/h
			高	中	低		厚度≤0.8 mm 180°，T弯	厚度>0.8 mm	厚度 ≤0.8 mm	厚度 >0.8 mm	
建筑内用	内用聚酯	≥20	>70	40~70	<40	≥HB	≤8t	90°	≥6	≥9	≥250
	内用丙烯酸								≥4		
	有机溶胶	≥20	—			—	≤2t				≥500
	塑料溶胶	≥20					0		≥9		≥1 000

注：t 为板厚。

4. 夹芯板

夹芯板是指将彩色涂层钢板面板及底板与保温芯材通过粘结(或发泡)剂复合而成的保温复合围护板材。夹芯板的物理性能见表 7-5。夹芯板板厚范围为 30~250 mm，建筑维护常用夹芯板板厚范围为 50~100 mm，其中彩色钢板厚度宜为 0.5~0.6 mm，如有特殊要求，经计算屋面板内侧板、墙面板可采用 0.4 mm 厚彩色涂层钢板。夹芯板屋面其防水等级为三级，可作为一、二级防水等级屋面中的一层使用。

表 7-5　夹芯板物理性能

芯材 性能	聚氨酯夹芯板	聚苯乙烯夹芯板	岩棉夹芯板
燃烧性能	B1 级建筑材料按[《建筑材料及制品燃烧性能分级》(GB 8624—2012)确定]	阻燃型 ZR 建筑材料，氧指数≥30%	厚度≥90 mm，耐火极限≥60 min 厚度<90 mm，耐火极限≥30 min
热导率 $\lambda / [\text{W} \cdot (\text{m} \cdot \text{K})^{-1}]$	≤0.033	0.041	0.039
密度 $\rho / (\text{kg} \cdot \text{m}^{-3})$	≥30	≥19	100

5. 彩色钢板配件

泛水板、包角板一般采用与压型金属板相同的材料，用弯板机加工，由于泛水板、包角板等配件(包括落水管、天沟等)都是根据工程对象、具体条件单独设计，故除外形尺寸偏差外，不能有统一的要求和标准。国内常用的主要连接件及性能见表 7-6 和图 7-1。

表 7-6　压型金属板常用的主要连接件

名称	性能	用途
铝合金 拉铆钉	抗剪力 0.2t 抗拉力 0.3t	屋面低波压型金属板、墙面压型金属板侧向搭接部位的连续，泛水板之间，包角板之间或泛水板、包角板与压型金属板之间搭接部位的连接
自攻螺钉 (二次攻)	表面硬度： HRC50~59	墙面压型金属板与墙梁的连接
钩螺栓		屋面低波压型金属板与檩条的连接，墙面压型金属板与墙梁的连接

名称	性能	用途
单向固定螺栓	抗剪力 $2.7t$ 抗拉力 $1.5t$	屋面高波压型金属板与固定支架的连接
单向连接 螺栓	抗剪力 $1.34t$ 抗拉力 $0.9t$	屋面高波压型金属板侧向搭接部位的连接
连接螺栓		屋面高波压型金属板与屋面檐口挡水板、封檐板的连接
注：t 为压型钢板板厚。		

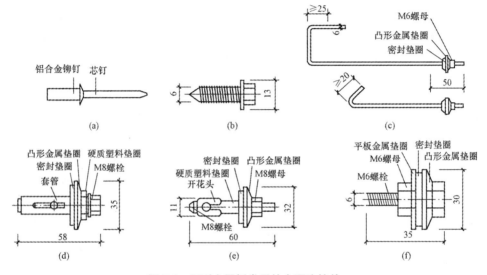

图 7-1　压型金属板常用的主要连接件

(a)铝合金拉柳钉；(b)自攻螺钉；(c)钩螺栓；(d)单向固定螺栓；(e)单向连接螺栓；(f)连接螺栓

二、压型金属板选用

(1)在选用压型板材时，应遵循防水可靠、施工方便、外形美观、投资经济、有较长的使用寿命的原则。

(2)当有保温隔热要求时，可采用压型钢板内加设矿棉等轻质保温层的做法形成保温隔热屋(墙)面。

建筑用压型钢板

(3)压型钢板的屋面坡度可在 1/20～1/6 之间选用，当屋面排水面积较大或地处大雨量区及板型为中波板时，可选用 1/12～1/10 的坡度；当选用长尺高波板时，可采用 1/20～1/15 的屋面坡度；当为扣压式或咬合式压型板(无穿透板面紧固件)时，可采用 1/20 的屋面坡度；对暴雨或大雨量地区的压型板屋面应进行排水验算。

(4)一般永久性大型建筑选用的屋面承重压型钢板宽度与基板宽度(一般为 1 000 mm)之比为覆盖系数，应用时在满足承载力及刚度的条件下应尽量选用覆盖系数大的板型。

(5)在用作建筑物的围护板材及屋面与楼面的承重板材时，镀锌压型钢板宜用于无侵蚀和弱侵蚀环境；彩色涂层压型钢板可用于无侵蚀、弱侵蚀及中等侵蚀环境，并应根据侵蚀条件选用相应的涂层系列。环境对压型金属板的侵蚀作用见表 7-7。

表 7-7　环境对压型金属板的侵蚀作用

地　区	相对湿度/%	对压型金属板的侵蚀作用		
		室　内		露　天
		采暖房屋	无采暖房屋	
农村、一般城市的商业区及住宅区	干燥<60	无侵蚀性	无侵蚀性	弱侵蚀性
	普通60～75		弱侵蚀性	中等侵蚀性
	潮湿>75			
工业区、沿海地区	干燥<60	弱侵蚀性	中等侵蚀性	
	普通60～75			
	潮湿>75	中等侵蚀性		

注：1. 表中的相对湿度是指当地的年平均相对湿度。对于恒温、恒湿或有相对湿度指标的建筑物，则采用室内的相对湿度。
　　2. 一般城市的商业区及住宅区泛指无侵蚀性介质的地区；工业区则包括受侵蚀性介质影响及散发轻微侵蚀性介质的地区。

第三节　压型金属板制作

一、压型金属板制作过程要求

压型金属板的制作是采用金属板压型机，将彩涂钢卷进行连续的开卷、剪切、辊压成形等过程，制作过程中要注意以下几点：

（1）现场加工的场地可选在屋面板的起吊点处。设备的纵轴方向与屋面板的方向相一致，加工后的板材放置位置应靠近起吊点。

（2）加工的原材料（压型金属板卷）应放置在设备附近，以利更换压型金属板卷。压型金属板卷上应设防雨措施，堆放地不得设在低洼处，压型金属板卷下应设垫木。

（3）设备应放在平整的水泥地面上，并应有防雨设施。

（4）设备就位后需作调试，并作试生产，产品经检验合格后方可成批生产。

二、压型金属板几何尺寸测量与检查

压型金属板的成形过程，实际上是对基板加工性能的检验。压型金属板成形后，除要用肉眼和放大镜检查基板和涂层的裂纹情况外，还应对压型金属板的主要外形尺寸（如波高、波距及侧向弯曲等）进行测量检查。检查方法如图 7-2 和图 7-3 所示。

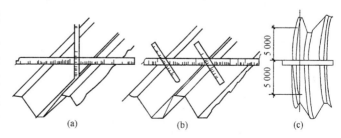

图 7-2　压型金属板的几何尺寸测量
(a)测量波高；(b)测量波距；(c)测量侧向弯曲

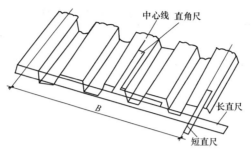

图 7-3　切斜的测量方法

第四节　压型金属板安装

一、压型金属板安装要求

(1)在安装前,应检查各类压型金属板和连接件的质量证明卡或出厂合格证,压型金属板、泛水板和包角板等应固定可靠、牢固,防腐涂料涂刷和密封材料敷设应完好,连接件数量、间距应符合设计要求和国家现行有关标准规定。

(2)压型金属板安装之前必须进行排板,并有施工排板图纸,根据设计文件编制的施工组织设计,对施工人员进行技术培训和安全生产交底。

(3)压型金属板应在支承构件上可靠搭接,搭接长度应符合设计要求,且不应小于表7-8所规定的数值。

表 7-8　压型金属板在支承构件上的搭接长度　　　　　　　　　　　　　mm

项　目		搭接长度
截面高度＞70		375
截面高度≤70	屋面坡度＜1/10	250
	屋面坡度≥1/10	200
墙　面		120

(4)组合楼板中压型钢板与主体结构(梁)的锚固支承长度应符合设计要求,且不应小于50 mm,端部锚固件连接应可靠,设置位置应符合设计要求。

(5)压型金属板安装应平整、顺直,板面不应有施工残留物和污物。檐口和墙面下端应呈直线,不应有未经处理的错钻孔洞。

(6)压型金属板安装的允许偏差应符合表7-9的规定。

表 7-9　压型金属板安装的允许偏差　　　　　　　　　　　　　mm

项　目		允许偏差
屋　面	檐口与屋脊的平行度	12.0
	压型金属板波纹线对屋脊的垂直度	$L/800$,且不应大于25.0
	檐口相邻两块压型金属板端部错位	6.0
	压型金属板卷边板件最大波高	4.0

项　目		允许偏差
墙　面	墙板波纹线的垂直度	$H/800$，且不应大于 25.0
	墙板包角板的垂直度	$H/800$，且不应大于 25.0
	相邻两块压型金属板的下端错位	6.0

注：L 为屋面半坡或单坡长度；H 为墙面高度。

二、压型金属板配件安装

泛水板、包角板一般采用与压型金属板相同的材料，用弯板机加工。屋脊板、高低跨相交处的泛水板均应逆主导风向铺设。泛水板之间、包角板之间以及泛水板、包角板与压型金属板之间的搭接部位，必须按照设计文件的要求设置防水密封材料。屋脊板之间、高低跨相交处的泛水板之间搭接部位的连接件，应避免设在压型金属板的波峰上。山墙檐口包角板与屋脊板的搭接，应先安装山墙檐口包角板，后安装屋脊板。高波板屋脊端部封头板的周边必须满涂建筑密封膏。高波板屋脊端部的挡水板必须与屋脊板压坑咬合。檐口的搭接边除了胶条外还应设置与压型金属板剖面相配合的堵头。

三、压型金属板连接

(1)连接件的数量与间距应符合设计要求，在设计无明确规定时，按《压型金属板设计施工规程》(YBJ 216—1988)规定，具体包括以下内容：

1)屋面高波板用连接件与固定支架连接，每波设置一个；低波板用连接件直接与檩条或墙梁连接，每波或每隔一波设置一个，但搭接波处必须设置连接件。

2)高波压型金属板的侧向搭接部位必须设置连接件，间距为 700～800 mm。有关防腐涂料的规定，除设计中应根据建筑环境的腐蚀作用选择相应涂料系列外，当采用压型铝板时，应在其与钢构件接触面上至少涂刷一道铬酸锌底漆或设置其他绝缘隔离层，在其与混凝土、砂浆、砖石、木材的接触面上至少涂刷一道沥青漆。

(2)压型钢板腹板与翼缘水平面之间的夹角，用于屋面时不应小于 50°；用于墙面时不应小于 45°。

(3)压型钢板的横向连接方式有搭接、咬边和卡扣三种方式，如图 7-4 所示。搭接方式是把压型钢板搭接边重叠并用各种螺栓、铆钉或自攻螺钉等连成整体；咬边方式是在搭接部位通过机械锁边咬合相连；卡扣方式是利用钢板弹性在向下或向左(向右)的力的作用下形成左右相连。

(4)屋面压型钢板的纵向连接一般采用搭接，其搭接处应设在支承构件上，搭接区段的钢板之间应设置防水密封带。

(5)屋面高波压型钢板可采用固定支架固定在檩条上，如图 7-5 所示；当屋面或墙面压型钢板波高小于 70 mm 时，可不采用固定支架而直接用镀锌钩头螺栓或自攻螺钉等方法固定，如图 7-6 所示。

(6)屋面高波板，每波均应与连接件连接；对屋面中波或低波板，可每波或隔波与支承构件相连。为保证防水可靠性，屋面板的连接应设置在波峰上。

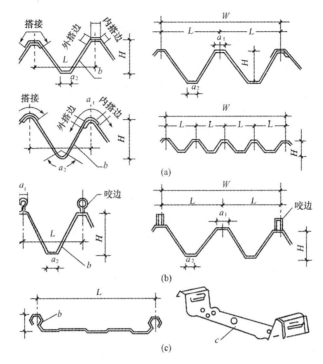

图 7-4 压型钢板横向连接方式

（a)搭接方式；（b)咬边方式；（c)卡扣方式

H—波高；L—波距；W—板宽；a_1—上翼缘宽；a_2—下翼缘宽；b—腹板；c—卡扣件

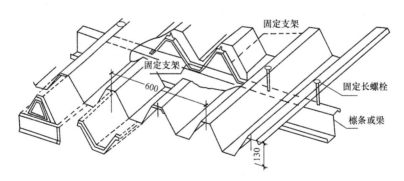

图 7-5 压型钢板采用固定支架的连接

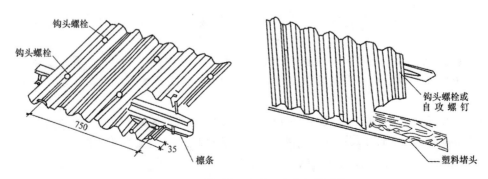

图 7-6 压型钢板不采用固定支架的连接

四、压型金属板安装方法

(1)高层钢结构建筑的楼面一般均为钢-混凝土组合结构,而且多数是用压型钢板与钢筋混凝土组成的组合楼层,其构造形式为:压型板+栓钉+钢筋+混凝土。这样楼层结构由栓钉将钢筋混凝土压型钢板和钢梁组合成整体。压型钢板是用 0.7 mm 和 0.9 mm 两种厚度镀锌钢板压制而成,宽度为 640 mm,板肋高度为 51 mm。在施工期间,其同时起永久性模板作用,可避免漏浆并减少支拆模工作,加快施工进度,压型板在钢梁上搁置的情况如图 7-7 所示。

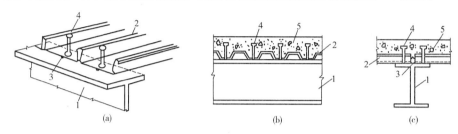

图 7-7 压型钢板搁置在钢梁上

(a)示意图;(b)侧视图;(c)剖面图

1—钢梁;2—压型板;3—点焊;4—剪力栓;5—楼板混凝土

(2)栓钉是组合楼层结构的剪力连接件,用以传递水平荷载到梁柱框架上,它的规格、数量由楼面与钢梁连接处的剪力大小确定。栓钉直径有 13 mm、16 mm、19 mm、22 mm 四种。栓钉的规格、焊接药座和焊接参数见表 7-10。

表 7-10 栓钉的规格、焊接药座和焊接参数表

项 目			技术参数			
栓钉的规格	直径/mm		13	16	19	
	头部直径/mm		25	29	32	
	头部厚度/mm		9	12	12	
	标准长度/mm		80	130	80	
	长度为 130 mm 时的质量/g		159	254	345	
	焊接母材的最小厚度/mm		5	6	8	
焊接药座	标准型		YN—13FS	YN—16FS	YN—19FS	YN—22FS
	药座直径/mm		23	28.5	34	38
	药座高度/mm		10	12.5	14.5	16.5
焊接参数	标准条件(向下焊接)	焊接电流/A	900~1 100	1 030~1 270	1 350~1 650	1 470~1 800
		弧光时间/s	0.7	0.9	1.1	1.4
		熔化量/mm	2.0	2.5	3.0	3.5
	容 量/(kV·A)		>90	>90	>100	>120

栓钉焊接应遵守以下规定:

1)栓钉焊接前,必须按焊接参数调整好提升高度(即栓钉与母材间隙),焊接金属凝固前,焊枪不能移动。

2)栓钉焊接的电流大小、时间长短应严格按规范进行,焊枪移动路线要平滑。

3)焊枪脱落时要直起不能摆动。

4)母材材质应与焊钉匹配,栓钉与母材接触面必须彻底清除干净,低温焊接应通过低温焊接试验确定参数进行试焊,低温焊接不准立即清渣,应先及时保温后再清渣。

5)控制好焊接电流,以防栓钉与母材未熔合或焊肉咬边。

6)瓷环几何尺寸应符合标准,排气要好,栓钉与母材接触面必须清理干净。

(3)铺设至变截面梁处,一般从梁中向两端进行,至端部调整补缺;等截面梁处则可从一端开始,至另一端调整补缺。压型板铺设后,将两端对称点焊于钢梁上翼缘上,并用指定的焊枪进行剪力栓焊接。

(4)因结构梁是由钢梁通过剪力栓与混凝土楼面结合而成的组合梁,在浇捣混凝土并达到一定强度前,其抗剪强度和刚度较差,为解决钢梁和永久模板的抗剪强度不足以支承施工期间楼面混凝土的自重的问题,通常需设置简单钢管排架支撑或桁架支撑,如图7-8所示。采用连续四层楼面支撑的方法,使四层楼面的结构梁共同支撑楼面混凝土的自重。

(5)楼面施工程序是由下而上,逐层支撑,顺序浇筑。施工时,钢筋绑扎和模板支撑可同时交叉进行。混凝土宜采用泵送浇筑。

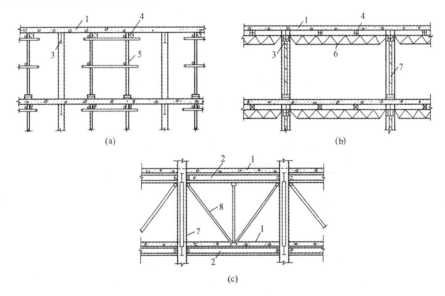

(a)　　　　　　　　　　　　　(b)

(c)

图7-8　楼面支撑压型板形式

(a)用排架支撑;(b)用桁架支撑;(c)钢梁焊接桁架

1—楼板;2—钢梁;3—支点木;4—梁中顶撑;5—托撑;6—钢桁架;7—钢柱;8—腹杆

五、围护结构安装

围护结构的安装应遵守以下规定:

(1)安装压型板屋面和墙前必须编制施工排放图,根据设计文件核对各类材料的规格、数量,检查压型钢板及零配件的质量,发现有质量不合格的,要及时修复或更换。

(2)在安装墙板和屋面板时,墙梁和檩条应保持平直。

(3)隔热材料可采用带有单面或双面防潮层的玻璃纤维毡。隔热材料的两端应固定,并将固定点之间的毡材拉紧。防潮层应置于建筑物的内侧,其面上不得有孔。防潮层的接头应粘结。

1)在屋面上施工时,应采用安全绳、安全网等安全措施。

2)安装前屋面板应擦干,操作时施工人员应穿胶底鞋。

3)搬运薄板时应戴手套,板边要有防护措施。

4)不得在未固定牢靠的屋面板上行走。

(4)屋面板的接缝方向应避开主要视角。当主风向明显时,应将屋面板搭接边朝向下风方向。

(5)压型钢板的纵向搭接长度应能防止漏水和腐蚀,可采用200~250 mm。

(6)屋面板搭接处均应设置胶条。纵横方向搭接边设置的胶条应连续。胶条本身应拼接。檐口的搭接边除胶条外,还应设置与压型钢板剖面相配合的堵头。

(7)压型钢板应自屋面或墙面的一端开始依次铺设,应边铺设边调整位置边固定。山墙檐口包角板与屋脊板的搭接处,应先安装包角板,后安装屋脊板。

(8)在压型钢板屋面、墙面上开洞时,必须核实其尺寸和位置,可安装压型钢板后再开洞,也可先在压型钢板上开洞,然后再安装。

(9)铺设屋面压型钢板时,宜在其上加设临时人行木板。

(10)压型钢板围护结构的外观主要通过目测检查,应符合下列要求:

1)屋面、墙面平整,檐口成一直线,墙面下端成一条直线。

2)压型钢板长向搭接缝成一条直线。

3)泛水板、包角板分别成一条直线。

4)连接件在纵、横两个方向分别成一条直线。

六、墙板与墙梁连接

采用压型钢板作墙板时,可通过以下方式与墙梁固定:

(1)在压型钢板波峰处用直径为6 mm的钩头螺栓与墙梁固定,如图7-9(a)所示。每块墙板在同一水平处应有三个螺栓与墙梁固定,相邻墙梁处的钩头螺栓位置应错开。

(2)采用直径为6 mm的自攻螺钉在压型钢板的波谷处与墙梁固定,如图7-9(b)所示。每块墙板在同一水平处应有三个螺钉固定,相邻墙梁的螺钉应交错设置,在两块墙板搭接处另加设直径为5 mm的拉铆钉予以固定。

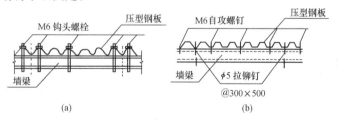

图7-9 压型钢板与墙梁的连接

(a)钩头螺栓固定;(b)自攻螺钉固定

第五节 压型金属板防腐

一、压型金属板防腐措施

压型金属板适用于无侵蚀作用、弱侵蚀作用和中等侵蚀作用的建筑物围护结构和楼板结构。

其围护结构暴露在大气中，易受雨水、湿气、腐蚀介质的侵蚀，必须根据侵蚀作用分类，采用相应的防腐蚀措施。镀锌压型钢板可用于无侵蚀作用和弱侵蚀作用的围护结构和楼板结构，镀锌层的厚度不应小于 $275\ g/m^2$（两面镀层质量的总和）。涂层压型钢板可用于无侵蚀作用、弱侵蚀作用和中等侵蚀作用的围护结构和楼板结构，应根据建筑物所受到的侵蚀作用，采用相应涂料系列的涂层压型钢板。本色压型铝板可用于无侵蚀作用和弱侵蚀作用的围护结构，化学氧化和电解氧化压型铝板可用于中等侵蚀作用的围护结构。

(1)压型铝板与钢构件接触时，在钢构件的接触表面上需至少涂刷一道铬酸锌底漆或设置其他绝缘隔离层。压型铝板与混凝土、砂浆、砖石、木材接触时，在混凝土、砂浆、砖石、木材的接触表面上需至少涂刷一道沥青漆。

(2)与压型金属板配套使用的钢质连接件和固定支架必须进行镀锌防护，镀锌层厚度不应小于 $17\ \mu m$。

(3)压型钢板厚度很薄，易于锈蚀，而且一旦开始锈蚀，就会发展很快。如不及时处理，轻者压型钢板穿孔，使屋面漏水，影响房屋的使用，重者屋面板塌落。

二、压型金属板防腐处理

钢结构工程中，当屋面压型金属板出现锈蚀时，常用的处理方法是重叠铺板法，现简述如下：

(1)在原螺栓连接的压型钢板上，再重叠铺放螺栓连接的压型钢板。在原压型钢板固定螺栓的杆头上，旋紧一枚特别的内螺纹长筒，然后在长筒上旋上一根带有固定挡板的螺栓，新铺设的压型钢板用此螺栓固定，如图 7-10 所示。

(2)在原卷边连接的压型钢板屋面上，再重叠铺设螺栓连接的压型钢板。在原屋面檩条上用固定螺栓安装一种厚度在 1.6 mm 以上的带钢制成的固定支架，然后再将新铺设的压型钢板架设在固定支架上。压型钢板与固定支架的连接螺栓可以是固定支架本身带有的（一端焊牢在固定支架上），也可以在固定支架上留孔，用套筒螺栓（单面施工螺栓）或自攻螺钉等予以固定，如图 7-11 所示。

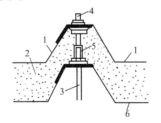

图 7-10　顶面重叠铺板（一）
1—新铺设的压型钢板；2—隔断材料；
3—原固定螺栓；4—新装固定螺栓；
5—特制长筒；6—原压型钢板

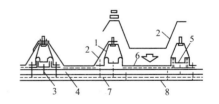

图 7-11　顶面重叠铺板（二）
1—安装新压型钢板用的固定支架；
2—新铺设的压型钢板；3—固定螺栓；
4—原有隔热材料；5—原有卷边连接的压型钢板；
6—新旧压型钢板间衬垫毡状隔离层；
7—原檩条；8—原有压型钢板

(3)在原卷边连接的压型钢板屋面上，再重叠铺设卷边连接的压型钢板。在原檩条位置上铺设帽形钢檩条，其断面高度不得低于原有压型钢板的卷边高度，以确保新铺设的压型钢板不压坏原压型钢板的卷边构造，同时使帽形钢檩条可以跨越原压型钢板的卷边高度而不被切断。新的压型钢板就铺设在帽形钢檩条上，如图 7-12 所示。

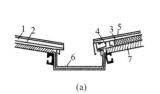 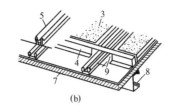

(a)   (b)   (c)

图 7-12　顶面重叠铺板(三)

(a)对接咬口；(b)单接咬口；(c)剖面

1—原屋面卷边连接的压型钢板；2—沥青油毡；3—硬质聚氨酯泡沫板；4—新铺设的帽形钢檩条；

5—新铺卷边连接压型钢板；6—原有钢板天沟；7—原屋面水泥木丝板；8—原屋面钢檩条；9—通气孔道

应在新旧两层压型钢板之间根据情况填充不同的隔断材料，如玻璃棉、矿渣棉、油毡等卷材，或硬质聚氨酯泡沫板等，以防止压型钢板因屋面结露而导致锈蚀加速，同时避免新旧压型钢板相互之间的直接接触、锈蚀。

在铺设新压型钢板之前，应将已锈蚀破坏的钢板割掉，并将切口面用防腐涂料作封闭性涂刷。对原有压型钢板已经生锈的部位均应涂刷防锈漆，以防止其继续锈蚀。

本章小结

压型金属板是以冷轧薄钢板为基板，经镀锌或镀锌后覆以彩色涂层再经辊弯成型的波纹钢材，主要类型包括镀锌压型钢板、涂层压型钢板、锌铝复合涂层压型钢板。压型金属板的制作是采用金属板压型机，将彩涂钢卷进行连续的开卷、剪切、辊压成形的过程。压型金属板的安装包括压型金属板配件安装、压型金属板的连接、压型金属板及围护结构的安装。在钢结构工程中，压型金属板被锈蚀后，常用的处理方法是重叠铺板法。

思考与练习

一、填空题

1. 按压型钢板纵向搭接方式分类，可分为_____、_____、_____。

2. _____是指将彩色涂层钢板面板及底板与保温芯材通过粘结(或发泡)剂复合而成的保温复合围护板材。

二、单选题

1. 压型钢板根据其波形截面的不同，其适用范围也不同，下述正确的是(　　)。

    A. 高波板：波高小于 75 mm，适用于作屋面板

    B. 高波板：波高大于 75 mm，适用于作楼面板

    C. 低波板：波高小于 50 mm，适用于作墙面板

    D. 低波板：波高大于 50 mm，适用于作中小跨度的屋面板

2. 压型钢板的屋面坡度可在 1/20～1/6 之间选用，当屋面排水面积较大或地处大雨量区及板型为中波板时，宜选用(　　)的坡度。

    A. 1/20   B. 1/20～1/15   C. 1/20～1/16   D. 1/12～1/10

3. 压型钢板的纵向搭接长度应能防止漏水和腐蚀，可采用（　　）mm。

    A. 50～150　　　　　B. 200～250　　　　　C. 100～200　　　　　D. 300～350

4. 屋面高波板用连接件与固定支架连接，每波设置（　　）个。

    A. 一　　　　　　　B. 二　　　　　　　　C. 三　　　　　　　　D. 四

三、多项选择题

1. 有关镀锌钢板和钢带的表面质量，下述正确的有（　　）。

    A. 允许有小腐蚀点、大小不均匀的锌花暗斑

    B. 允许有轻微划伤

    C. 不允许有气刀条纹

    D. 不允许有压痕小的铬酸盐钝化处理缺陷和小的锌粒

2. 压型板材选用时，应遵循（　　）的原则。

    A. 防水可靠　　　　　　　　　　B. 施工方便

    C. 外形美观　　　　　　　　　　D. 有较长的使用寿命

3. 压型金属板成形后，应对压型钢板的主要外形尺寸(如波高、波距及侧向弯曲等)进行测量检查，常用的测量方法有（　　）。

    A. 几何尺寸测量　　B. 肉眼观测　　　　C. 切斜测量　　　　D. 放大镜观测

4. 压型钢板的横向连接方式有（　　）等几种方式。

    A. 搭接　　　　　　B. 卡扣　　　　　　C. 咬边　　　　　　D. 焊接

5. 下述有关压型钢板栓钉焊接的说法正确的有（　　）。

    A. 栓钉焊接前，必须按焊接参数调整好提升高度(即栓钉与母材间隙)，焊接金属凝固前，焊枪不能移动

    B. 栓钉焊接的电流大小、时间长短应严格按规范进行，焊枪移动路线要平滑

    C. 母材材质应与焊钉匹配，栓钉与母材的接触面必须彻底清除干净，低温焊接应通过低温焊接试验确定参数进行试焊，低温焊接不准立即清渣，应先及时保温后再清渣

    D. 控制好焊接电流，以防栓钉与母材未熔合或焊肉咬边

四、简答题

1. 压型金属板具有哪些特点？

2. 压型金属板的选用应遵循哪些原则？

3. 压型金属板制作过程中应注意哪些事项？

4. 压型钢板的横向连接方式有哪几种？

5. 压型金属板采用栓钉焊接时应注意哪些事项？

6. 压型钢板围护结构的外观检查要求有哪些？

7. 采用压型钢板作墙板时，如何与墙梁固定？

8. 如何在施工期间避免漏浆并减少支拆模工作？

9. 为何应在新旧两层压型钢板之间填以不同的隔断材料？

10. 怎样进行屋面压型金属板的防腐处理？

第八章　轻型钢结构工程

具备轻型钢结构设计、制作、安装及防护的能力。

1. 了解轻型钢结构的发展历史和应用范围。

2. 熟悉轻型钢结构所用的钢材的选用，熟悉轻型钢结构的变形和构造要求，掌握轻型钢结构制作特点及制作工艺、要求。

3. 掌握轻型钢结构安装要求，以及防腐与防火方法。

第一节　轻型钢结构的发展与应用

轻型钢结构建筑(即轻钢建筑)是指以轻型冷弯薄型钢、轻型焊接和高频焊接型钢、薄钢板、薄壁钢管、轻型热轧型钢及以上各构件拼接、焊接而成的组合构件等为主要受力构件，大量采用轻质围护隔离材料的单层和多层建筑。

一、轻型钢结构特点

目前，我国轻型钢结构发展迅速，与传统的钢筋混凝土结构、普通钢结构相比，轻型钢结构建筑具有如下特点：

(1)**自重轻。**自重轻是轻型钢结构的显著特点。轻型钢建筑主体结构的含钢量通常为 $25\sim80$ kg，彩色压型钢板的质量一般低于 10 kg，轻型钢房屋自重仅为混凝土结构的 $1/8\sim1/3$，可大大降低基础的造价。

(2)**工业化程度高。**冷弯型钢、压型钢板、连接件的构配件均为自动化、连续化、高精度生产，生产效率高，产品质量好，产品规格系列化、定型化、配套化，便于商品化。

(3)**现场施工速度快、工期短。**构件标准化与装配化程度高，所以，现场安装简单快速，一般厂房、仓库签订合同后 $2\sim3$ 个月就可以交付使用。因为没有湿作业现场，所以，完全不受气候影响。

(4)综合经济效益优良。轻型钢屋盖结构的用钢量接近在相同条件下钢筋混凝土结构中的钢筋用量，且能节约大量木材、水泥及其他建筑材料，降低总造价。

(5)结构抗震性能好，变形能力强。由于主要承重构件为钢结构，其韧性和弹性较大，檩条的抗剪和抗扭作用以及杆、梁间的支撑，大大加强了整体结构的稳定性。

(6)有利于环保。轻型钢结构建筑属于环保节能型材料，厂房可以搬迁，材料可以回收。

(7)外形美观、现代感强烈。外形设计和色彩选择自由度大，尤其是墙面彩钢板，具有轻质高效、色彩艳丽、造型美观的特点，不但可以做墙体，还能起到装饰墙面的作用。

(8)有利于住宅建筑材料的改革和换代。与耗材多、不利于节能和环保的砖-混凝土结构相比，轻型钢结构具有安全可靠、美观适用、节能环保等优点，有利于发展经济建设，满足市场需求。

二、轻型钢结构发展

1. 低层轻型钢建筑方面

低层轻型钢建筑是指两层以下(含两层)的轻型钢房屋建筑，主要采用实腹式或格构式门式平面刚架结构体系。目前，国内轻型钢结构低层建筑主要有工业厂房、机库、候车室、码头建筑、超市、农贸市场、饮食娱乐用房、体育设施以及各种临时性建筑。

近年来随着压型钢板、冷弯薄壁型钢、H 型钢的大批量生产，轻型门式刚架体系得到了较为广泛的推广。轻型钢结构应用的发展推动了该种体系在我国的设计、成形一体化进程。

目前，低层轻型钢建筑仍存在一些问题有待进一步解决：没有实现真正意义上的一体化流程，施工工期与国外相比仍显得较长，许多施工过程中的工艺方法有待进一步研究，现场拼接的优越性没有充分发挥；采用平面分析方法进行设计，较少考虑整体结构的空间作用；结构设计偏于保守，没有充分发挥材料的承载能力，所涉及结构的整体用钢量偏高。

2. 多层轻钢建筑方面

多层轻钢建筑是另一种很有发展前途的建筑形式，一般可定义为：10 层以下的住宅；总高度小于 24 m 的公共建筑；20 m 以下、楼面荷载小于 8 kN/m² 的工业厂房。这类建筑多采用三维框架结构体系，也可采用平面刚架结构体系。

国内多层轻钢建筑主要有住宅、多层工业厂房、学校、医院、办公、娱乐等公共建筑，超市、零售、百货等商业建筑，旧建筑加层、改扩建等。

从国际、国内发展来看，新颖的轻型钢住宅、公寓建筑成为一种商品的趋势日益凸显出来。随着中国加入 WTO 组织，技术全球化、顾客全球化是大势所趋。目前，各种先进的钢结构体系已打入我国建筑市场，开发轻型钢结构体系住宅、公寓有助于拓展国际、国内的建筑市场。

轻型钢结构体系住宅由于自身的优势，必将有良好的发展前景。

三、轻型钢结构应用范围

轻型钢结构的应用范围不仅局限于小跨度的房屋，而是逐渐扩展，已经可以取代部分普通钢结构。

轻型屋面的应用和屋面荷载的大幅度降低，使钢屋盖结构的截面尺寸和重量比按传统混凝土重屋面设计的屋盖也大幅度降低，不仅可以节约钢材用量，加快建设速度，同时，还具有较强的抗震能力，能提高整个房屋的综合抗震性能。

轻型钢结构通常采用的形式及应用范围见表 8-1。

表 8-1　轻型钢结构形式及应用范围

序号	形式		说　明	应　用　范　围
1	檩条	实腹式	一般情况下，用钢量为 3～7 kg/m²（跨度为 6 m），随檩距的大小不同而不同。在一定的檩距范围内，檩距越大则用钢量越省	一般应优先采用实腹式薄壁型钢檩条。当屋面荷载和檩距较小时，也可采用轻型槽钢或角钢和缀板拼焊组成的空腹式檩条。桁架式檩条的制造比较麻烦，适合于荷载和檩距较大的情况使用
		空腹式		
		桁架式		
2	屋架	三角形角钢屋架	用钢量较省，为 4～6 kg/m²（跨度为 9～18 m），取材方便，节点构造简单，制造、运输和安装方便	适用于跨度和起重机吨位不太大的中小型工业房屋
		三角形薄壁型钢屋架	用钢量省，为 3～7 kg/m²（跨度为 12～24 m），杆件刚度较大，制造、运输和安装方便	适用的屋架跨度和起重机吨位比三角形角钢屋架要大，有条件时宜尽量采用。由于它的杆件较薄，应用时应注意除锈、油漆等防腐蚀问题
		三铰拱屋架	能充分利用圆钢和小角钢，取材容易，能小材大用，便于拆装和运输，但节点构造较复杂，制造较费工	一般不宜用于有桥式起重机和跨度超过 18 m 的工业房屋中
		梭形屋架	由角钢和圆钢组成的空间桁架，属于小坡度的无檩屋盖结构体系。具有取材方便、截面重心低、空间刚度较好等特点，但节点构造复杂，制造较费工	一般多用于跨度为 9～15 m、柱距为 3.0～4.2 m 的民用建筑中
3	门式刚架		梁、柱单元构件的组合体，其形式种类多样，在单层工业与民用房屋的钢结构中，应用较多的为单跨、双跨或多跨的单、双坡门式刚架。根据通风、采光的需要，这种刚架厂房可设置通风口、采光带和天窗架等	通常用于跨度为 9～36 m、柱距为 6 m、柱高为 4.5～9 m，设有起重机起重量较小的单层工业房屋或公共建筑（如超市、娱乐体育设施、车站候车室、码头建筑）。设置桥式起重机时起重量不应大于 20 t，属于中、轻级工作制的起重机（柱距 6 m 时不宜大于 30 t）；设置悬挂起重机时起重量不应大于 3 t
4	网架		钢网架屋盖结构与梁、板和屋架体系的平面结构相比，具有整体性好、刚度大等优点，能有效地承受地震作用等动力荷载	不仅适用于大跨度结构，在中小跨度结构中应用也很多。钢网架屋盖结构广泛应用于体育馆、俱乐部等建筑，并正逐步用于大跨度的工业房屋中

第二节　轻型钢结构构件制作

一、轻型钢结构的钢材选用

轻型钢结构选用钢材有一定的限制，对钢材性能的要求见表 8-2。

表 8-2　轻型钢结构对钢材性能的要求

序号	种 类		说　　　明
1	强度	比例极限 σ_p	前三个指标实际上可用屈服点 f_y 作为代表,设计时认为 f_y 是钢材可以达到的最大应力。屈服点 f_y 高则可减轻结构自重、节约钢材和降低造价。抗拉强度 f_u 是钢材破坏前能够承受的最大应力。虽然在达到这个应力时,钢材已由于产生很大的塑性变形而失去使用性能,但是抗拉强度高则可增加结构的安全保障,故 f_u/f_y 的值可以看作是钢材强度储备多少的一个系数
		弹性极限 σ_e	
		屈服点 f_y	
		抗拉强度 f_u	
2	塑性	伸长率 δ	表明钢材的塑性变形的发展能力。伸长率较高的钢材,对调整结构中局部超屈服高额应力、结构中塑性内力重分布的进行和减少结构脆性破坏的倾向性等都有重要意义
		断面收缩率 ψ	表示钢材在颈缩区的应力状态条件下,所能产生的最大塑性变形,是衡量钢材塑性的一个比较真实和稳定的指标
3	可焊性	施工上的可焊性	焊缝金属产生裂纹的敏感性以及由于焊接加热的影响,近缝区钢材硬化和产生裂纹的敏感性。可焊性好是指在一定的焊接工艺条件下,焊缝金属和近缝区钢材均不产生裂纹
		使用性能上的可焊性	焊接接头和焊缝的缺口韧性和热影响区的延伸性。要求焊接构件在施焊后的力学性能不低于母材的力学性能
4	韧　性		钢材在塑性变形和断裂过程中吸收能量的能力,也是表示钢材抵抗冲击荷载的能力,是强度与塑性的综合表现。韧性指标是由冲击试验获得的,它是判断钢材在冲击荷载作用下是否出现脆性破坏的重要指标之一
5	冷弯性能		钢材在冷加工(即在常温下加工)产生塑性变形时,对产生裂缝的抵抗能力。钢材的冷弯性能是用冷弯试验来检验钢材承受规定弯曲程度的弯曲变形性能的,并显示其缺陷的程度

二、轻型钢结构的变形和构造要求

1. 轻型钢结构的变形要求

为了不影响结构或构件的观感和正常使用,设计时应对结构或构件的变形(挠度或侧移)规定相应的限值。当有实践经验或有特殊要求时,可在不影响观感和正常使用的条件下对表 8-3和表 8-4 进行适当的调整。

表 8-3　受弯构件挠度容许值

序号	构 件 类 别	挠度容许值	
		$[v_T]$	$[v_Q]$
1	起重机梁和起重机桁架(按自重和起重量最大的一台起重机计算挠度) (1)手动起重机和单梁起重机(含悬挂起重机)。 (2)轻级工作制桥式起重机。 (3)中级工作制桥式起重机。 (4)重级工作制桥式起重机	$l/500$ $l/800$ $l/1\,000$ $l/1\,200$	——

序号	构　件　类　别	挠度容许值	
		$[v_T]$	$[v_Q]$
2	手动或电动葫芦的轨道梁	$l/400$	—
3	有重轨(质量等于或大于 38 kg/m)轨道的工作平台梁 有轻轨(质量等于或小于 24 kg/m)轨道的工作平台梁	$l/600$ $l/400$	— —
4	楼(屋)盖梁或桁架、工作平台梁[第(3)项除外]和平台板 (1)主梁或桁架(包括设有悬挂起重设备的梁和桁架)。 (2)抹灰顶棚的次梁。 (3)除(1)、(2)外的其他梁(包括楼梯梁)。 (4)屋盖檩条。 　1)支撑无积灰的瓦楞铁和石棉瓦屋面者。 　2)支撑压型金属板、有积灰的瓦楞铁和石棉瓦等屋面者。 　3)支撑其他屋面材料者。 (5)平台板	 $l/400$ $l/250$ $l/250$ $l/150$ $l/200$ $l/200$ $l/150$	 $l/500$ $l/350$ $l/300$ — — — —
5	墙架构件 (1)支柱。 (2)抗风桁架(作为连续支柱的支承时)。 (3)砌体墙的横梁(水平方向)。 (4)支撑压型金属板、瓦楞铁和石棉瓦墙面的横梁(水平方向)。 (5)带有玻璃窗的横梁(竖直和水平方向)	 $l/200$	 $l/400$ $l/1\,000$ $l/300$ $l/200$ $l/200$

注：l 为受弯构件的跨度；$[v_T]$ 为全部荷载标准值产生的挠度的容许值；$[v_Q]$ 为可变荷载标准值产生的挠度的容许值。

表 8-4　框架结构水平及位移角容许值

序号	结构类别	风荷载标准值作用下	水平地震作用下	
			弹性层间位移角	弹塑性层间位移角
1	无桥式起重机的单层框架的柱顶位移	$H/150$	—	—
2	有桥式起重机的单层框架的柱顶位移	$H/400$	—	—
3	多层框架的柱顶位移	$H/500$	—	—
4	多层框架的层间相对位移	$h/400$	$1/300$	$1/50$

注：1. H 为自基础顶面至柱顶的总高度；h 为层高。
　　2. 对室内装修要求较高的民用建筑多层框架结构，层间相对位移宜适当减小；对无墙壁的多层框架结构，层间相对位移可适当放宽。
　　3. 对轻型框架结构的柱顶水平位移和层间位移均可适当放宽。

为改善外观和使用条件，可根据实际需要将横向构件预先起拱，规范规定一般取恒荷载标准值加 1/2 活荷载标准值所产生的挠度值。当仅为改善外观条件时，构件挠度取为在恒荷载和活荷载标准值作用下的挠度计算值减去起拱度，一般可取 $l/500$。

2. 轻型钢结构的构造要求

轻型钢结构的构造要求详见表 8-5。

表 8-5 轻型钢结构的构造要求

序号	类　别			要　　求	
1	截面尺寸			截面不小于∟45×4 或∟56×36×4 或∟50×5 的角钢(对螺栓连接结构)	
2	壁厚	檩条和墙梁应用的冷弯薄壁型钢，壁厚不宜小于 2 mm；主刚架的腹板不宜小于 4 mm，当有根据时可不小于 3 mm；圆钢管壁厚不宜小于 3 mm			
		冷弯薄壁型钢		壁厚不宜小于 2 mm	
		主刚架的腹板		壁厚不宜小于 4 mm	
		圆钢管壁厚		壁厚不宜小于 3 mm	
3	受压板件的最大宽厚比	非加劲板件		Q235<45；Q345<35	
		部分加劲板件		Q235<60；Q345<50	
		加劲板件		Q235<250；Q345<200	
4	构件容许长细比	受压杆件	主要构件	180(150)	
			其他构件及支撑	220(200)	
		受拉杆件	桁架	一般结构	350
				有重级工作制起重机	250
			起重机梁或起重机梁以下的柱间支撑	一般结构	300
				有重级工作制起重机	200
			支撑(张紧的圆钢除外)	一般结构	400
				有重级工作制起重机	350
5	其他要求	(1)钢结构的构造应便于制作、安装、维护并使结构受力简单明确，减少应力集中，避免材料三向受拉。对于受风荷载为主的空腹结构，应力求减小风荷载。 (2)焊接结构是否需要采用焊前预热、焊后热处理等特殊措施，应根据材质、焊件厚度、焊接工艺、施焊时的气温以及结构性能要求等综合因素来确定，并在设计文件中加以说明。 (3)在工作温度等于或低于−30 ℃的地区，焊接构件宜采用较薄的组成板件。在工作温度等于或低于−20 ℃的地区受拉构件的钢材边缘宜为轧制边或自动气割。对厚度大于 10 mm 的钢材，采用手工气割或剪切边时，应沿全长刨边			

注：1. 桁架的受压腹杆，当其内力小于或等于承载能力50%时，容许长细比可取220。

　　2. 括号内的数值用于薄壁型钢结构。

三、轻型钢结构制作特点与流程

1. 轻型钢结构制作特点

轻型钢结构制作的特点是条件优、标准严、精度好、效率高。轻钢结构一般在工厂制作。因为工厂具有较为恒定的工作环境，有刚度大、平整度高的钢平台，精度较高的工装夹具及高效能的设备，施工条件比现场优越，易于保证质量，提高效率。

轻型钢结构加工可实现机械化、自动化，因而劳动生产率大大提高。因为钢结构在工厂加工基本不占施工现场的时间和空间，所以采用钢结构可大大缩短工期，提高施工效率。

2. 轻型钢结构制作流程

轻型钢结构制作流程如图 8-1 所示。

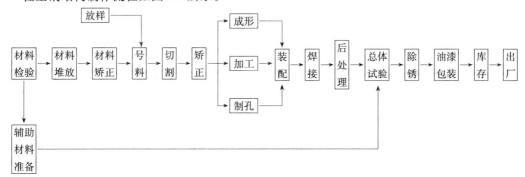

图 8-1　轻型钢结构制作流程

第三节　轻型钢结构安装与防护

一、轻型钢结构的安装

轻型钢结构由于构件轻，安装十分方便，故安装速度比其他结构快得多，且只要求有简易的起重设备。

轻型钢结构安装前，应对构件的制作质量进行检查，构件的变形和缺陷超出容许偏差时，应及时进行矫正、修理。构件的安装应符合下列要求：

（1）宜采取综合安装方法，对容易变形的构件应作强度和稳定性计算，必要时应采取加固措施，以确保施工时结构的安全。

（2）刚架安装宜先立柱，然后将在地面组装好的斜梁吊起就位，并与柱连接。

（3）结构吊装时，应采取适当措施，防止产生过大的弯扭变形，同时应将绳扣与构件的接触部位加垫块垫好，以防损伤构件。

（4）构件悬吊应选择好吊点。构件的捆绑和悬吊部位，应采取防止构件局部变形和损坏的措施。

（5）当山墙墙架宽度较小时，可先在地面安装好，再进行整体起吊安装。

（6）结构吊装就位后，应及时系牢支撑及其他连系构件，以保证结构的稳定性，且各种支撑的拧紧程度以不将构件拉弯为原则。

（7）所有上部结构的吊装，必须在下部结构就位、校正并系牢支撑构件以后再进行。

（8）不得利用已安装就位的构件起吊其他重物；不得在主要受力部位焊接其他物件。

（9）刚架在施工中以及人员离开现场的夜间，均应采用支撑和缆绳充分固定。

（10）根据工地安装机械的起重能力，在地面上组装成较大的安装单元，以减少高空作业的工作量。

二、轻型钢结构的防护

轻型钢结构的防护包括防腐蚀和防火。轻型钢结构的钢材虽然具有自重小、强度高的特点，

但因其壁薄杆细，发生火灾时很容易使钢结构失去承载能力；另外，锈蚀也会大大降低钢结构的承载能力，缩短使用年限。

(一)轻型钢结构的防腐蚀

轻型钢结构构件的腐蚀主要是由于钢材表面未加保护或保护不当，而受周围环境中氧、氯和硫化物等侵蚀作用所引起的。

1. 长效防腐蚀方法

(1)热浸锌。 热浸锌是指将除锈后的钢构件浸入 600 ℃高温熔化的锌液中，使钢构件表面附着锌层，锌层厚度对 5 mm 以下薄板不得小于 65 μm，对厚板不得小于 86 μm，才能达到防腐蚀的目的。这种方法的优点是耐久性强，生产工业化程度高，质量稳定，因而被大量用于受大气腐蚀较严重且不易维修的室外钢结构中。

(2)热喷铝(锌)复合涂层。 热喷(锌)复合涂层是一种与热浸锌防腐蚀效果相当的长效防腐蚀方法。这种工艺的优点是对构件尺寸适应性强且不会产生热变形。与热浸锌相比，这种方法的工业化程度较低，喷砂喷铝(锌)的劳动强度大，质量的优劣受操作者影响很大。

2. 涂层法

(1)适用范围。

1)涂层法的防腐蚀性一般不如长效防腐蚀方法，所以，用于室内钢结构或相对易于维护的室外钢结构较多。

2)涂层的选择要考虑周围的环境。不同的涂层对不同的腐蚀条件具有不同的耐受性。涂层一般有底漆(层)和面漆(层)之分。底漆含粉料多，基料少，成膜粗糙，与钢材的黏附力强，与面漆结合性好。面漆则基料多，成膜有光泽，能保护底漆不受大气腐蚀，并能抗风化。

(2)工艺要求。

1)涂层法施工的第一步是除锈，一般多用喷砂喷丸除锈，露出金属光泽，除去所有的锈迹和油污。现场施工的涂层可用手工除锈。

2)涂层一般做 4 或 5 遍。干漆膜总厚度：室外工程为 150 μm，室内工程为 125 μm，允许偏差为 25 μm。在海边或海上，或是在有强烈腐蚀性的大气中，干漆膜总厚度可加厚为 200～220 μm。

3)涂层的施工要有适当的温度(5 ℃～38 ℃)和湿度(相对湿度不大于 85%)。涂层的施工环境粉尘要少，构件表面不能有结露，涂装后 4 h 之内不得淋雨。

(二)轻型钢结构的防火

钢材是一种不会燃烧的建筑材料，但是它的力学性能会受到温度影响而发生变化。钢结构通常会在 450 ℃～650 ℃时失去承载能力，产生很大的变形，导致钢柱、钢梁弯曲，不能继续使用。

受高温作用的钢结构，应根据不同情况采取防护措施。

(1)当受到炽热熔化金属作用时，应采用耐火砖或其他耐火材料做成隔热层加以保护。

(2)当长期受辐射热达 150 ℃以上或在短时期内可能受到火焰作用时，应采取如下防火措施：

1)采用外包层防火。

①可以在钢结构上现浇成形，也可采用喷涂法(喷射工艺)。

②现浇的实体混凝土外包层通常可用钢丝网或钢筋来加强，以限制收缩裂缝并保证外壳的强度，也可以在施工现场将钢结构表面涂抹砂浆以形成保护层。砂浆可以是石灰、水泥或石膏砂浆，也可掺入珍珠岩或石棉。

③外包层也可以先用珍珠岩、石棉、石膏或石棉水泥和轻混凝土做成预制板，然后采用胶粘剂和钉子或螺栓固定在钢结构上。

2) 采用膨胀材料防火。

①膨胀材料可涂刷或以板料形式包在构件外面。当受热时，这些材料发生膨胀，从而形成适当厚度的保护层，一般可达到 30 min 的耐火能力。

②这种方法只适用于建筑物室内使用。

③使用膨胀材料时，钢材需进行防锈处理，包括底漆和面漆。

3) 采用充水方式防火。

①在空心钢构件内充水是抵御火灾最有效的方法，能使钢结构在火灾时保持较低的温度。

②水在结构构件内循环，受热的水可经冷却再循环，或由水管引入凉水来取代加热过的水。

4) 采用屏蔽方式防火。将钢结构包围在耐火材料组成的墙体或顶棚内，或将钢构件包藏在两片墙之间的空隙里，只要增加少许耐火材料或甚至不增加耐火材料即能达到防火目的，所以这是最经济的防火方法。

本章小结

轻型钢结构具有自重轻，工业化程度高，现场施工速度快、工期短，综合经济效益优良，结构抗震性能好、变形能力强，有利于环保，外形美观、现代感强烈，有利于住宅建筑材料的改革和换代等优点。本章简单介绍了轻型钢结构的特点、发展应用、设计要求、制作、安装及防腐、防火保护等内容。

思考与练习

一、单项选择题

1. 轻型钢结构在偶然事件(如地震)发生时及发生后仍能保持必需的整体稳定，不致倒塌，这说的是轻型钢结构的(　　)。

　　A. 耐久性　　　　　B. 安全性　　　　　C. 适用性　　　　　D. 坚实性

2. 作用于屋架的悬挂起重机(包括电动葫芦)的竖向荷载应乘以动力系数(　　)，其水平荷载由相应的支撑系统承受，屋架计算时不予考虑。

　　A. 1.1　　　　　　B. 1.5　　　　　　C. 2.1　　　　　　D. 2.5

3. 下面不属于轻型钢结构制作特点的是(　　)。

　　A. 标准松　　　　　B. 条件优　　　　　C. 精度好　　　　　D. 效率高

4. 下列有关构件的安装，表述错误的是(　　)。

　　A. 宜采取综合安装方法，对容易变形的构件应作强度和稳定性计算，必要时应采取加固措施，以确保施工时结构的安全

　　B. 所有上部结构的吊装，必须在下部结构就位、校正并系牢支撑构件以后再进行

　　C. 构件悬吊应选择好吊点。构件的捆绑和悬吊部位，应采取防止构件局部变形和损坏的措施

　　D. 刚架安装宜先立柱，然后将斜梁吊起，在上面完成组装

5. 钢结构通常在（　　）时就会失去承载能力，产生很大的变形，导致钢柱、钢梁弯曲，不能继续使用。

    A. 350 ℃～550 ℃　　B. 400 ℃～600 ℃　　C. 450 ℃～650 ℃　　D. 500 ℃～700 ℃

二、多项选择题

1. 与传统的钢筋混凝土结构、普通钢结构相比，轻型钢结构建筑的特点表现在（　　）。

    A. 自重轻、工业化程度高　　　　　　B. 综合经济效益优良

    C. 结构抗震性能好，变形能力强　　　D. 现场施工速度快、工期短

2. 轻型钢结构对屋面结构上的荷载要求包括（　　）。

    A. 可变荷载　　　B. 偶然荷载　　　C. 永久荷载　　　D. 必然荷载

3. 当备料规格不能完全满足轻型钢设计要求时，可选用代用钢材，选用代用钢材应符合（　　）。

    A. 对于因钢材代用而引起构件间连接尺寸和施工图等的变动，均应予以修改

    B. 采用代用钢材时，应详细复核构件的强度、稳定性和刚度，注意因材料代用可能产生的偏心影响；同时，还应在可能范围内做到经济合理

    C. 代用钢材的化学成分和机械性能可与原设计的不一致

    D. 以上都对

4. 轻型钢结构防腐蚀的常用方法有（　　）。

    A. 热浸锌　　　　　　　　　　　　B. 热喷铝（锌）复合涂层

    C. 热浸铝　　　　　　　　　　　　D. 涂涂料

5. 当长期受辐射热达 150 ℃以上或在短时期内可能受到火焰作用时，应采取（　　）措施。

    A. 采用外包层防火　　　　　　　　B. 采用膨胀材料防火

    C. 采用充水方式防火　　　　　　　D. 采用屏蔽方式防火

三、简答题

1. 轻型钢结构的特点是什么？

2. 目前国内轻型钢结构主要用于哪些建筑？

3. 应用轻型钢结构有哪些优点？

4. 轻型钢结构的设计应符合哪些要求？

5. 为何轻型钢结构一般在工厂制作？

6. 简述轻型钢结构的制作流程。

7. 轻型钢结构安装有何要求？

8. 轻型钢结构构件腐蚀的原因是什么？有哪些防护方法？

9. 受高温作用的轻型钢结构应如何采取防火措施？

第九章 钢结构涂装工程

第一节 钢结构涂装涂料

一、钢结构防腐涂料

钢结构防腐涂料是一种含油或不含油的胶体溶液，将它涂敷在钢结构构件的表面，可结成涂膜以防钢结构构件被锈蚀。涂料品种繁多，对品种的选择是决定钢结构涂装工程质量好坏的因素之一。

1. 涂料分类

涂料一般可分为底涂料和饰面涂料两种。

(1)底涂料。 底涂料含粉料多、基料少、成膜粗糙，与钢材表面粘结力强，并与饰面涂料结合性好。

(2)饰面涂料。 饰面涂料含粉料少，基料多，成膜后有光泽。其主要功能是保护下层的防腐涂料。所以，饰面涂料应对大气和湿气有高度的抗渗透性，并能抵抗由风化引起的物理、化学分解。目前的饰面涂料多采用合成树脂来提高涂层的抗风化性能。

2. 油漆、防腐涂料要求

钢结构的锈蚀不仅会造成自身的经济损失，还会直接影响生产和安全，损失的价值要比钢结构本身大得多。所以，做好钢结构的防锈工作具有重要的意义。为了减轻或防止钢结构的锈蚀，目前基本采用油漆涂装方法进行防护。

油漆防护是利用油漆涂层使被涂物与环境隔离，从而达到防锈蚀的目的，延长被涂物的使用寿命。影响防锈效果的关键因素是油漆的质量。另外，还与涂装之前钢构件表面的除锈质量、漆膜厚度、涂装的施工工艺条件等因素有关。

防腐涂料具有良好的绝缘性，能阻止铁离子的运动，所以，不易产生腐蚀电流，从而起到保护钢材的作用。钢结构防腐涂料是在耐油防腐蚀涂料的基础上研制成功的一种新型钢结构防腐蚀涂料。该涂料分为底漆和面漆两种，除了具有防腐蚀涂料优异的防腐蚀性能外，其应用范围更广，并且可根据需要将涂料调成各种颜色。钢结构防腐涂料的基本属性见表9-1。

表 9-1　钢结构防腐涂料的基本属性

序号	项　目	内 容 说 明
1	组成	由改性羟基丙烯酸树脂、缩二脲异氰酸酯、优质精制颜填料、添加剂、溶剂配制而成的双组分涂料
2	特性	较薄的涂层能适应薄壁板的防腐装饰要求，具有耐蚀、耐候、耐寒、耐湿热、耐盐、耐水、耐油等特性
3	物理、化学性能	附着力强、耐磨、硬度高，漆膜坚韧、光亮、丰满，保色性好，干燥快等

3. 油漆、防腐涂料选用

在施工前，应根据不同的品种合理地选择适当的涂料品种。如果涂料选用得当，其耐久性长，防护效果就好；反之，则防护时间短，效果差。另外，还应考虑结构所处环境，有无侵蚀性介质等因素，选用原则如下：

(1)不同的防腐涂料，其耐酸、耐碱、耐盐性能不同，如醇酸耐酸涂料，其耐盐性和耐候性很好，耐酸、耐水性次之，而耐碱性很差。所以在选用时，应了解涂料的性能。

(2)防腐涂料分底漆和面漆，面漆不仅应具有防腐的作用，还应起到装饰的作用，所以，应具备一定的色泽，使建筑物更加美观。

(3)底漆附着力的好坏直接影响防腐涂料的使用质量。附着力差的底漆，涂膜容易发生锈蚀、起皮、脱落等现象。

(4)涂料易于施工表现在以下两个方面：

1)涂料配置及其适应的施工方法，如涂刷、喷涂等。

2)涂料的干燥性和毒性。干燥性差的涂料影响施工进度。毒性高的涂料影响施工操作人员的健康，不应采用。

钢结构防腐涂料的种类较多，其性能也各不相同，表9-2所示为各种涂料性能比较表，施工时可根据工程需要进行选择。

表 9-2　各种涂料性能比较表

涂料种类	优　点	缺　点
油脂漆	耐大气性较好；适用于室内外作打底罩面用；价廉；涂刷性能好，渗透性好	干燥较慢、膜软；力学性能差；水膨胀性大；不能打磨抛光；不耐碱
天然树脂漆	干燥比油脂漆快；短油度的漆膜坚硬好打磨；长油度的漆膜柔韧，耐大气性好	力学性能差；短油度的耐大气性差；长油度的漆不能打磨、抛光
酚醛树脂漆	漆膜坚硬；耐水性良好；纯酚醛的耐化学腐蚀性良好；有一定的绝缘强度；附着力好	漆膜较脆；颜色易变深；耐大气性比醇酸漆差，易粉化；不能制白色或浅色漆

涂料种类	优　点	缺　点
沥青漆	耐潮、耐水好；价廉；耐化学腐蚀性较好；有一定的绝缘强度；黑度好	色黑；不能制白色及浅色漆；对日光不稳定；有渗色性；自干漆；干燥不爽滑
醇酸漆	光泽较亮；耐候性优良；施工性能好，可刷、可喷、可烘；附着力较好	漆膜较软；耐水、耐碱性差；干燥较挥发性漆慢；不能打磨
氨基漆	漆膜坚硬，可打磨抛光；光泽亮，丰满度好，色浅，不易泛黄；附着力较好；有一定耐热性；耐候性好；耐水性好	需高温下烘烤才能固化；若烘烤过度，漆膜发脆
硝基漆	干燥迅速；耐油；漆膜坚韧；可打磨抛光	易燃；清漆不耐紫外光线；不能在60 ℃以上温度下使用；固体成分低
纤维素漆	耐大气性、保色性好；可打磨抛光；个别品种有耐热、耐碱性，绝缘性好	附着力较差；耐潮性差；价格高
过氯乙烯漆	耐候性优良；耐化学腐蚀性优良；耐水、耐油、防延燃性好；三防性能较好	附着力较差；打磨抛光性能较差；不能在70 ℃以上高温下使用；固体成分低
乙烯漆	有一定柔韧性；色泽浅淡；耐化学腐蚀性较好；耐水性好	耐溶剂性差；固体成分低；高温易碳化；清漆不耐紫外光线
丙烯酸漆	漆膜色浅，保色性良好；耐候性优良；有一定耐化学腐蚀性；耐热性较好	耐溶剂性差；固体成分低
聚酯漆	固体成分高；耐一定的温度；耐磨；能抛光；有较好的绝缘性	干性不易掌握；施工方法较复杂；对金属附着力差
环氧漆	附着力强；耐碱、耐熔剂；有较好的绝缘性能；漆膜坚韧	室外暴晒易粉化；保光性差；色泽较深；漆膜外观较差
聚氨酯漆	耐磨性强，附着力好；耐潮、耐水、耐溶剂性好；耐化学和石油腐蚀；具有良好的绝缘性	漆膜易转化、泛黄；对酸、碱、盐、醇、水等物很敏感，因此施工要求高；有一定毒性
有机硅漆	耐高温；耐候性极优；耐潮、耐水性好；具有良好的绝缘性	耐汽油性差；漆膜坚硬较脆；一般需要烘烤干燥；附着力较差
橡胶漆	耐化学腐蚀性强；耐水性好；耐磨	易变色；清漆不耐紫外光线；耐溶剂性差；个别品种施工复杂

二、钢结构防火涂料

虽然钢材是不会燃烧的建筑材料，其具有的抗震、抗弯等性能，也受到了各行业的青睐，但是钢材在防火方面还是存在着一些难以避免的缺陷，其机械性能如屈服点、抗拉强度及弹性模量等均会因温度的升高而急剧下降。

要使钢结构材料在实际应用中克服防火方面的不足，就必须对其进行防火处理。其目的就是将钢结构的耐火极限提高到设计规范规定的极限范围，以防止钢结构在火灾中迅速升温发生形变塌落。防火措施是多种多样的，关键是根据不同情况采取不同方法。采用绝热、耐火材料阻隔火焰直接灼烧钢结构就是一种不错的方法。

1. 常用防火材料

钢结构的防火保护材料，应选择绝热性好，具有一定抗冲击振动能力，能牢固地附着在钢构件上，又不腐蚀钢材的防火涂料或不燃性板型材。选用的防火材料，应具有国家检测机构提供的理化、力学和耐火极限试验检测报告。

防火材料的种类主要有：热绝缘材料；能量吸收(烧蚀)材料；膨胀涂料。

最常用的防火材料实际上是前两类材料的混合物。采用最广的具有优良性能的热绝缘材料有矿物纤维和膨胀骨料(如蛭石和珍珠岩)两种；最常用的热能吸收材料有石膏和硅酸盐水泥，它们遇热释放出结晶水。

(1)混凝土。混凝土是采用最早和最广泛的防火材料，其导热系数较高，因而不是优良的绝热体，同其他防火涂层比较，它的防火能力主要依赖于它的化学结合水和游离水，其含量为16％～20％。火灾中混凝土相对低温，是依靠它的表面和内部水。它的非暴露表面温度上升到100 ℃时，即不再升高；一旦水分完全蒸发掉，其温度将再度上升。

混凝土可以延缓金属构件的升温，而且可承受与其相对面积和刚度成比例的一部分柱子荷载，有助于减小破坏。混凝土防火性能主要依靠的是厚度：当耐火时间小于90 min时，耐火时间同混凝土层的厚度呈曲线关系；当耐火时间大于90 min时，耐火时间则与厚度的平方成正比。

(2)石膏。石膏具有不寻常的耐火性质。当其暴露在高温下时，可释放出20％的结晶水而被火灾产生的热量所气化。所以，火灾中石膏一直保持相对的冷却状态，直至被完全煅烧脱水为止。石膏作为防火材料，既可做成板材，粘贴于钢构件表面，又可制成灰浆，涂抹或喷射到钢构件表面上。

(3)矿物纤维。矿物纤维是最有效的轻质防火材料，它具有不燃烧、抗化学侵蚀、导热性低、隔声性能好的特点。以前采用的纤维有石棉、岩棉、矿渣棉和其他陶瓷纤维，现今采用的纤维则不含石棉和晶体硅，原材料为岩石或矿渣，在1 371 ℃下制成。

1)矿物纤维涂料。由无机纤维、水泥类胶结料以及少量的掺合料配成。加掺合料有助于混合料的浸湿、凝固和控制粉尘飞扬。混合料中还掺有空气凝固剂、水化凝固剂和陶瓷凝固剂。按需要，这几种凝固剂可按不同比例混合使用，或只使用某一种。

2)矿棉板。如岩棉板，它有不同的厚度和密度。其密度越大，耐火性能则越高。矿棉板的固定件有以下几种：用电阻焊焊在翼缘板内侧或外侧的销钉；用薄钢带固定于柱上的角铁形固定件上等。矿棉板防火层一般做成箱形，可把几层叠置在一起。当矿棉板绝缘层不能做得太厚时，可在最外面加高熔点绝缘层，但造价将提高。当厚度为62.5 mm时，矿棉板的耐火极限为2 h。

(4)氯氧化镁。氯氧化镁水泥用作地面材料已近50年，20世纪60年代开始用作防火材料。它与水的反应是这种材料防火性能的基础，其含水量为44％～54％，相当于石膏含水量(按质量计)的2.5倍以上。当其被加热到大约300 ℃时，开始释放化学结合水。经标准耐火试验，当涂层厚度为14 mm时，耐火极限为2 h。

(5)膨胀涂料。膨胀涂料是一种极有发展前景的防火材料，它极似油漆，直接喷涂于金属表面，粘结和硬化与油漆相同。涂料层上可直接喷涂装饰油漆，不透水，抗机械破坏性能好，耐火极限最大可达2 h。

(6)绝缘型防火涂料。近年来，我国科研单位大力开发了不少热绝缘型防火涂料，如TN-LG、JG-276、ST1-A、SB-1、ST1-B等。其厚度在30 mm左右时耐火极限均不低于2 h。

2. 防火涂料技术性能指标

(1)用于制造防火涂料的原料应预先检验，不得使用石棉材料和苯类溶剂。

(2)防火涂料可用喷涂、抹涂、滚涂、刮涂或刷涂等方法中的任何一种或多种方法，方便施工，并能在通常的自然环境条件下干燥固化。

(3)防火涂料应呈碱性或偏碱性。复层涂料应相互配套。底层涂料应能同普通的防锈漆配合使用。钢结构防火涂料技术性能应符合表 9-3 的规定。

(4)涂层实干后不应有刺激性气味。燃烧时一般不会产生浓烟和有害人体健康的气体。

表 9-3　钢结构防火涂料技术性能指标

项目		指标	
		B 类	H 类
在容器中的状态		经搅拌后呈均匀液态或稠厚流体，无结块	经搅拌后呈均匀稠厚流体，无结块
干燥时间(表干)/h		≤12	≤24
初期干燥抗裂性		一般不应出现裂纹。如有 1～3 条裂纹，其宽度应不大于 0.5 mm	一般不应出现裂纹。如有 1～3 条裂纹，其宽度应不大于 1 mm
外观与颜色		外观与颜色同样品相比，应无明显差别	
粘结强度/MPa		≥0.15	≥0.04
抗压强度/MPa			≥0.3
干密度/$(kg \cdot m^{-3})$			≤500
热导率/$[W \cdot (m \cdot K)^{-1}]$			≤0.116
抗震性		挠曲 $L/200$，涂层不起层、不脱落	
抗弯性		挠曲 $L/100$，涂层不起层、不脱落	
耐水性/h		≥24	≥24
耐冻融循环性/次		≥15	≥15
耐火性能	涂层厚度/mm	3.0　5.5　7.0	8　15　20　30　40　50
	耐火极限(不低于)/h	0.5　1.0　1.5	0.5　1.0　1.5　2.0　2.5　3.0

3. 防火涂料选用

(1)钢结构防火涂料必须有国家检测机构的耐火性能检测报告和理化性能检测报告及消防监督机关颁发的生产许可证，方可选用。选用的防火涂料质量应符合国家有关标准的规定，有生产厂方的合格证，并应附有涂料品名、技术性能、制造批号和使用说明等。

(2)民用建筑及大型公用建筑的承重钢结构宜采用防火涂料防火，一般应由建筑师与结构工程师按建筑物耐火等级及耐火极限，根据《钢结构防火涂料应用技术规范》(CECS 24—1990)选用涂料的类别(薄涂型或厚涂型)及构造做法。

(3)宜优先选用薄涂型防火涂料，当选用厚涂型涂料时，其外需做装饰面层隔护。装饰要求较高的部位可选用超薄型防火涂料。

(4)室内裸露、轻型屋盖钢结构及有装饰要求的钢结构，当规定其耐火极限在 1.5 h 及以下时，宜选用薄涂型钢结构防火涂料。

(5)室内隐蔽钢结构、高层全钢结构及多层厂房钢结构，当规定其耐火极限在 2.0 h 及以上时，应选用厚涂型钢结构防火涂料。

(6)露天钢结构应选用符合室外钢结构防火涂料产品规定的厚涂或薄涂型钢结构防火涂料，

如石油化工企业的油(汽)罐支承等钢结构。

(7)比较不同厂家的同类产品时,应查看近两年内产品的耐火性能和理化性能检测报告、产品定型鉴定意见、产品在工程中的应用情况和典型实例等。

<h1 style="text-align:center">第二节　钢材表面处理</h1>

钢材表面处理,不仅要求除去钢材表面的污垢、油脂、铁锈、氧化皮、焊渣和已失效的旧漆膜,还要求在钢材表面形成合适的"粗糙度"。当设计无要求时,钢材表面除锈等级应符合表 9-4 的规定。

表 9-4　各种底漆或防锈漆要求最低的除锈等级

涂料品种	除锈等级
油性酚醛、醇酸等底漆或防锈漆	St2
高氯化聚乙烯、氯化橡胶、氯磺化聚乙烯、环氧树脂、聚氨酯等底漆或防锈漆	Sa2
无机富锌、有机硅、过氯乙烯等底漆	Sa2 $\frac{1}{2}$

一、表面油污的清除

清除钢材表面的油污,通常采用**碱液清除法**、**有机溶剂清除法**和**乳化碱液清除法**三种方法。

1. 碱液清除法

碱液清除法主要是借助碱的化学作用来清除钢材表面上的油脂,该法使用简便、成本低。在清洗过程中要经常搅拌清洗液或晃动被清洗的物件。碱液除油配方见表 9-5。

表 9-5　碱液除油配方

组　成	钢及铸造铁件/(g·L^{-1})		铝及其合金/(g·L^{-1})
	一般油脂	大量油脂	
氢氧化钠	20～30	40～50	10～20
碳酸钠	—	80～100	—
磷酸三钠	30～50	—	50～60
水玻璃	3～5	5～15	20～30

2. 有机溶剂清除法

有机溶剂清除法是借助有机溶剂对油脂的溶解作用来除去钢材表面上的油污。在有机溶剂中加入乳化剂,可提高清洗剂的清洗能力。有机溶剂清洗液可在常温条件下使用,加热至 50 ℃的条件下使用,会提高清洗效率;也可以采用浸渍法或喷射法除油,一般喷射法除油效果较好,但比浸渍法复杂。有机溶剂除油配方见表 9-6。

表 9-6　有机溶剂除油配方

组　成	煤　油	松节油	月桂酸	三乙醇胺	丁基溶纤剂
质量比/%	67.0	22.5	5.4	3.6	1.5

3. 乳化碱液清除法

乳化碱液清除法是在碱液中加入乳化剂，使清洗液除具有碱的皂化作用外，还有分散、乳化等作用，增强了除油能力，其除油效率比用碱液高。乳化碱液除油配方见表9-7。

表 9-7　乳化碱液除油配方

组　　成	配方(质量比)/%		
	浸渍法	喷射法	电解法
氢氧化钠	20	20	55
碳酸钠	18	15	8.5
三聚磷酸钠	20	20	10
无水偏硅酸钠	30	32	25
树脂酸钠	5	—	—
烷基芳基磺酸钠	5	—	1
烷基芳基聚醚醇	2	—	—
非离子型乙烯氧化物	—	1	0.5

二、表面旧涂层的清除

在有些钢材的表面常带有旧涂层，施工时必须将其清除，常用方法有**碱液清除法**和**有机溶剂清除法**。

1. 碱液清除法

碱液清除法是借助碱对涂层的作用，使涂层松软、膨胀，从而便于除掉。该法与有机溶剂法相比成本低，生产安全，没有溶剂污染，但需要一定的设备，如加热设备等。

碱液的组成和重量比应符合表9-8的规定。使用时，将表中所列混合物按6%～15%的比例加水配制成碱溶液，并加热到90 ℃左右时，即可对其进行清除。

表 9-8　碱液的组成及重量比

组　　成	质量比/%	组　　成	质量比/%
氢氧化钠	77	山梨醇或甘露醇	5
碳酸钠	10	甲酚钠	5
OP—10	3	—	—

2. 有机溶剂清除法

有机溶剂清除法具有效率高、施工简单、不需要加热等优点，但是有一定的毒性、易燃和成本高。

清除前应将物件表面上的灰尘、油污等附着物除掉，然后放入脱漆槽中浸泡，或将脱漆剂涂抹在物件表面上，使脱漆剂渗透到旧漆膜中，并保持"潮湿"状态。浸泡1～2 h后或涂抹10 min左右后，用刮刀等工具轻刮，直至旧漆膜被除净为止。有机溶剂脱漆剂有两种配方，见表9-9。

表 9-9　有机溶剂脱漆剂配方

配方(一)		配方(二)			
甲　苯	30 份	甲　苯	30 份	苯　酚	3 份
乙酸乙酯	15 份	乙酸乙酯	15 份	乙　醇	6 份
丙　酮	5 份	丙　酮	5 份	氨　水	4 份
石　蜡	4 份	石　蜡	4 份	—	—

三、表面锈蚀的清除

(一)锈蚀等级与除锈等级

1. 锈蚀等级

钢材表面分 A、B、C、D 四个锈蚀等级,各等级文字说明如下:

(1)A 级。全面地覆盖着氧化皮而几乎没有铁锈的钢材表面。

(2)B 级。已发生锈蚀,并且部分氧化皮已开始剥落的钢材表面。

(3)C 级。氧化皮已因锈蚀而剥落或可以刮除,并且在正常视力观察下可见轻微点蚀的钢材表面。

(4)D 级。氧化皮已因锈蚀而全面剥落,并且在正常视力观察下可见普遍发生点蚀的钢材表面。

2. 处理等级

处理等级分为喷射清理、手工和动力工具清理以及火焰清理三种。

(1)喷射清理等级。对喷射清理的表面处理,用字母"Sa"表示。其分为四个等级文字部分叙述如下:

Sa1——轻度的喷射清理。在不放大的情况下观察时,表面应无可见的油、脂和污物,并且没有附着不牢的氧化皮、铁锈、涂层和外来杂质。

Sa2——彻底的喷射清理。在不放大的情况下观察时,表面应无可见的油、脂和污物,并且几乎没有氧化皮、铁锈、涂层和外来杂质。任何残留污染物应附着牢固。

Sa2 $\frac{1}{2}$ ——非常彻底的喷射清理。在不放大的情况下观察时,表面应无可见的油、脂和污物,并且没有氧化皮、铁锈、涂层和外来杂质。任何污染物的残留痕迹应仅呈现为点状或条纹状的轻微色斑。

Sa3——使钢材表观洁净的喷射清理。在不放大的情况下观察时,表面应无可见的油、脂和污物,并且应无氧化皮、铁锈、涂层和外来杂质。该表面应具有均匀的金属色泽。

(2)手工和动力工具清理等级。对手工和动力工具清理,例如刮、手工刷、机械刷和打磨等表面处理,用字母"St"表示。其分为两个等级,文字部分叙述如下:

St2——彻底的手工和动力工具清理。在不放大的情况下观察时,表面应无可见的油、脂和污物,并且没有附着不牢的氧化皮、铁锈、涂层和外来杂质。

St3——非常彻底的手工和动力工具清理。同 St2,但表面处理应彻底得多,表面应具有金属底材的光泽。

(3)火焰清理等级。对火焰清理表面处理,用字母"F1"表示。其只有一个等级,文字部分叙述如下:

F1——火焰清理。在不放大的情况下观察时,表面应无氧化皮、铁锈、涂层和外来杂质。

任何残留的痕迹应仅为表面变色(不同颜色的阴影)。

各国制订钢材表面的除锈等级时,基本上都以瑞典和美国等的除锈标准作为蓝本,因此,各国的除锈等级大体上是可以对应采用的。各国除锈等级对应关系见表9-10。

表 9-10 各国除锈等级对应关系表

《涂覆涂料前钢材表面处理 表面清洁度的目视评定》 (GB/T 8923)(中国)	SISO 55900 (瑞典)	SSPC (美国)	DIN 55928 (德国)	BS 4232 (英国)	JSRA SPSS (日本造船协会)	
轻度的喷射清理 Sa1	Sa1	SP-7	Sa1		Sa1	Sh1
彻底的喷射清理 Sa2	Sa2	SP-6	Sa2	三级	Sa2	Sh2
非常彻底的喷射清理Sa2$\frac{1}{2}$	Sa2.5	SP-10	Sa2.5	二级	Sa3	Sh3
使钢材表观洁净的喷射清理 Sa3	Sa3	SP-5	Sa3	一级		
彻底的手工和动力工具清理 St2	St2	SP-2	St2			
非常彻底的手工和动力工具清理 St3	St3	SP-3	St3			
火焰清理 F1		SP-4	F1			
		SP-8	Be			

(二)钢材表面除锈方法

钢材表面除锈前,应清除厚的锈层、油脂和污垢;除锈后应清除钢材表面上的浮灰和碎屑。**钢材表面的除锈有手工和动力工具除锈、抛射除锈、喷射除锈、酸洗除锈、火焰除锈五种方法。**

1. 手工和动力工具除锈

(1)手工和动力工具除锈,可以采用铲刀、手锤或动力钢丝刷、动力砂纸盘或砂轮等工具。

(2)手工除锈虽然施工方便,但劳动强度大,除锈质量差,影响周围环境,一般只能除掉疏松的氧化皮、较厚的锈和鳞片状的旧涂层。在金属制造厂加工制造钢结构时不宜采用此法;一般在不能采用其他方法除锈时可采用此法。

(3)动力工具除锈是利用压缩空气或电能为动力,使除锈工具产生圆周式或往复式的运动,当与钢材表面接触时,利用其摩擦力和冲击力来清除锈和氧化皮等物。动力工具除锈比手工工具除锈效率高、质量好,是目前一般涂装工程除锈常用的方法。

(4)下雨、下雪、下雾或湿度大的天气,不宜在户外进行手工和动力工具除锈;钢材表面经手工和动力工具除锈后,应当满涂底漆,以防止返锈。如在涂底漆前已返锈,则需重新除锈和清理,并及时涂上底漆。

2. 抛射除锈

(1)抛射除锈是利用抛射机叶轮中心吸入磨料和叶尖抛射磨料的作用进行工作的。

(2)抛射除锈常使用的磨料为钢丸和铁丸。磨料的粒径以在0.5~2.0 mm之间为宜,一般认为将0.5 mm和1 mm两种规格的磨料混合使用效果较好。可以得到适度的表面粗糙度,有利于漆膜的附着,而且不需增加外加的涂层厚度,并能减小钢材因抛丸而引起的变形。

(3)磨料在叶轮内由于自重的作用,经漏斗进入分料轮,并同叶轮一起高速旋转。磨料分散后,从定向套口飞出,射向物件表面,以高速的冲击和摩擦除去钢材表面的锈和氧化皮等污物。

3. 喷射除锈

喷射除锈是利用经过油、水分离处理过的压缩空气将磨料带入并通过喷嘴高速喷向钢材表面,利用磨料的冲击和摩擦力将氧化皮、锈及污物等除掉,同时使钢材表面获得一定的粗糙度,以利于漆膜的附着。

喷射除锈有干喷射、湿喷射和真空喷射三种。

(1)干喷射除锈。喷射压力应根据选用不同的磨料来确定，一般控制在 4～6 个大气压的压缩空气即可，密度小的磨料采用压力可低些，密度大的磨料采用压力可高些；喷射距离一般以 100～300 mm 为宜；喷射角度以 35°～75°为宜。

喷射操作应按顺序逐段或逐块进行，以免漏喷和重复喷射，一般应遵循先下后上、先内后外以及先难后易的原则进行喷射。

(2)湿喷射除锈。湿喷射除锈一般是以砂子作为磨料，其工作原理与干喷射法基本相同。它是使水和砂子分别进入喷嘴，在出口处汇合，然后通过压缩空气，使水和砂子高速喷出，形成一道严密的包围砂流的环形水屏，从而减少了大量的灰尘飞扬，并达到除锈目的。

湿喷射除锈用的磨料，可选用洁净和干燥的河砂，其粒径和含泥量应符合磨料要求的规定。喷射用的水，一般为了防止在除锈后涂底漆前返锈，可在水中加入 1.5%的防锈剂（磷酸三钠、亚硝酸钠、碳酸钠和乳化液），在喷射除锈的同时，使钢材表面钝化，以延长返锈时间。

湿喷射磨料罐的工作压力为 0.5 MPa，水罐的工作压力为 0.1～0.35 MPa。如果以直径为 25.4 mm 的橡胶管连接磨料罐和水罐，可用于输送砂子和水。一般喷射除锈能力为 3.5～4 m^2/h，砂子耗用为 300～400 kg/h，水的用量为 100～150 kg/h。

(3)真空喷射除锈。真空喷射除锈在工作效率和质量上与干喷射法基本相同，但它可以避免灰尘污染环境，而且设备可以移动，施工方便。

真空喷射除锈是利用压缩空气将磨料从一个特殊的喷嘴喷射到物件表面上，同时又利用真空原理吸回喷出的磨料和粉尘，再经分离器和滤网把灰尘和杂质除去，剩下清洁的磨料又回到贮料槽，再从喷嘴喷出，如此循环，整个过程都是在密闭条件下进行，无粉尘污染。

4. 酸洗除锈

酸洗除锈也称为化学除锈，其原理就是利用酸洗液中的酸与金属氧化物进行化学反应，使金属氧化物溶解，生成金属盐并溶于酸洗液中，而除去钢材表面上的氧化物及锈。

酸洗除锈常用的方法有一般酸洗除锈和综合酸洗除锈两种。由于钢材经过酸洗后，很容易被空气氧化，因此，还必须对其进行钝化处理，以提高其防锈能力。

(1)一般酸洗。酸洗液的性能是影响酸洗质量的主要因素，它一般由酸蚀剂、缓蚀剂和表面活性剂组成。

1)酸洗除锈所用的酸有无机酸和有机酸两大类。无机酸主要有硫酸、盐酸、硝酸和磷酸等；有机酸主要有醋酸和柠檬酸等。目前，国内对大型钢结构的酸洗，主要用硫酸和盐酸，也有用磷酸进行除锈的。

2)缓蚀剂是酸洗液中不可缺少的重要组成部分，大部分是有机物。在酸洗液中加入适量的缓蚀剂，可以防止或减少在酸洗过程中产生"过蚀"或"氢脆"现象，同时也可减少酸雾。

3)由于酸洗除锈技术的发展，在现代的酸洗液配方中，一般都要加入表面活性剂。表面活性剂是由亲油性基和亲水性基两个部分所组成的化合物，具有润湿、渗透、乳化、分散、增溶和去污等作用。

(2)综合酸洗。综合酸洗是对钢材综合进行除油、除锈、钝化及磷化等几种处理方法。根据处理种类的多少，综合酸洗法可分为以下三种：

1)"二合一"酸洗。"二合一"酸洗是同时进行除油和除锈的处理方法，去掉了一般酸洗方法的除油工序，提高了酸洗效率。

2)"三合一"酸洗。"三合一"酸洗是同时进行除油、除锈和钝化的处理方法,与一般酸洗方法相比去掉了除油和钝化两道工序,较大程度地提高了酸洗效率。

3)"四合一"酸洗。"四合一"酸洗是同时进行除油、除锈、钝化和磷化的综合方法,去掉了一般酸洗的除油、磷化和钝化三道工序,与使用磷酸一般酸洗方法相比,大大地提高了酸洗效率。但其与使用硫酸或盐酸一般酸洗方法相比,由于磷酸对锈、氧化皮等的反应速度较慢,因此,酸洗的总效率并没有提高,而费用却提高很多。

一般来说,"四合一"酸洗不宜用于钢结构除锈,主要适用于机械加工件的酸洗——除油、除锈、磷化和钝化。

(3)钝化处理。钢材酸洗除锈后,为了延长其返锈时间,常采用钝化处理法对其进行处理,以便在钢材表面形成一种保护膜,以提高其防锈能力。常用钝化液的配方及工艺条件见表9-11。

表9-11　钝化液配方及工艺条件

材料名称	配比/(g·L^{-1})	工作温度/℃	处理时间/min
重铬酸钾	2～3	90～95	0.5～1
重铬酸钾 碳酸钠	0.5～1 1.5～2.5	60～80	3～5
亚硝酸钠 三乙醇胺	3 8～10	室　温	5～10

根据具体施工条件,钝化可采用不同的处理方法。一般是在钢材酸洗后,立即用热水冲洗至中性,然后进行钝化处理。也可在钢材酸洗后,立即用水冲洗,然后用5%碳酸钠水溶液进行中和处理,再用水冲洗以洗净碱液,最后进行钝化处理。

酸洗除锈比手工和动力机械除锈的质量高,与喷射方法除锈质量等级基本相当,但酸洗后的表面不能造成像喷射除锈后形成适合于涂层附着的表面粗糙度。

5. 火焰除锈

钢材火焰除锈是指在火焰加热作业后,以动力钢丝刷清除加热后附着在钢材表面的产物。钢材表面除锈前,应先清除附在钢材表面较厚的锈层,然后在火焰上加热除锈。

四、表面粗糙度的增大

钢材表面粗糙度对漆膜的附着力、防腐蚀性能和使用寿命有很大的影响。漆膜附着于钢材表面主要是靠漆膜中的基料分子与金属表面极性基团的范德华力相互吸引。

(1)钢材表面在喷射除锈后,随着表面粗糙度的增大,表面积也显著增加,在这样的表面上进行涂装,漆膜与金属表面之间的分子引力也会相应增加,使漆膜与钢材表面间的附着力相应提高。

(2)以棱角磨料进行的喷射除锈,不仅增加了钢材的表面积,而且还能形成三维状态的几何形状,使漆膜与钢材表面产生机械的咬合作用,更进一步提高了漆膜的附着力和耐腐蚀性能,并延长了保护寿命。

(3)钢材表面合适的表面粗糙度有利于漆膜保护性能的提高。表面粗糙度太大,如漆膜用量一定时,则会造成漆膜厚度分布的不均匀,特别是在波峰处的漆膜厚度往往低于设计要求,引起早期的锈蚀;另外,还常常在较深的波谷凹坑内截留住气泡,成为漆膜起泡的根源。表面粗糙度太小不利于附着力的提高。所以,为了确保漆膜的保护性能,应对钢材的表面粗糙度有所限制。

对于普通涂料，合适的表面粗糙度范围以 30～75 μm 为宜，最大表面粗糙度值不应超过 100 μm。

(4)表面粗糙度的大小取决于磨料粒度的大小、形状、材料和喷射的速度、作用时间等工艺参数，其中以磨料粒度的大小对表面粗糙度影响较大。所以，在钢材表面处理时必须对不同的材质、不同的表面处理有所要求，制订合适的工艺参数，并加以质量控制。

第三节　钢结构涂装施工

一、钢结构涂装方法

钢结构常用的涂装方法有刷涂法、浸涂法、滚涂法、无气喷涂法和空气喷涂法等。施工时，应根据被涂物的材质、形状、尺寸、表面状态、涂料品种、施工机具及施工环境等因素进行选择。

1. 刷涂法

刷涂法是用漆刷进行涂装施工的一种方法。刷涂时，应注意以下几点：

(1)使用漆刷时，一般采用直握法，用手将漆刷握紧，以腕力进行操作。

(2)涂漆时，漆刷应蘸少许涂料，浸入漆的部分应为毛长的 1/3～1/2。蘸漆后，要将漆刷在漆桶内的边上轻抹一下，除去多余的漆料，以防流坠或滴落。

(3)对干燥较慢的涂料，应按涂敷、抹平和修饰三道工序进行操作。

1)涂敷：就是将涂料大致地涂布在被涂物的表面上，使涂料分开。

2)抹平：就是用漆刷将涂料纵、横反复地抹平至均匀。

3)修饰：就是用漆刷按一定方向轻轻地涂刷，消除刷痕及堆积现象。

(4)在进行涂敷和抹平时，应尽量使漆刷垂直，用漆刷的腹部刷涂；在进行修饰时，应将漆刷放平，用漆刷的前端轻轻涂刷。

(5)对干燥较快的涂料，应从被涂物的一边按一定顺序快速、连续地刷平和修饰，不宜反复刷涂。

(6)刷涂施工时，应遵循自上而下、从左到右、先里后外、先斜后直、先难后易的原则，最后用漆刷轻轻地抹理边缘和棱角，使漆膜均匀、致密、光亮和平滑。

(7)刷涂垂直表面时，最后一道应由上向下进行；刷涂水平表面时，最后一道应按光线照射的方向进行；刷涂木材表面时，最后一道应顺着木材的纹路进行。

2. 浸涂法

浸涂法就是将被涂物放入漆槽中浸泡，经一定时间取出后吊起，让多余的涂料尽量滴净，并自然晾干或烘干。该法适用于形状复杂的、骨架状的被涂物，可使被涂物的里外同时得到涂装。

采用该法时，涂料在低黏度时，颜料应不沉淀；在浸涂槽中和物件吊起后的干燥过程中应不结皮；在槽中长期贮存和使用的过程中，应不变质、性能稳定、不产生胶化。浸涂法施涂时，应注意以下几点：

(1)为防止溶剂在厂房内扩散和灰尘落入槽内，应把浸涂装备间隔起来。在作业以外的时间，小的浸涂槽应加盖，大槽浸涂应将涂料存放于地下漆库。

(2)浸涂槽敞口面应尽可能小些，以减少涂料挥发和方便加盖。

(3)在浸涂厂房内应装置排风设备，及时将挥发的溶剂排放出去，以保证人身健康和避免火灾。

(4)涂料的黏度对浸涂漆膜质量有很大的影响。在施工过程中，应保持涂料黏度的稳定性，每班应测定1次或2次黏度，如果黏度增稠，应及时加入稀释剂调整黏度。

(5)对被涂物的装挂，应预先通过试浸来设计挂具及装挂方式，确保工件在浸涂时处于最佳位置，使被涂物的最大面接近垂直，其他平面与水平面呈10°～40°角，使余漆在被涂物面上能较流畅地流尽，避免产生堆漆或气泡现象。

(6)在浸涂过程中，由于溶剂的挥发，易发生火灾，除及时排风外，在槽的四周和上方还应设置有二氧化碳或蒸汽喷嘴的自动灭火装置，以备在发生火灾时使用。

3. 滚涂法

滚涂法是用羊毛或合成纤维做成多孔吸附材料，贴附在空心的圆筒上制成滚子，进行涂料施工的一种方法。该法施工用具简单，操作方便，施工效率比刷涂法高1～2倍，主要用于水性漆、油性漆、酚醛漆和醇酸漆类的涂装。滚涂法施工应注意以下几点：

(1)涂料应倒入装有滚涂板的容器中，将滚子的一半浸入涂料，然后提起，在滚涂板上来回滚涂几次，使滚子全部均匀地浸透涂料，并把多余的涂料滚压掉。

(2)把滚子按W形轻轻地滚动，将涂料大致地涂布于被涂物表面上，接着把滚子作上下密集滚动，将涂料均匀地分布开，最后使滚子按一定的方向滚动，滚平表面并修饰。

(3)在滚动时，初始用力要轻，以防流淌，随后逐渐用力，致使涂层均匀。

(4)滚子使用后，应尽量挤压掉残存的涂料，或用涂料的溶剂清洗干净，晾干后保管起来，或悬挂着将滚子的部分或全部浸泡在溶剂中，以备再次使用。

4. 无气喷涂法

无气喷涂法是利用特殊形式的气动、电动或其他动力驱动液压泵，将涂料增至高压。当涂料经管路通过喷嘴喷出时，其速度会非常高(约100 m/s)，随着冲击空气和高压的急速下降及涂料溶剂的急剧挥发，喷出涂料的体积骤然膨胀而雾化，高速地分散在被涂物表面上，形成漆膜。因为涂料的雾化和涂料的附着不是用压缩空气，所以，称为无气喷涂；又因它是利用较高的液压，故又称为高压无气喷涂。

进行无气喷涂法施工应注意以下几点：

(1)喷涂装置使用前，应首先检查高压系统各固定螺母，以及管路接头是否拧紧，如有松动，则应拧紧。

(2)喷涂施工时，喷涂装置应满足下列要求：

1)喷距是指喷枪嘴与被喷物表面的距离，一般以300～380 mm为宜。

2)喷幅宽度：较大的物件以300～500 mm为宜，较小的物件以100～300 mm为宜，一般以300 mm左右为宜。

3)喷枪与物面的喷射角度为30°～80°。

4)喷幅的搭接应为幅宽的1/6～1/4，视喷幅的宽度确定。

5)喷枪运行速度为60～100 cm/s。

(3)涂料应经过滤后才能使用，否则容易堵塞喷嘴。

(4)在喷涂过程中不得将吸入管拿离涂料液面，以免吸空，造成漆膜流淌，而且涂料容器内的涂料不应太少，应经常注意加入涂料。

(5)发生喷嘴堵塞时，应关枪，将自锁挡片置于横向，取下喷嘴。先用刀片在喷嘴口切割数下(不得用刀尖凿)，用刷子在溶剂中清洗，然后再用压缩空气吹通，或用木钎捅通，不可用金属丝或铁钉捅喷嘴，以防损伤内面。

(6)在喷涂过程中，如果停机时间不长，可不排出机内涂料，把枪头置于溶剂中即可，但对于双组分涂料(干燥较快的)，则应排出机内涂料，并应清洗整机。

(7)喷涂结束后，将吸入管从涂料桶中提起，使泵空载运行，将泵内、过滤器、高压软管和喷枪内剩余涂料排出。然后用溶剂空载循环，将上述各器件清洗干净。清洗时应将进气阀门开小些。上述清洗工作，应在喷涂结束后及时进行，否则涂料(双组分涂料)变稠或固化后，再清洗就十分困难了。

(8)高压软管弯曲半径不得大于 50 mm，也不允许将重物压在上面，以防损坏。

(9)在施工过程中，高压喷枪绝对不许对准操作者或他人，停喷时应将自锁挡片横向放置。

(10)由于在喷涂过程中，涂料会自然地产生静电，因此，要将机体和输漆管做好接地，防止发生意外事故。

5. 空气喷涂法

空气喷涂法是利用压缩空气的气流将涂料带入喷枪，经喷嘴吹散成雾状，并喷涂到物体表面上的一种涂装方法。

该法的优点是：可以获得均匀、光滑、平整的漆膜；工效比刷涂法高 3～5 倍，一般每小时可喷涂 100～150 m²；主要适用于喷涂快干漆，但也可用于一般合成树脂漆的喷涂。其缺点是：喷涂时漆料需加入大量的稀释剂，喷涂后形成的漆膜较薄；涂料损失较大，涂料利用率一般只有 50%～60%；飞散在空气中的漆雾对操作人员身体有害，同时污染了环境。

二、防腐涂装施工

1. 涂装施工的环境要求

防腐涂装施工应在规定的施工环境条件下进行，它包括温度和湿度。下列情况下一般不得施工，如果涂装施工需要有防护措施：在有雨、雾、雪和较大灰尘的环境下，禁止户外施工；涂层可能受到尘埃、油污、盐分和腐蚀性介质污染的环境施工；施工作业环境光线严重不足时；没有安全措施和防火、防爆工器具的情况下。

(1)施涂作业宜在钢结构制作或安装的完成、校正及交接验收合格后，在晴天和通风良好的室内环境下进行。注意与土建工程配合，特别是与装饰、涂料工程要编制交叉计划及措施。

(2)严禁在雨、雪、雾、风沙的天气或烈日下的室外进行涂装施工。

(3)施涂作业温度：施工环境温度过高，溶剂挥发快，漆膜流平性不好；施工环境温度过低，漆膜干燥慢而影响其质量；施工环境湿度过大，漆膜易起鼓、附着不好，严重的会大面积剥落。《钢结构工程施工质量验收规范》(GB 50205—2001)规定，涂装时的温度以5 ℃～38 ℃为宜。室内宜在 5 ℃～38 ℃之间；室外宜在 15 ℃～35 ℃之间；当气温低于5 ℃或高于 35 ℃时一般不宜施涂。

(4)涂装施工环境的湿度，一般应在相对湿度不大于85%的条件下施工为宜。但由于各种涂料的性能不同，所要求的施工环境湿度也不同，如醇酸树脂漆、沥青类漆、硅酸锌漆等可在较高的相对湿度条件下施工，而乙烯树脂漆、聚氨酯漆、硝基漆等则要求在较低的相对湿度条件下施工。

(5)施涂油性涂料在 4 h 内严禁受雨淋、风吹或粘上砂粒、尘土、油污等，更不得损坏涂膜。

2. 涂层厚度的确定

钢结构涂装设计的重要内容之一是确定涂层厚度。涂层厚度一般是由基本涂层厚度、防护涂层厚度和附加涂层厚度组成。

涂层厚度的确定应考虑钢材表面原始状况、钢材除锈后的表面粗糙度、选用的涂料品种、钢结构使用环境对涂料的腐蚀程度、预想的维护周期和涂装维护的条件。

涂层厚度应根据需要来确定，过厚虽然可增强防腐力，但附着力和力学性能都要降低；涂层过薄则易产生肉眼看不到的针孔和其他缺陷，起不到隔离环境的作用。钢结构涂装涂层厚度可参考表 9-12 确定。

表 9-12　钢结构涂装涂层厚度　　　　　　　　　　　　　　　　　μm

涂 料 种 类	基本涂层和防护涂层					附加涂层
	城镇大气	工业大气	化工大气	海洋大气	高温大气	
醇酸漆	100～150	125～175				25～50
沥青漆			150～210	180～240		30～60
环氧漆			150～200	75～225	150～200	25～50
过氯乙烯漆			160～200			20～40
丙烯酸漆		100～140	120～160	140～180		20～40
聚氨酯漆		100～140	120～160	140～180		20～40
氯化橡胶漆		120～160	140～180	160～200		20～40
氯磺化聚乙烯漆		120～160	140～180	160～200	120～160	20～40
有机硅漆					100～140	20～40

3. 涂料预处理

涂装施工前，应对涂料型号、名称和颜色进行校对，同时检查制造日期。如超过贮存期，应重新取样检验，质量合格后才能使用，否则禁止使用。

涂料选定后，通常要进行以下处理操作程序，然后才能施涂。

(1)开桶。 开桶前应将桶外的灰尘、杂物除尽，以免其混入油漆桶内。同时对涂料的名称、型号和颜色进行检查，看其是否与设计规定或选用要求相符合，检查制造日期是否超过贮存期，凡不符合的应另行研究处理。若发现有结皮现象，应将漆皮全部取出，以免影响涂装质量。

(2)搅拌。 将桶内的油漆和沉淀物全部搅拌均匀后才可使用。

(3)配比。 对于双组分的涂料，使用前必须严格按照说明书所规定的比例来混合。双组分涂料一旦配比混合后，就必须在规定的时间内用完。

(4)熟化。 双组分涂料混合搅拌均匀后，需要经过一定熟化时间才能使用，对此应引起注意，以保证漆膜的性能。

(5)稀释。 有的涂料因贮存条件、施工方法、作业环境、气温的高低等不同情况的影响，在使用时，有时需用稀释剂来调整黏度。

(6)过滤。 过滤是将涂料中可能产生的或混入的固体颗粒、漆皮或其他杂物滤掉，以免这些杂物堵塞喷嘴及影响漆膜的性能及外观。通常可以使用 80～120 目的金属网或尼龙丝筛进行过滤，以达到质量控制的目的。

4. 涂刷防腐底漆

(1)涂底漆一般应在金属结构表面清理完毕后立即施工，否则金属表面又会重新氧化生锈。涂刷方法是用油刷上下铺油(开油)，横竖交叉地将油刷匀，再把刷迹理平。

(2)可用设计要求的防锈漆在金属结构上满刷一遍。如原来已刷过防锈漆，应检查其有无损坏及有无锈斑。凡有损坏及锈斑处，应将原防锈漆层铲除，用钢丝刷和砂布彻底打磨干净后，再补刷防锈漆一遍。

(3)采用油基底漆或环氧底漆时，应均匀地涂或喷在金属表面上，施工时将底漆的黏度调到：喷涂为 18～22 St，刷涂为 30～50 St。

(4)底漆以自然干燥居多，使用环氧底漆时也可进行烘烤，质量要比自然干燥好。

5. 局部刮腻子

(1)待防锈底漆干透后，将金属面的砂眼、缺棱、凹坑等处用石膏腻子刮抹平整。石膏腻子配合比(质量比)为：石膏粉：熟桐油：油性腻子(或醇酸腻子)：底漆：水＝20：5：10：7：45。

(2)可采用油性腻子和快干腻子。用油性腻子一般在 12～24 h 才能全部干燥；而用快干腻子干燥较快，并能很好地黏附于所填嵌的表面，因此，在部分损坏或凹陷处使用快干腻子可以缩短施工周期。

此外，也可用铁红醇酸底漆 50%加光油 50%混合拌匀，并加适量石膏粉和水调成腻子打底。

(3)一般第一道腻子较厚，因此，在拌和时应酌量减少油分，增加石膏粉用量，可一次刮成，不必求刮得光滑。第二道腻子需要平滑光洁，因而在拌和时可增加油分，将腻子调得薄些。

(4)刮涂腻子时，可先用橡皮刮或钢刮刀将局部凹陷处填平。待腻子干燥后应加以砂磨，并抹除表面灰尘，然后再涂刷一层底漆，接着再上一层腻子。刮腻子的层数应视金属结构的不同情况而定。金属结构表面一般可刮 2 或 3 道腻子。

(5)每刮完一道腻子，待干后都要进行砂磨，头道腻子比较粗糙，可用粗铁砂布垫木块打磨；第二道腻子可用细铁砂布或 240 号水砂纸砂磨；最后两道腻子可用 400 号水砂纸仔细打磨光滑。

6. 涂刷操作

(1)涂刷必须按设计和规定的层数进行，必须保证涂刷层次及厚度。

(2)涂第一遍油漆时，应分别选用带色铅油或带色调和漆、磁漆涂刷，但此遍漆应适当掺入配套的稀释剂或稀料，以达到盖底、不流淌、不显刷迹的目的。涂刷时厚度应一致，不得漏刷。

冬期施工应适当加些催干剂(铅油用铅锰催干剂)，掺量为 2%～5%(质量比)；磁漆等可用钴催干剂，掺量一般小于 0.5%。

(3)复补腻子。如果设计要求有此工序时，将前数遍腻子干缩裂缝或残缺不足处，再用带色腻子局部补一次，复补腻子与第一遍漆色相同。

(4)磨光。如设计有此工序(属中、高级油漆)，宜用 1 号以下细砂布打磨，用力应轻而匀，注意不要磨穿漆膜。

(5)涂刷第二遍油漆时，如为普通油漆且为最后一层面漆，应用原装油漆(铅油或调和漆)涂刷，但不宜掺入催干剂。设计中要求磨光的，应予以磨光。

(6)涂刷完成后，应用湿布擦净。将干净湿布反复在已磨光的油漆面上揩擦干净。

7. 喷漆操作

(1)喷漆施工时，应先喷头道底漆，黏度控制在 20～30 St、气压控制在 0.4～0.5 MPa，喷枪距物面控制在 20～30 cm，喷嘴直径以 0.25～0.3 cm 为宜。先喷次要面，后喷主要面。

(2)喷漆施工时，应注意以下事项：

1)在喷漆施工时应注意通风、防潮、防火。工作环境及喷漆工具应保持清洁，气泵压力应控制在 0.6 MPa 以内，并应检查安全阀是否失灵。

2)在喷大型工件时可采用电动喷漆枪或采用静电喷漆。

3)使用氨基醇酸烘漆时要进行烘烤，物件在工作室内喷好后应先放在室温中流平 15～

30 min，然后再放入烘箱。先用低温 60 ℃烘烤 0.5 h 后，再按烘漆预定的烘烤温度(一般在 120 ℃左右)进行恒温烘烤 1.5 h，最后降温至工件干燥出箱。

(3)凡用于喷漆的一切油漆，使用时必须掺加相应的稀释剂或相应的稀料，掺量以能顺利喷出成雾状为准(一般为漆重的 1 倍左右)，并通过 0.125 mm 孔径筛清除杂质。一个工作物面层或一项工程上所用的喷漆量应一次配够。

(4)喷漆干后用快干腻子将缺陷及细眼找补填平；腻子干透后，用水砂纸将刮过腻子的部分和涂层全部打磨一遍。擦净灰迹待干后再喷面漆，黏度控制在 18～22 St。

(5)喷涂底漆和面漆的层数要根据产品的要求而定，面漆一般可喷 2 或 3 道；要求高的物件(如轿车)可喷 4 或 5 道。

(6)每次都用水砂纸打磨，越到面层，要求水砂纸越细，质量越高。如需增加面漆的亮度，可在漆料中加入硝基清漆(加入量不超过 20%)，调到适当黏度(15 St)后喷 1 遍或 2 遍。

8. 二次涂装

二次涂装一般是指由于作业分工在两地或分两次进行施工的涂装。前道漆涂完后，超过 1 个月再涂下一道漆，也应算作二次涂装。进行二次涂装时，应按相关规定进行表面处理和修补。

(1)表面处理。对于海运产生的盐分，陆运或存放过程中产生的灰尘都要清除干净，方可涂下道漆。如果涂漆间隔时间过长，前道漆膜可能因老化而粉化(特别是环氧树脂漆类)，要求进行"打毛"处理，使表面干净和增加粗糙度，从而提高附着力。

(2)修补。修补所用的涂料品种、涂层层次与厚度、涂层颜色应与原设计要求一致。表面处理可采用手工机械除锈方法，但要注意油脂及灰尘的污染。在修补部位与不修补部位的边缘处，宜有过渡段，以保证搭接处平整和附着牢固。对补涂部位的要求也应与上述相同。

9. 防腐涂装质量控制

漆膜质量的好坏，与涂漆前的准备工作和施工方法等有关。

(1)油漆的油膜作用是将金属表面和周围介质隔开，保护金属不受腐蚀。油膜应该连续无孔，无漏涂、起泡、露底等现象。因此，油漆的稠度既不能过大，也不能过小。稠度过大不但浪费油漆，还会产生脱落、卷皮等现象；油漆的稠度过小会产生漏涂、起泡、露底等现象。

(2)漆膜外观要求：应使漆膜均匀，不得有堆积、漏涂、皱皮、气泡、掺杂及混色等缺陷。

(3)涂料和涂刷厚度应符合设计要求。如涂刷厚度设计无要求，一般应涂刷 4 遍或 5 遍。漆膜总厚度：室外为 125～175 μm；室内为 100～150 μm。配置好的涂料不宜存放久，使用时不得添加稀释剂。

(4)色漆在使用时应搅拌均匀。因为任何色漆在存放中，颜料多少都有些沉淀，如有碎皮或其他杂物，必须清除后方可使用。色漆不搅匀，不仅使涂漆工件颜色不一，而且影响其遮盖力和漆膜的性能。

钢结构防腐施工
常见问题与处理措施

(5)根据选用的涂漆方法的具体要求，加入与涂料配套的稀释剂，调配到合适的施工浓度。已调配好的涂料，应在其容器上写明名称、用途、颜色等，以防拿错。涂料开桶后，需密封保存，且不宜久存。

(6)涂漆施工的环境要求随所用涂料不同而有差异。一般要求施工环境温度不低于 5 ℃，空气相对湿度不大于 85%。由于温度过低会使涂料黏度增大，涂刷不易均匀，漆膜不易干燥；空气相对湿度过大，易使水汽包在涂层内部，漆膜容易剥落，故不应在雨、雾、雪天进行室外施工。在室内施工时，应尽量避免与其他工种同时作业，以免灰尘落在漆膜表面影响质量。

(7)涂料施工时，应先进行试涂。每涂覆一道，均应进行检查，发现不符合质量要求的(如漏涂、剥落、起泡、透锈等缺陷)，应用砂纸打磨，然后补涂。

(8)明装系统的最后一道面漆，宜在安装后喷涂，这样可保证外表美观，颜色一致，无碰撞、脱漆、损坏等现象。

三、防火涂装施工

1. 构件耐火极限等级

钢结构构件的耐火极限等级，是根据它在耐火试验中能继续承受荷载作用的最短时间来分级的。耐火时间大于或等于 30 min，则耐火极限等级为 F30，每一级都比前一级长 30 min，所以耐火时间等级分为 F30、F60、F90、F120、F150、F180 等。

钢结构构件耐火极限等级的确定，依建筑物的耐火等级和构件种类而定；而建筑物的耐火等级又是根据火灾荷载确定的。火灾荷载是指建筑物内如结构部件、装饰构件、家具和其他物品等可燃材料燃烧时产生的热量。单位面积的火灾荷载为

$$q = \frac{\sum Q_i}{A}$$

式中　Q_i——材料燃烧时产生的热量(MJ)；

　　　A——建筑面积(m^2)。

与一般钢结构不同，高层建筑钢结构的耐火极限又与建筑物的高度相关，因为建筑物越高，其重力荷载也越大。高层钢结构的耐火等级分为Ⅰ、Ⅱ两级，其构件的燃烧性能和耐火极限应不低于表 9-13 的规定。

表 9-13　建筑构件的燃烧性能和耐火极限

构 件 名 称		Ⅰ级	Ⅱ级
墙体	防火墙	非燃烧体 3 h	非燃烧体 3 h
	承重墙、楼梯间墙、电梯井及单元之间的墙	非燃烧体 2 h	非燃烧体 2 h
	非承重墙、疏散走道两侧的隔墙	非燃烧体 1 h	非燃烧体 1 h
	房间隔墙	非燃烧体 45 min	非燃烧体 45 min
柱子	从楼顶算起(不包括楼顶塔形小屋)15 m 高度范围内的柱	非燃烧体 2 h	非燃烧体 2 h
	从楼顶算起向下 15～55 m 高度范围内的柱	非燃烧体 2.5 h	非燃烧体 2 h
	从楼顶算起 55 m 以下高度范围内的柱	非燃烧体 3 h	非燃烧体 2.5 h
其他	梁	非燃烧体 2 h	非燃烧体 1.5 h
	楼板、疏散楼梯及屋顶承重构件	非燃烧体 1.5 h	非燃烧体 1.0 h
	抗剪支撑、钢板剪力墙	非燃烧体 2 h	非燃烧体 1.5 h
	吊顶(包括吊顶搁栅)	非燃烧体 15 min	非燃烧体 15 min

注：当房间可燃物超过 200 kg/m^2 而又不设自动灭火设备时，主要承重构件的耐火极限按本表的数据再提高 0.5 h。

2. 涂层厚度确定

(1)按照有关规范对钢结构耐火极限的要求，并根据标准耐火试验数据设计规定相应的涂层厚度。薄涂型防火涂料的涂层厚度应符合有关耐火极限的设计要求。厚涂型防火涂料涂层的厚度，80%及以上面积应符合有关耐火极限的设计要求，且最薄处厚度不应低于设计要求的 85%。

(2)根据标准耐火试验数据，即耐火极限与相应的保护层厚度，确定不同规格钢构件达到相同耐火极限所需的同种防火涂料的保护层厚度，按下式计算：

$$T_1 = \frac{W_{\mathrm{m}}/D_{\mathrm{m}}}{W_1/D_1} T_{\mathrm{m}} K$$

式中　T_1——待喷防火涂层厚度(mm)；

　　　T_{m}——标准试验时的涂层厚度(mm)；

　　　W_1——待喷钢梁质量(kg/m)；

　　　W_{m}——标准试验时钢梁质量(kg/m)；

　　　D_1——待喷钢梁防火涂层接触面周长(mm)；

　　　D_{m}——标准试验时钢梁防火涂层接触面周长(mm)；

　　　K——系数，对钢梁 $K=1$，对钢柱 $K=1.25$。

公式限定条件：$W/D \geqslant 22$，$T \geqslant 9$ mm，耐火极限 $t \geqslant 1$ h。

(3)根据钢结构防火涂料进行 3 次以上耐火试验所取得的数据作曲线图，确定出试验数据范围内某一耐火极限的涂层厚度。测量方法应符合国家现行标准《钢结构防火涂料应用技术规程》(CECS 24—1990)的规定及下列规定：

1)测针。测针(厚度测量仪)由针杆和可滑动的圆盘组成，圆盘始终保持与针杆垂直，并在其上装有固定装置，圆盘直径不大于 30 mm，以保证完全接触被测试件的表面。如果厚度测量仪不易插入被测材料中，也可使用其他适宜的方法测试。

测试时，将测厚探针垂直插入防火涂层直至钢基材表面上(图 9-1)，记录标尺读数。

2)测点选定。

①楼板和防火墙的防火涂层厚度测定，可选两相邻纵、横轴线相交中的面积为一个单元，在其对角线上，按每米长度选一点进行测试。

②全钢框架结构的梁和柱的防火涂层厚度测定，在构件长度内每隔 3 m 取一截面，按图 9-2 所示位置测试。

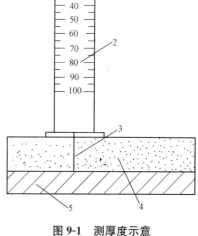

图 9-1　测厚度示意

1—标尺；2—刻度；3—测针；
4—防火涂层；5—钢基材

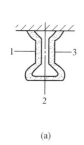
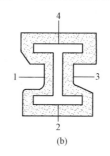
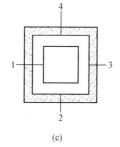

(a)　　　　　　　(b)　　　　　　　(c)

图 9-2　测点示意

(a)工字梁；(b)工形柱；(c)方形柱

1，2，3，4——测点位置

③桁架结构，上弦和下弦按第②条的规定每隔 3 m 取一截面检测，其他腹杆每根取一截面检测。

3）测量结果。对于楼板和墙面，在所选择的面积中，至少测出 5 个点；对于梁和柱在所选择的位置中，分别测出 6 个和 8 个点。分别计算出它们的平均值，精确到 0.5 mm。

（4）直接选择工程中有代表性的型钢喷涂防火涂料做耐火试验，根据实测耐火极限确定待喷涂涂层的厚度。

（5）设计防火涂层时，对保护层厚度的确定应以安全第一为原则，使耐火极限留有余地，涂层应适当厚一些。如某种薄涂型钢结构防火涂料标准耐火试验时，涂层厚度为5.5 mm，刚好达到1.5 h的耐火极限，应采用该涂料喷涂保护耐火等级为一级的建筑，钢屋架宜规定喷涂涂层厚度不低于 6 mm。

3. 防火保护方式

钢结构构件的防火喷涂保护方式应按图 9-3 所示选用。

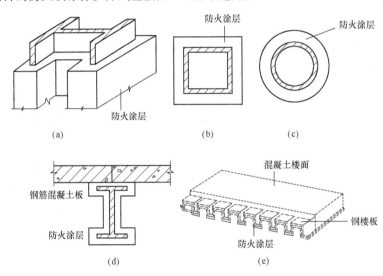

图 9-3　钢结构构件防火喷涂保护方式

(a)I 形柱的保护；(b)方形柱的保护；(c)管形构件的保护；(d)工字梁的保护；(e)楼板的保护

4. 薄涂防火涂料施工

（1）施工工具及方法。

1）喷涂底层（包括主涂层，下同）时，涂料宜采用重力（或喷斗）式喷枪，装配能够自动调压的 0.6～0.9 m³/min 的空压机。喷嘴直径为 4～6 mm，空气压力为 0.4～0.6 MPa。

2）面层装饰涂料可以刷涂、喷涂或滚涂，一般采用喷涂施工。将喷底层涂料的喷枪、喷嘴直径换为 1～2 mm，空气压力调为 0.4 MPa 左右，即可用于喷面层装饰涂料。

3）对于局部修补或小面积施工，或者机器设备已安装好的厂房，当其不具备喷涂条件时，可用抹灰刀等工具进行手工抹涂。

（2）涂料的搅拌与调配。

1）应采用便携式电动搅拌器适当搅拌运送到施工现场的防火涂料，使之均匀一致后方可用于喷涂。

2）双组分包装的涂料，应按说明书规定的配比进行现场调配，边配边用。

3）搅拌和调配好的涂料，应稠度适宜，以确保喷涂后不发生流淌和下坠现象。

（3）底层施工操作要点。

1）底涂层一般应喷 2 遍或 3 遍，每遍间隔 4～24 h，待基本干燥后再喷后一遍。头遍喷涂以盖住基底面 70% 即可，在二、三遍喷涂时每遍厚度以不超过 2.5 mm 为宜。每喷涂厚度为 1 mm 的涂层，耗湿涂料 1.2～1.5 kg/m²。

2）喷涂时手握喷枪要稳，喷嘴与钢基材面垂直或成 70° 角，喷嘴到喷面距离 40～60 cm。要回旋转喷涂，注意搭接处的涂层要保持颜色一致，厚薄均匀，防止漏涂、流淌。确保涂层完全闭合，轮廓清晰。

3）在喷涂过程中，操作人员要携带测厚计随时检测涂层厚度，确保各部位涂层达到设计规定的厚度要求后方可停止喷涂。

4）喷涂形成的涂层是粒状表面，当设计要求涂层表面要平整光滑时，待喷完最后一遍，应采用抹灰刀或其他适用的工具做抹平处理，使外表面均匀平整。

（4）面层施工操作要点。

1）当底层厚度符合设计规定并基本干燥后，方可在施工面层喷涂料。

2）面层涂料一般涂 1 遍或 2 遍。如果头遍是从左至右喷，二遍则应从右至左喷，以确保全部覆盖住底涂层。面涂用料为 0.5～1.0 kg/m²。

3）对于露天钢结构的防火保护，喷好防火的底涂层后，也可选用适合建筑外墙用的面层涂料作为防水装饰层，用量为 1.0 kg/m² 即可。

4）面层施工应确保各部分颜色均匀一致，接槎平整。

5. 厚涂防火涂料施工

（1）施工工具及方法。原涂防火涂料施工一般是采用喷涂施工，机具可为压送式喷涂机或挤压泵，配能自动调压的 0.6～0.9 m³/min 的空压机，喷枪口径为 6～12 mm，空气压力为 0.1～0.6 MPa。局部修补可采用抹灰刀等工具手工抹涂。

（2）涂料的搅拌与调整。

1）现场应采用便携式搅拌器将工厂制造好的单组分湿涂料搅拌均匀。

2）现场加水或其他稀释剂调配由工厂提供的干粉料时，应按涂料说明书规定的配比混合搅拌，边配边用。

3）调配工厂提供的双组分涂料时，应按配制涂料说明书规定的配比混合搅拌，边配边用。特别是化学固化干燥的涂料，配制的涂料必须在规定的时间内用完。

4）搅拌和调配涂料使稠度适宜，喷涂后不会出现流淌和下坠现象。

（3）施工操作要点。

1）喷涂应分若干次完成，第一次喷涂基本盖住钢基材面即可，以后每次喷涂厚度为 5～10 mm，一般以 7 mm 左右为宜。必须在前一遍喷层基本干燥或固化后再喷一遍，通常情况下，每天喷一遍即可。

2）喷涂保护方式、喷涂次数与涂层厚度应根据防火设计要求确定。

3）喷涂时，持枪手紧握喷枪，注意移动速度，不能在同一位置久留，以免涂料堆积流淌；因为输送涂料的管道长而笨重，故应配一助手帮助移动和托起管道；配料及往挤压泵加料均要连续进行，不得停顿。

4）当防火涂层出现下列情况之一时，应重新喷涂。

①涂层干燥固化不好、粘结不牢或粉化、空鼓、脱落时。

②钢结构的接头、转角处的涂层有明显凹陷时。

③涂层表面有浮浆或裂缝宽度大于 1.0 mm 时。

④涂层厚度小于设计规定厚度的85％时，或涂层厚度虽大于设计规定厚度的85％，但未达到规定厚度涂层连续面的长度超过 1 m 时。

5）施工过程中，操作者应采用测厚计检测涂层厚度，直到符合设计规定的厚度，方可停止喷涂。

6）喷涂后的涂层要适当维修，应采用抹灰刀等工具剔除明显的乳突，以确保涂层表面均匀。

6. 防火涂装质量控制

(1)薄涂型钢结构防火涂层应符合下列要求：

1)涂层厚度符合设计要求。

2)无漏涂、脱粉、明显裂缝等。如有个别裂缝，其宽度应不大于 0.5 mm。

3)涂层与钢基材之间和各涂层之间应粘结牢固，无脱层、空鼓等情况。

钢结构防火施工
常见问题与处理措施

4)颜色与外观符合设计规定，轮廓清晰，接槎平整。

(2)厚涂型钢结构防火涂层应符合下列要求：

1)涂层厚度应符合设计要求。如厚度低于原定标准，则必须大于原定标准的85％，且厚度不足部位连续面积的长度不大于 1 m，并在 5 m 范围内不再出现类似情况。

2)涂层应完全闭合，不应露底、漏涂。

3)涂层不宜出现裂缝。如有个别裂缝，其宽度应不大于 1 mm。

4)涂层与钢基材之间和各涂层之间，应粘结牢固，无空鼓、脱层和松散等情况。

5)涂层表面应无乳突。有外观要求的部位，每线不直度和失圆度允许偏差不应大于 8 mm。

(3)薄涂型防火涂料的涂层厚度应符合有关耐火极限的设计要求。厚涂型防火涂料涂层的厚度，80％及以上面积应符合有关耐火极限的设计要求，且最薄处厚度不应低于设计要求的85％。

(4)涂层检测的总平均厚度，应达到规定厚度的90％。计算平均值时，超过规定厚度20％的测点，按规定厚度的120％计算。

(5)对于重大工程，应进行防火涂料的抽样检验。每使用 100 t 薄型钢结构防火涂料，应抽样检测一次粘结强度；每使用 500 t 厚涂型防火涂料，应抽样检测一次粘结强度和抗压强度。其抽样检测方法应按照《钢结构防火涂料》(GB 14907—2002)执行。

本章小结

钢结构涂料是保证钢结构涂装质量的关键，因此，应熟悉钢结构涂料的选用。钢材表面处理，不仅要求除去钢材表面的污垢、油脂、铁锈、氧化皮、焊渣和已失效的旧漆膜，还要求在钢材表面形成合适的"粗糙度"。清除钢材表面的油污，通常采用三种方法：碱液清除法、有机溶剂清除法、乳化碱液清除法。钢材表面旧涂层的清除常用碱液清除法和有机溶剂清除法。钢材表面锈蚀的清除方法有：手工和动力工具除锈、抛射除锈、喷射除锈、酸洗除锈和火焰除锈。钢结构常用的涂装方法有刷涂法、浸涂法、滚涂法、无气喷涂法和空气喷涂法等。施工时，应根据被涂物的材质、形状、尺寸、表面状态、涂料品种、施工机具及施工环境等因素进行选择，并严格按照钢结构涂装施工要求进行涂装施工，以免发生质量问题。

一、填空题

1. 涂料一般分为_____和_____两种。
2. 钢材表面分_____四个锈蚀等级。
3. 喷射除锈有_____、_____和_____三种。

二、单项选择题

1. 钢材表面处理，不仅要求除去钢材表面的污垢、油脂、铁锈、氧化皮、焊渣和已失效的旧漆膜，还要求在钢材表面形成合适的(   )。
   A. 平整度　　　　　　　　　B. 粗糙度
   C. 光滑度　　　　　　　　　D. 以上都不对

2. 钢材表面在喷射除锈后，随着表面粗糙度的增大，表面积显著(   )，在这样的表面上进行涂装，漆膜与金属表面之间的分子引力也会相应(   )，使漆膜与钢材表面间的附着力相应提高。
   A. 增加，增加　　　　　　　B. 增加，变小
   C. 变小，变小　　　　　　　D. 变小，增加

3. 刷涂法是用漆刷进行涂装施工的一种方法，涂漆时，漆刷应蘸少许涂料，浸入漆的部分应为毛长的(   )。
   A. 1/2　　　　B. 1/3　　　　C. 1/4　　　　D. 1/3~1/2

4. 钢结构构件的耐火极限等级，是根据它在耐火试验中能继续承受荷载作用的最短时间来分级的，一般以(   ) min 为一级。
   A. 5　　　　B. 10　　　　C. 20　　　　D. 30

5. 防火涂料宜优先选用(   )。
   A. 厚涂型防火涂料　　　　　B. 薄涂型防火涂料
   C. 超厚型防火涂料　　　　　D. 超薄型防火涂料

三、多项选择题

1. 清除钢材表面的油污，通常采用(   )等几种方法。
   A. 无机溶剂清除法　　　　　B. 有机溶剂清除法
   C. 碱液清除法　　　　　　　D. 乳化碱液清除法

2. 喷射操作应按顺序逐段或逐块进行，以免漏喷和重复喷射。一般应遵循(   )的原则进行喷射。
   A. 先下后上　　　　　　　　B. 先上后下
   C. 先内后外　　　　　　　　D. 先外后内

3. 对干燥较慢的涂料，应按(   )三道工序进行操作。
   A. 涂敷　　　　B. 抹平　　　　C. 修饰　　　　D. 修整

4. 钢结构防腐涂层厚度的确定应考虑(   )。
   A. 钢材表面原始状况和除锈后的表面粗糙度
   B. 选用的涂料品种
   C. 钢结构使用环境对涂料的腐蚀程度
   D. 预想的维护周期和涂装维护的条件

5. 当防火涂层出现(　　)时，应重新喷涂。

    A. 涂层干燥固化不好、粘结不牢或粉化、空鼓、脱落

    B. 涂层厚度小于设计规定厚度的85%时，或涂层厚度虽大于设计规定厚度的85%，但未达到规定厚度涂层连续面的长度超过1 m

    C. 涂层表面有浮浆或裂缝宽度大于2.0 mm

    D. 钢结构的接头、转角处的涂层有明显凹陷

四、简答题

1. 怎样进行钢材表面油污的清除？

2. 钢材表面锈蚀的清除方法有哪些？

3. 钢材表面合适的表面粗糙度跟漆膜保护性能之间有何联系？

4. 钢结构涂装的方法有哪些？

5. 钢结构刷涂施工应遵循怎样的原则？

6. 钢结构滚涂法施工应注意哪几个方面？

7. 涂料易于施工表现在哪两个方面？

8. 钢结构进行二次涂装时如何进行表面处理？

9. 如何选用防火涂料？

10. 怎样计算钢结构防火涂装厚度？

11. 薄涂防火涂料底层施工操作应注意哪几点？

12. 薄涂防火涂料面层施工操作应注意哪几点？

第十章 钢结构施工测量与监测

能力目标

1. 能够根据建筑物的平面控制网测定建筑物的轴线控制桩。
2. 能够利用外控法和内控法进行竖向测量。
3. 能够进行钢结构沉降、位移、倾斜、裂缝等变形观测。

知识目标

1. 掌握直角坐标法和极坐标法测定轴线控制桩。
2. 掌握建筑物控制点竖向投测方法。
3. 掌握单层、多层、高层及高耸钢结构的施工测量方法。
4. 掌握钢结构施工期间对结构变形、结构内力、环境量等内容进行过程监测。

第一节 钢结构施工测量

施工测量前，应根据设计施工图和钢结构的安装要求，编制测量专项方案。钢结构安装前应设置施工控制网。

一、平面控制网

平面控制网，即根据场区地形条件和建筑物的结构形式，布设的十字轴线或矩形控制网。平面布置为异形的建筑可根据建筑物形状布设多边形控制网。

（一）定位放线

建筑物的轴线控制桩应根据建筑物的平面控制网测定，定位放线可选择**直角坐标法、极坐标法、角度（方向）交会法、距离交会法**等方法。本节主要介绍极坐标法和直角坐标法。

1. **极坐标法放样**

采用极坐标法放样时，要相对于起始方向先测设已知的角度，再由控制点测设规定的距离。

如图10-1所示，设有通过控制点 O 的坐标轴 Ox 和 Oy，待放样

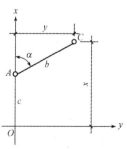

图 10-1 极坐标法放样

点 C 的坐标为 $(x，y)$，放样采用极坐标法，由位于 Ox 轴上距离点 O 为 c 的点 A 来进行，也就是说，在 A 点测设出预先算得的角度 α，再由点 A 测设距离到点 C。为了对点 C 进行放样，需进行下列工作。

(1)在 Ox 方向上量出由点 O 到点 A 的距离 c。

(2)仪器对中。

(3)在 A 点安置仪器测设角度 α。

(4)沿着所测设的方向，由 A 点量出距离 b。

(5)在地面上标定 C 点的位置。

以上各项工作均具有一定的误差。由于各项误差都是互不相关地发生，所以彼此均是独立的，按误差理论可得用极坐标法测设 C 点的误差：

$$M=\pm\sqrt{(\mu c)^2+(\mu_1 b)^2+e^2+\left(\frac{m_\alpha}{\rho}b\right)^2+\tau^2}$$

式中　$\mu，\mu_1$——丈量 c 与 b 的误差系数；

e——对中误差；

m_α——测设角度误差；

τ——标定误差。

由上式可以看出，C 点离开 A 点和 O 点越远，其误差越大。尤其是 b 的增大影响更大。此外，还可以看出，总误差不是取决于角度 α 的大小，而是取决于测设角度的精度。因此，为了减小误差，需要提高测设长度和角度的精度。

2. 直角坐标法放样

用直角坐标法放样时，先要在地面上设两条互相垂直的轴线作为放样控制点。此时，沿着 z 轴测设纵坐标，再由纵坐标的端点对 z 轴作垂线，在垂线上测设横坐标。为了进行校核，可以按上述顺序从另一轴线上作第二次放样。为了使放样工作精确、迅速，在整个建筑场地应布设方格网作为放样工作的控制。这样，建筑物的各点就可根据最近的方格网顶点来放样。

(二)控制点竖向投测

建筑物平面控制网，四层以下宜采用外控法，四层及以上宜采用内控法。上部楼层平面控制网，应以建筑物底层控制网为基础，通过仪器竖向垂直接力投测。竖向投测宜以每 $50\sim80$ m 设一转点，控制点竖向投测的允许误差应符合表 10-1 的规定。

表 10-1　控制点竖向投测的允许误差　　　　　　　　　　mm

项　　目		测量允许误差
每　　层		3
总高度 H	$H\leqslant30$ m	5
	30 m$<H\leqslant60$ m	8
	60 m$<H\leqslant90$ m	13
	90 m$<H\leqslant150$ m	18
	$H>150$ m	20

1. 外控法

外控法是在建筑物外部，利用经纬仪，根据建筑物轴线控制桩进行轴线的竖向投测。当施工场地比较宽阔时多使用外控法。

（1）在建筑物底部投测中心轴线位置。高层建筑的基础工程完工后，将经纬仪安置在轴线控制桩 A_1、A'_1、B_1 和 B'_1 上，把建筑物主轴线精确地投测到建筑物的底部，并设立标志，如图 10-2 中所示的 a_1、a'_1、b_1 和 b'_1，以供下一步施工及向上投测之用。

（2）向上投测中心线。随着建筑物不断升高，要逐层将轴线向上传递，如图 10-2 所示。将经纬仪安置在中心轴线控制桩 A_1、A'_1、B_1 和 B'_1 上，严格整平仪器，用望远镜瞄准建筑物底部已标出的轴线 a_1、a'_1、b_1 和 b'_1 点，用盘左和盘右分别向上投测到每层楼板上，并取其中点作为该层中心轴线的投影点，如图 10-2 中所示的 a_2、a'_2、b_2 和 b'_2 点。

（3）增设轴线引桩。当楼房逐渐增高，而轴线控制桩距建筑物又较近时，望远镜的仰角较大，操作不便，投测精度也会降低。为此，要将原中心轴线控制桩引测到更远的安全地方，或者附近大楼的屋面。

具体做法如下：将经纬仪安置在已经投测上去的较高层（如第十层）楼面轴线 a_{10}、a'_{10} 上，如图 10-3 所示，瞄准地面上原有的轴线控制桩 A_1 和 A'_1 点，用盘左、盘右分中投点法，将轴线延长到远处 A_2 和 A'_2 点，并用标志固定其位置，A_2、A'_2 即为新投测的 $A_1 A'_1$ 轴控制桩。更高各层的中心轴线，可将经纬仪安置在新的引桩上，按上述方法继续进行投测。

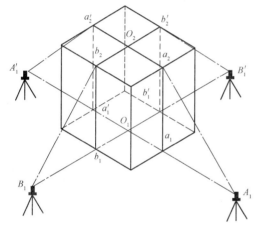

图 10-2　经纬仪投测中心轴线

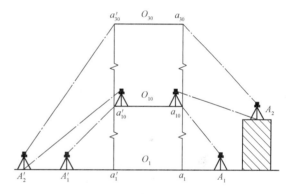

图 10-3　经纬仪引桩投测

2. 内控法

当施工场地窄小，无法在建筑物之外的轴线上安置仪器施测时，多使用内控法。依据仪器的不同，**内控法又可分为吊线坠法、激光铅垂仪法、天顶垂准测量及天底垂准测量四种投测方法。**

（1）吊线坠法。 吊线坠法是使用较重的特制线坠悬吊，以首层靠近建筑物轮廓的轴线交点为准，直接向各施工层悬吊引测轴线。吊线坠法竖向测量一般用于高度为 50～100 m 的高层建筑施工中。

但在使用吊线坠法向上引测轴线中，要特别注意线坠的几何形体要规正，悬吊时上端要固定牢固，线中间没有障碍，尤其是没有侧向抗力；在逐层引测中，要用更大的线坠每隔 3～5 层，由下面直接向上放一次通线，以作校测。在用吊线坠法施测时，如用铅直的塑料管套着线坠线，并采用专用观测设备，则精度更高。

（2）激光铅垂仪法。 激光铅垂仪是一种铅垂定位专用仪器，适用于高层建筑的铅垂定位测量。该仪器可以从两个方向（向上或向下）发射铅垂激光束，用它作为铅垂基准线，精度比较高，仪器操作也比较简单。

此方法必须在首层面层上做好平面控制，并选择四个较合适的位置作为控制点（图 10-4）或用中心十字控制。在浇筑上升的各层楼面时，必须在相应的位置预留 200 mm×200 mm 与首层层面控制点相对应的小方孔，保证能使激光束垂直向上穿过预留孔。在首层控制点上架设激光铅垂仪，调置仪器对中整平后接通电源，使激光铅垂仪发射出可见的红色光束，投射到上层预留孔的接收靶上，查看红色光斑点离靶心距离最小点，此点即为第二层上的一个控制点。其余的控制点用同样的方法作向上传递。

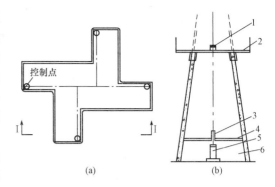

图 10-4　内控制布置
(a)控制点设置；(b)垂向预留孔设置
1—中心靶；2—滑模平台；3—通光管；
4—防护棚；5—激光铅垂仪；6—操作间

(3)天顶垂准测量。 天顶垂准测量也称为仰视法竖向测量，是采用挂垂球、经纬仪投影和激光铅垂仪法来传递坐标的方法。但这种测量方法受施工场地及周围环境的制约，当视线受阻，超过一定高度或自然条件不佳时，施测就无法进行。

天顶法垂准测量的基本原理是应用经纬仪望远镜进行观测，当望远镜指向天顶时，旋转仪器，利用视准轴线可以在天顶目标上与仪器的空间画出一个倒锥形轨迹，然后调动望远镜微动手轮，逐步归化，往复多次，直至锥形轨迹的半径达到最小，近似铅垂。天顶目标分划的成像，经望远镜棱镜通过 90°折射进行观测。其施测程序及操作方法如下：

1)先标定下标志和中心坐标点位，在地面设置测站，将仪器置中、调平，装上弯管棱镜，在测站天顶上方设置目标分划板，位置大致与仪器铅垂或设置在已标出的位置上。

2)将望远镜指向天顶，并固定之后调焦，使目标分划板成像清晰，置望远镜十字丝与目标分划板上的参考坐标 x、y 轴相互平行，分别置横丝和纵丝读取 x 和 y 的格值 G_J 和 C_J 或置横丝与目标分划板 y 轴重合，读取 x 格值 G_J。

3)转动仪器照准架 180°，重复上述程序，分别读取 x 格值 G_J' 和 y 格值 C_J'。然后调动望远镜微动手轮，将横丝与 $\dfrac{G_J+G_J'}{2}$ 格值重合，将仪器照准架旋转 90°，置横丝与目标分划板 x 轴平行，读取 y 格值 C_J'，略调微动手轮，使横丝与 $\dfrac{C_J+C_J'}{2}$ 格值相重合。

所测得 $x_J=\dfrac{C_J+C_J'}{2}$，$y_J=\dfrac{C_J+C_J'}{2}$ 的读数为一个测回，记入手簿作为原始依据。

在数据处理及精度评定时应按下列公式进行计算：

$$m_x \text{ 或 } m_y=\pm\sqrt{\frac{\sum_1^4\sum_{(i+1)}^{10}v_{ij}^2}{N(n-1)}}$$

$$m=\pm\sqrt{m_x^2+m_y^2}\quad r=\frac{m}{n}$$

$$r''=\frac{m}{n}\cdot\rho''$$

式中　　v——改正数；

N——测站数；

n——测回数；

m——垂准点位中误差；

r——垂准测量相对精度；

ρ''——$\rho''=206\ 265''$。

(4)天底垂准测量。 天底垂准测量也称为俯视法竖向测量，是利用 DJ6-C6 光学垂准经纬仪上的望远镜，旋转进行光学对中取其平均值而定出瞬时垂准线。

天底垂准测量的基本原理是利用 DJ6-C6 光学垂准经纬仪上的望远镜，旋转进行光学对中，取其平均值而定出瞬时垂准线。也就是使仪器能将一个点向另一个高度面上作垂直投影，再利用地面上的测微分划板测量垂准线和测点之间的偏移量，从而完成垂准测量，如图 10-5 所示。其施测程序及操作方法如下：

1)依据工程的外形特点及现场情况，拟定出测量方案，并做好观测前的准备工作，定出建筑物底层控制点的位置，以及在相应各楼层留设俯视孔，一般孔径为 $\phi 150$ mm，各层俯视孔的偏差$\leqslant\phi 8$ mm。

2)把目标分划板放置在底层控制点上，使目标分划板中心与控制点标志的中心重合。

3)开启目标分划板附属照明设备。

4)在俯视孔位置上安置仪器。

5)基准点对中。

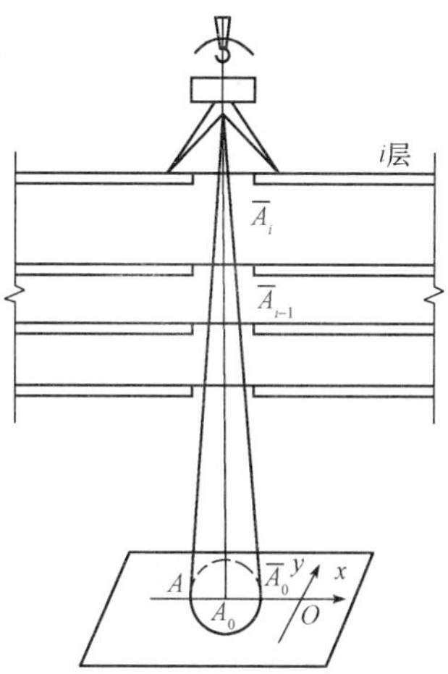

图 10-5　天底垂准测量原理
A_0—确定的仪器中心；O—基准点

6)当垂准点标定在所测楼层面十字丝目标上后，用墨斗线弹在俯视孔边上。

7)利用标出来的楼层上十字丝作为测站即可测角放样，测设高层建筑物的轴线。数据处理和精度评定与天顶垂准测量相同。

(三)控制网平差校核

轴线控制基准点投测至中间施工层后，应进行控制网平差校核。调整后的点位精度应满足边长相对误差达到 1/20 000 和相应的测角中误差$\pm10''$的要求。设计有特殊要求时应根据限差确定其放样精度。

二、高程控制网

(1)首级高程控制网应按闭合环线、附合路线或结点网形布设。高程测量的精度，不宜低于三等水准的精度要求。

(2)钢结构工程高程控制点的水准点，可设置在平面控制网的标桩或外围的固定地物上，也可单独埋设。水准点的个数不应少于 3 个。

(3)建筑物标高的传递宜采用悬挂钢尺测量方法进行，钢尺读数时应进行温度、尺长和拉力修正。标高向上传递时宜从两处分别传递，面积较大或高层结构宜从三处分别传递。当传递的标高误差不超过±3.0 mm 时，可取其平均值作为施工楼层的标高基准；超过时，则应重新传递。标高竖向传递投测的测量允许误差应符合表 10-2 的规定。

表 10-2　标高竖向传递投测的测量允许误差　　　　　　　　　mm

项　　目		测量允许误差
每　　层		±3
总高度 H	$H\leqslant30$ m	±5
	30 m$<H\leqslant60$ m	±10
	$H>60$ m	±12
注：表中误差不包括沉降和压缩引起的变形值。		

三、单层钢结构施工测量

(一)钢柱安装测量

钢柱安装前,应在柱身四面分别画出中线或安装线,弹线允许误差为 1 mm。

1. 柱子安装测量基本要求

柱子的安装测量应符合下列基本要求:

(1)柱子中心线应与相应的柱列中心线一致,其允许偏差为±5 mm。

(2)牛腿顶面及柱顶面的实际标高应与设计标高一致,其允许偏差为:当柱高小于或等于 5 m 时应不大于±5 mm;柱高大于 5 m 时应不大于±8 mm。

(3)柱身垂直允许误差:当柱高小于或等于 5 m 时应不大于±5 mm;当柱高在 5～10 m 时应不大于±10 mm;当柱高超过 10 m 时,限差为柱高的 1‰,且不超过 20 mm。

2. 弹出柱基中线和杯口标高线

根据柱列轴线控制桩,用经纬仪将柱列轴线投测到每个杯形基础的顶面上,弹出墨线。当柱列轴线为边线时,应平移设计尺寸,在杯形基础顶面上加弹出柱子中心线,作为柱子安装定位的依据。根据±0.000 标高,用水准仪在杯口内壁测设一条标高线。标高线与杯底设计标高的差应为一个整分米数,以便从这条线向下量取,作为杯底找平的依据。

3. 弹出柱子中心线和标高线

在每根柱子的三个侧面,用墨线弹出柱身中心线,并在每条线的上端和接近杯口处,各画一个红"▶"标志,供安装时校正使用。从牛腿面起,沿柱子四条棱边向下量取牛腿面的设计高程,即为±0.000 标高线,弹出墨线,画上红"▼"标志,供牛腿面高程检查及杯底找平用。

4. 柱子垂直校正测量

进行柱子垂直校正测量时,应将两架经纬仪安置在柱子纵、横中心轴线上,且距离柱子约为柱高的 1.5 倍的地方,如图 10-6 所示。先照准柱底中线,固定照准部,再逐渐仰视到柱顶,若中线偏离十字丝竖丝,表示柱子不垂直,可指挥施工人员采用调节拉绳,支撑或敲打楔子等方法使柱子垂直。经校正后,柱的中线与轴线偏差不

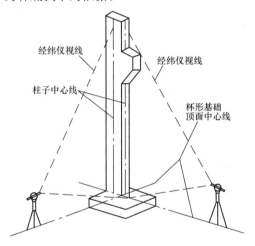

图 10-6 柱子垂直校正测量

得大于±5 mm;柱子垂直度容许误差为 $H/1\,000$,当柱高在 10 m 以上时,其最大偏差不得超过±20 mm;当柱高在 10 m 以内时,其最大偏差不得超过±10 mm。满足要求后,要立即灌浆,以固定柱子位置。

竖直钢柱安装时,应在相互垂直的两轴线方向上采用经纬仪,同时校测钢柱垂直度。当观测面为不等截面时,经纬仪应安置在轴线上;当观测面为等截面时,经纬仪中心与轴线间的水平夹角不得大于 15°。

(二)吊车梁与轨道安装测量

钢结构厂房吊车梁与轨道安装测量应根据厂房平面控制网,用平行借线法测定吊车梁的中心线;吊车梁中心线投测允许误差为±3 mm,梁面垫板标高允许偏差为±2 mm;吊车梁上轨道

中心线投测的允许误差为±2 mm，中间加密点的间距不得超过柱距的两倍，并应将各点平行引测到牛腿顶部靠近柱的侧面，作为轨道安装的依据；还应在柱牛腿面架设水准仪按三等水准精度要求测设轨道安装标高。标高控制点的允许误差为±2 mm，轨道跨距允许误差为±2 mm，轨道中心线投测允许误差为±2 mm，轨道标高点允许误差为±1 mm。

1. 吊车梁安装标高测设

吊车梁顶面标高应符合设计要求。根据±0.000标高线，沿柱子侧面向上量取一段距离，在柱身上定出牛腿面的设计标高点，作为修平牛腿面及加垫板的依据，同时在柱子的上端比柱顶面高5～10 cm处测设一标高点，据此修平梁顶面。梁顶面置平以后，应安置水准仪于吊车梁上，以柱子牛腿上测设的标高点为依据，检测梁面的标高是否符合设计要求。其容许误差应不超过±3 mm。

2. 吊车梁安装轴线测设

安装吊车梁前先将吊车轨道中心线投测到牛腿面上，作为吊车梁定位的依据。

(1)用墨线弹出吊车梁面中心线和两端中心线，如图10-7所示。

(2)根据厂房中心线和设计跨距，由中心线向两侧量出1/2跨距 d，在地面上标出轨道中心线。

图 10-7　吊车梁中心线

(3)分别安置经纬仪于轨道中心线两个端点上，瞄准另一端点，固定照准部，抬高望远镜，将轨道中心投测到各柱子的牛腿面上。

(4)安装时，根据牛腿面上轨道中心线和吊车梁端头中心线，两线对齐将吊车梁安装在牛腿面上，并利用柱子上的高程点，检查吊车梁的高程。

3. 吊车轨道安装测量

安装前先在地面上从轨道中心线向厂房内侧量出一定长度(a=0.5～1.0 m)，得两条平行线，称为校正线。然后分别安置经纬仪于两个端点上，瞄准另一端点，固定照准部，抬高望远镜瞄准吊车梁上横放的木尺，移动木尺，当视准轴对准木尺刻画时，木尺零点应与吊车梁中心线重合；如不重合，予以纠正并重新弹出墨线，以示校正后吊车梁中心线位置。

吊车轨道按校正后中心线就位后，用水准仪检查轨道面和接头处两轨端点高程，用钢尺检查两轨道间跨距，其测定值与设计值之差应满足规定要求。

(三)钢屋架(桁架)安装测量

钢屋架(桁架)安装后应有垂直度、直线度、标高、挠度(起拱)等实测记录。

复杂构件的定位可由全站仪直接架设在控制点上进行三维坐标测定，也可由水准仪对标高、全站仪对平面坐标进行共同测控。

四、多层、高层钢结构施工测量

多层及高层钢结构安装前，应对建筑物的定位轴线、底层柱的轴线、柱底基础标高进行复核，合格后再开始安装。

(一)多层钢结构安装测量放线

1. 建筑物测量验线

钢结构安装前，土建部门已做完基础，为确保钢结构安装质量，进场后首先要求土建部门提供建筑物轴线、标高及其轴线基准点、标高基准点，依此进行复测轴线及标高。

(1)轴线复测。轴线复测一般选用的仪器为全站仪。复测方法根据建筑物平面形状不同而采取不同的方法：矩形建筑物的验线宜选用直角坐标法；任意形状建筑物的验线宜选用极坐标法；

对于不便量距的点位，宜选用角度(方向)交会法。

(2)验线部位。验线部位包括建筑物平面控制图、主轴线及其控制桩，建筑物标高控制网及±0.000标高线，控制网及定位轴线中的最弱部位。

建筑物平面控制网主要技术指标见表10-3。

表 10-3　建筑物平面控制网主要技术指标

等级	适用范围	测角中误差/(″)	边长相对中误差
1	钢结构高层、超高层建筑	±9	1/24 000
2	钢结构多层建筑	±12	1/15 000

(3)误差处理。验线成果与原放线成果两者之差略小于或等于 $1/\sqrt{2}$ 限差时，可不必改正放线成果或取两者的平均值。

验线成果与原放线成果两者之差超过 $1/\sqrt{2}$ 限差时，原则上不予验收，尤其是关键部位。若为次要部位，可令其局部返工。

2. 平面轴线控制点的竖向传递

(1)地下部分。一般多层钢结构工程中，均有地下部分1～6层，对地下部分可采用外控法。建立井字形控制点，组成一个平面控制格网，并测设出纵横轴线。

(2)地上部分。控制点的竖向传递采用内控法，投递仪器采用激光铅直仪。在地下部分钢结构工程施工完成后，利用全站仪将地下部分的外控点引测到±0.000楼面，在±0.000楼面形成井字形内控点。在设置内控点时，为保证控制点间相互通视和向上传递，应避开柱、梁位置。

在把外控点向内控点的引测过程中，其引测必须符合国家标准工程测量规范中的相关规定。地上部分控制点的向上传递过程是：在控制点架设激光铅直仪，精密对中整平；在控制点的正上方，在传递控制点的楼层预留孔 300 mm×300 mm 上放置一块有机玻璃做成的激光接收靶，通过移动激光接收靶即可将控制点传递到施工作业楼层上；然后在传递好的控制点上架设仪器，复测传递好的控制点。当楼层超过 100 m，激光接收靶上的点不清楚时，可采用接力办法传递，其传递的控制点必须符合国家标准工程测量规范中的相关规定。

3. 柱顶轴线测量

利用传递上来的控制点，通过全站仪或经纬仪进行平面控制网放线，把轴线(坐标)放到柱顶上。

4. 悬吊钢尺传递标高

(1)利用标高控制点，采用水准仪和钢尺测量的方法引测。

(2)多层与高层钢结构工程一般用相对标高法进行测量控制。

(3)根据外围原始控制点的标高，用水准仪引测水准点至外围框架钢柱处，在建筑物首层外围钢柱处确定+1.000标高控制点，并做好标记。

(4)从做好标记并经过复测合格的标高点处，用50 m标准钢尺垂直向上量至各施工层，在同一层的标高点应检测相互闭合，闭合后的标高点则作为该施工层标高测量的后视点，并做好标记。

(5)当超过钢尺长度时，另布设标高起始点，作为向上传递的依据。

5. 钢柱竖直度测量

钢柱吊装时，钢柱竖直度测量一般选用经纬仪。用两台经纬仪分别架设在引出的轴线上，对钢柱进行测量校正。当轴线上有其他的障碍物阻挡时，可将仪器偏离轴线 150 mm 以内。

(二)高层钢结构安装测量放线

安装采用"先标高，后位移，最后垂偏"的无缆风校正法进行钢结构校正工作。结构安装过程中，通过标高调校、位移调整、水平度校正和垂直度跟踪观测来进行安装的测量控制。

1. 钢柱标高调校

钢柱吊装就位后，用大六角高强度螺栓通过连接板固定上下耳板，通过起落吊钩并用撬棍调整柱间间隙或通过加焊钢楔子结合千斤顶调整钢柱柱间间隙，通过上下柱标高控制线之间的距离与设计标高数值进行对比，符合要求后打入钢楔，点焊并紧固连接螺栓限制钢柱下落，并考虑其焊接收缩量和压缩量，将其标高偏差调整至+3 mm内。

2. 位移调整

钢柱对接时钢柱的中心线应尽量对齐，错边量应符合要求；应尽量做到上下柱十字线重合，如有偏差，应在柱-柱连接耳板的不同侧面夹入垫板（垫板厚度 0.5～1.0 mm），拧紧大六角高强度螺栓，钢柱的位移偏差每次调整量在 3 mm 以内，若偏差过大，可分 2 或 3 次调整。

注意：每节钢柱的定位轴线不允许使用下面一节钢柱子的定位轴线，必须从地面控制线或阶段传递层控制线引到高处，以保证每节钢柱安装正确无误，以免产生过大的累积误差。

3. 垂直度校正

钢柱校正采用无缆风校正法，在钢柱的偏斜一侧打入钢楔或用顶升千斤顶支顶。垂直度测量采用两台经纬仪（配合弯管目镜）在钢柱的两个互相垂直的方向同时进行跟踪观测控制。对于因安装误差、焊接变形、日照温度、钢结构弹性等因素引起的误差值，通过总结积累的经验预留出垂偏值。在保证单节钢柱垂直度不超过规定的前提下，注意留出焊缝收缩对垂直度的影响，采用合理的焊接顺序以减小焊接收缩对钢柱垂直度的影响。

4. 垂直度调整

钢梁安装过程中对钢柱垂直度的影响，可采用千斤顶和倒链进行调整，如图 10-8 和图 10-9 所示。

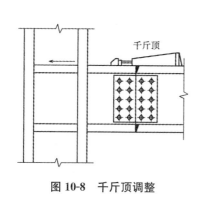

图 10-8　千斤顶调整

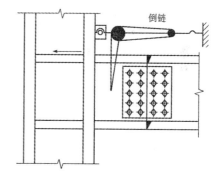

图 10-9　倒链调整

5. 水平度校正

同一根梁两端的水平度，允许偏差($L/1\ 000$)+3 mm(L 为梁长)，且不大于 10 mm。钢梁水平度超标的主要原因是连接板位置或螺孔位置有误差，可采取更换连接板或塞焊孔重新制孔的方法进行处理。

6. 垂直度跟踪观测

为如实掌握每根钢柱垂直度的动态，在钢梁和钢柱焊接过程中，采用经纬仪对钢柱的垂直度随时进行跟踪观测，保证钢结构安装的各项控制指标处于受控状态。

每节钢柱高度范围内的全部构件，在完成安装及焊接并经测量验收合格后，测放平面位置的控制轴线和高程控制的标高线。

五、高耸钢结构施工测量

(1)高耸钢结构的施工控制网宜在地面布设成田字形、圆形或辐射形。

(2)由平面控制点投测到上部直接测定施工轴线点，应采用不同测量方法校核，其测量允许误差为 4 mm。

(3)标高±0.000 以上塔身铅垂度的测设宜使用激光铅垂仪，接收靶在标高 100 m 处收到的激光仪旋转360°画出的激光点轨迹圆直径应小于 10 mm。

(4)高耸钢结构标高低于 100 m 时，宜在塔身中心点设置铅垂仪；标高为 100～200 m 时，宜设置四台铅垂仪；标高为 200 m 以上时，宜设置包括塔身中心点在内的五台铅垂仪。铅垂仪的点位应从塔的轴线点上直接测定，并应用不同的测设方法进行校核。

(5)激光铅垂仪投测到接收靶的测量允许误差应符合表 10-4 的要求。有特殊要求的高耸钢结构，其允许误差应由设计和施工单位共同确定。

表 10-4 激光铅垂仪投测到接收靶的测量允许误差

塔高/m	50	100	150	200	250	300	350
高耸结构验收允许偏差/mm	57	85	110	127	143	165	—
测量允许误差/mm	10	15	20	25	30	35	40

(6)高耸钢结构施工到 100 m 高度时，宜进行日照变形观测，并绘制出日照变形曲线，列出最小日照变形区间。

(7)高耸钢结构标高的测定，宜用钢尺沿塔身铅垂方向往返测量，并宜对测量结果进行尺长、温度和拉力修正，精度应高于 1/10 000。

(8)高度在 150 m 以上的高耸钢结构，整体垂直度宜采用 GPS 进行测量复核。

六、GPS 测量定位技术在钢结构工程中的应用

全球定位系统(GPS)是一种可以授时和测距的空间交会定点的导航系统，可向全球用户提供连续、实时、高精度的三维位置、三维速度和时间信息。

GPS 主要由三大部分组成，即空间部分、地面监控部分、用户设备部分。GPS 的空间部分是指 GPS 工作卫星星座，其由 24 颗卫星组成，其中 21 颗工作卫星，3 颗备用卫星，均匀分布在 6 个轨道上。GPS 的地面监控部分由 5 个地面站组成，即 1 个主控站、3 个注入站和 5 个监控站。主控站的主要任务为：根据各监控站提供的观测资料推算编制各颗卫星的星历、卫星钟差和大气层修正参数并把这些数据传送到注入站；提供 GPS 的时间标准；调整偏离轨道的卫星，使之沿预定的轨道运行；启用备用卫星以取代失效的工作卫星。注入站的主要任务为：在主控站的控制下，把主控站传来的各种数据和指令等正确并适时地注入相应卫星的存储系统。监测站的主要任务为：给主控站编算导航电文提供观测数据，每个监控站均用 GPS 信号接收机，对每颗可见卫星每 6 秒钟进行一次伪距测量和积分多普勒观测，并采集气象要素等数据。GPS 的用户设备部分由 GPS 接收机硬件和相应的数据处理软件以及微处理机及其终端设备组成。其主要功能是接收 GPS 卫星发射的信号，获得必要的导航和定位信息及观测量，并经简单数据处理实现实时导航。

GPS 之所以在许多领域得到广泛应用，是因为其本身所具有的诸多优点，概括起来主要有以下几个方面：

(1)定位精度高。通过很多应用实践已经证明，GPS 相对定位精度在 50 km 以内可达 10^{-6}，100～500 km 可达 10^{-7}，1 000 km 以上可达 10^{-9}，在 300～1 500 m 工程精密定位中，1 h 以上

观测的解算，其平面位置误差小于 1 mm，基线边长越长越能突显定位精度高的优势。

（2）观测时间短。由于 GPS 的不断完善，软件不断更新，目前 20 km 以内相对静态定位，仅需 15～20 min，快速静态相对定位测量时，当每个流动站与基准站相距在 15 km 以内时，流动站只需观测 1～2 min，动态相对定位测量时，流动站出发时观测 1～2 min，然后可随时定位，每站观测仅需几秒钟。

（3）测站间无须通视。GPS 测量不要求站点间相互通视，只需测站上空开阔即可。

（4）可提供三维坐标。经典大地测量将平面与高程采用不同方法施测，而 GPS 可同时精确测定测站点的三维坐标，目前 GPS 水准可达到四等水准测量的精度。

（5）操作简便。随着 GPS 机不断改进，自动化程度越来越高，体积也越来越小，重量越来越轻，有的已达"傻瓜化"的程度。

（6）全天候作业。使用 GPS 测量，不受时间限制，24 h 都可以工作，也不受起雾、刮风、下雨、下雪等天气的影响。

（7）功能多、应用广。GPS 不仅可用于测量，还可用于测速、测时。测速精度可达 0.1 m/s，测时精度可达几十毫秒。随着人们对 GPS 的不断开发，其应用领域正在不断地扩大。

在工程测量领域中，由于 GPS 定位技术自身独特而强大的功能，充分显示了它在该领域实际测量工作中比常规控制测量具有更大的优越性和适应性，GPS 具有其他测量仪器和测量方法所不能比拟的优点，同时也存在一些不足，还有待于进一步研究改善来适应实际测量工作。随着该技术的飞速发展和普及以及相关技术的应用，GPS 定位技术将在城市建设及工程测量中得到更加广泛的应用。

第二节　钢结构施工监测

一、施工监测方法

钢结构施工期间，可对结构变形、结构内力、环境量等内容进行过程监测。钢结构工程具体的监测内容及监测部位可根据不同的工程要求和施工状况选取。施工监测方法应根据工程监测对象、监测目的、监测频度、监测时长、监测精度要求等具体情况选定。

二、监测仪器和设备

采用的监测仪器和设备应满足数据精度要求，且应保证数据稳定和准确，宜采用灵敏度高、抗腐蚀性好、抗电磁波干扰强、体积小、质量轻的传感器。

三、施工监测点布置

施工监测点布置应根据现场安装条件和施工交叉作业情况，采取可靠的保护措施。应力传感器应根据设计要求和工况需要布置于结构受力最不利部位或特征部位。变形传感器或测点宜布置于结构变形较大部位。温度传感器宜布置于结构特征断面，宜沿四面和高程均匀分布。

四、钢结构工程变形监测

（1）钢结构工程变形监测的等级划分及精度要求，应符合表 10-5 的规定。变形监测方法可按表 10-6 选用，也可同时采用多种方法进行监测。应力应变宜采用应力计、应变计等传感器进行监测。

表 10-5　钢结构工程变形监测的等级划分及精度要求

等级	垂直位移监测		水平位移监测	适用范围
	变形观测点的高程中误差/mm	相邻变形观测点的高差中误差/mm	变形观测点的点位中误差/mm	
一等	0.3	0.1	1.5	变形特别敏感的高层建筑、空间结构、高耸构筑物、工业建筑等
二等	0.5	0.3	3.0	变形比较敏感的层建筑、空间结构、高耸构筑物、工业建筑等
三等	1.0	0.5	6.0	一般性的高层建筑、空间结构、高耸构筑物、工业建筑物等

注：1. 变形观测点的高程中误差和点位中误差，指相对于邻近基准的中误差。

2. 特定方向的位移中误差，可取表中相应点位中误差的 $1/\sqrt{2}$ 作为限值。

3. 垂直位移监测，可根据变形观测点的高程中误差或相邻变形观测点的高差中误差，确定监测精度等级。

表 10-6　变形监测方法的选择

类　　别	监　测　方　法
水平变形监测	三角形网、极坐标法、交会法、GPS测量、正倒垂线法、视准线法、引张线法、激光准直法、精密测(量)距、伸缩仪法、多点位移法等
垂直变形监测	水准测量、液体静力水准测量、电磁波测距三角高程测量等
三维位移监测	全站仪自动跟踪测量法、卫星实时定位测量法等
主体倾斜	经纬仪投点法、差异沉降法、激光准直法、垂线法、倾斜仪、电垂直梁法等
挠度观测	垂线法、差异沉降法等

（2）监测数据应及时采集和整理，并应按频次要求采集，对漏测、误测或异常数据应及时补测或复测、确认或更正。

（3）应力应变监测周期，宜与变形监测周期同步。

（4）在进行结构变形和结构内力监测时，宜同时进行监测点的温度、风力等环境量监测。

（5）监测数据应及时进行定量和定性分析。监测数据分析可采用图表分析、统计分析、对比分析和建模分析等方法。

（6）需要利用监测结果进行趋势预报时，应给出预报结果的误差范围和适用条件。

本章小结

本章主要从测量和监测两个方面进行阐述。施工测量前，应根据设计施工图和钢结构安装要求，编制测量专项方案；钢结构安装前应设置施工控制网。钢结构施工期间，应对结构变形、结构内力、环境量等内容进行过程监测。钢结构工程具体的监测内容及监测部位可根据不同的工程要求和施工状况选取。

思考与练习

一、单项选择题

1. 用直角坐标法放样时，先要在地面上设(　　)的轴线作为放样控制点。

　　A. 两条互相平行　　B. 两条互相垂直　　C. 两条互相交叉　　D. 以上都可以

2. 当施工场地窄小，无法在建筑物之外的轴线上安置仪器施测时，多使用（　　）。

　　A. 内控法　　　　B. 外控法　　　　C. 铅直仪法　　　　D. 经纬仪投测法

3. 建筑物标高的传递宜采用（　　）方法进行，钢尺读数时应进行温度、尺长和拉力修正。

　　A. 铅直仪法测量　　B. 悬挂钢尺测量　　C. 钢尺直接测量　　D. 吊线坠法测量

4. 钢柱安装前，应在柱身四面分别画出中线或安装线，弹线允许误差为（　　）mm。

　　A. 0.5　　　　　B. 1　　　　　　C. 1.5　　　　　D. 2.0

5. 施工监测点布置应根据现场安装条件和施工交叉作业情况，采取可靠的保护措施。（　　）应根据设计要求和工况需要布置于结构受力最不利部位或特征部位。

　　A. 变形传感器　　B. 温度传感器　　C. 应力传感器　　D. 以上都可以

二、多项选择题

1. 建筑物的轴线控制桩应根据建筑物的平面控制网测定，定位放线可选择（　　）等方法。

　　A. 直角坐标法　　　　　　　　B. 极坐标法

　　C. 角度（方向）交会法　　　　D. 距离交会法

2. 依据仪器的不同，内控法又可分为（　　）。

　　A. 吊线坠法　　　　　　　　　B. 钢尺直接测量法

　　C. 天顶垂准测量法　　　　　　D. 天底垂准测量法

3. 钢结构施工期间，可对（　　）等内容进行过程监测。钢结构工程具体的监测内容及监测部位可根据不同的工程要求和施工状况选取。

　　A. 结构变形　　　B. 结构内力　　　C. 环境量　　　D. 以上都不对

4. 钢结构施工监测采用的监测仪器和设备应满足数据精度要求，且应保证数据稳定和准确，宜采用（　　）的传感器。

　　A. 灵敏度高　　　　　　　　　B. 抗腐蚀性好

　　C. 体积小、质量轻　　　　　　D. 抗电磁波干扰强

5. 钢结构三维位移变形监测可采用的方法是（　　）。

　　A. 水准测量法　　　　　　　　B. 全站仪自动跟踪测量法

　　C. 电磁波测距三角高程测量法　　D. 卫星实时定位测量法

6. GPS 主要由三大部分组成，即（　　）。

　　A. 空间部分　　　B. 地面监控部分　　　C. 用户设备部分　　　D. 地面基站

三、简答题

1. 建筑物的定位放线方法有哪些？

2. 不同楼层建筑物控制点竖向投测的方法有何不同？

3. 在使用吊线坠法向上引测轴线时应注意些什么？

4. 天顶法垂准测量的基本原理是什么？

5. 如何弹出柱基中线和杯口标高线？

6. 如何进行钢柱竖直度测量？

7. 高层钢结构钢柱安装垂直度应如何校正？

8. 不同标高的高耸钢结构如何设置铅垂仪？

9. 如何选定钢结构施工监测方法？

10. 如何布置施工监测点？

第十一章　钢结构施工安全与环境保护

施工时，应为作业人员提供符合国家现行有关标准规定的合格劳动保护用品，并应培训和监督作业人员正确使用。对易发生职业病的作业，应对作业人员采取专项保护措施。当高空作业的各项安全措施经检查不合格时，严禁高空作业。

第一节　登高作业安全技术

一、登高脚手架安全技术

搭设登高脚手架应符合现行行业标准《建筑施工扣件式钢管脚手架安全技术规范》（JGJ 130—2011）和《建筑施工碗扣式钢管脚手架安全技术规范》（JGJ 166—2016）的有关规定，当采用其他登高措施时，应进行结构安全计算。

(一)扣件式钢管脚手架

脚手架应由立杆(冲天)，纵向水平杆(大横杆、顺水杆)，横向水平杆(小横杆)，剪刀撑(十字盖)，抛撑(压栏子)，纵、横扫地杆和拉结点等组成。脚手架必须有足够的强度、刚度和稳定性，在允许施工荷载作用下，确保不变形、不倾斜、不摇晃。扣件式钢管脚手架使用安全管理如下：

（1）扣件式钢管脚手架安装与拆除人员必须是经考核合格的专业架子工。架子工应持证上岗。

（2）搭拆脚手架人员必须戴安全帽、系安全带、穿防滑鞋。

（3）脚手架的构配件质量与搭设质量，应按规定进行检查验收，并应确认合格后方可使用。

（4）钢管上严禁打孔。

（5）作业层上的施工荷载应符合设计要求，不得超载。不得将模板支架、缆风绳、泵送混凝土和砂浆的输送管等固定在架体上；严禁悬挂起重设备，严禁拆除或移动架体上的安全防护设施。

（6）当有六级及以上强风、浓雾、雨或雪天气时，应停止脚手架搭设与拆除作业。雨、雪后上架作业应有防滑措施，并应扫除积雪。

（7）夜间不宜进行脚手架搭设与拆除作业。

（8）脚手架的安全检查与维护，应按有关规定进行。

（9）脚手板应铺设牢靠、严实，并应用安全网双层兜底。施工层以下每隔10 m应用安全网封闭。

（10）单、双排脚手架沿架体外围应用密目式安全网全封闭，密目式安全网宜设置在脚手架外立杆的内侧，并应与架体绑扎牢固。

（11）在脚手架使用期间，严禁拆除下列杆件。

1）主节点处的纵、横向水平杆，纵、横向扫地杆。

2）连墙件。

（12）当在脚手架使用过程中开挖脚手架基础下的设备基础或管沟时，必须对脚手架采取加固措施。

（13）临街搭设脚手架时，外侧应有防止坠物伤人的防护措施。

（14）在脚手架上进行电、气焊作业时，应有防火措施和专人看守。

（15）工地临时用电线路的架设及脚手架接地、避雷措施等，应按现行行业标准《施工现场临时用电安全技术规范》(JGJ 46—2005)的有关规定执行。

（16）搭拆脚手架时，地面应设围栏的警戒标志，并应派专人看守，严禁非操作人员入内。

（二）碗扣式钢管脚手架

碗扣式钢管脚手架，又称多功能碗扣型脚手架，是我国参考国外同类型脚手架接头和配件构造自行研制而成的一种多功能脚手架。 该种脚手架由钢管立管、横管、碗扣接头组成。其核心部件为碗扣接头，由上、下碗扣、横杆接头和上碗扣限位销等组成（图11-1）。碗扣式钢管脚手架使用安全管理规则如下：

（1）作业层上的施工荷载应符合设计要求，不得超载，不得在脚手架上集中堆放模板、钢筋等物料。

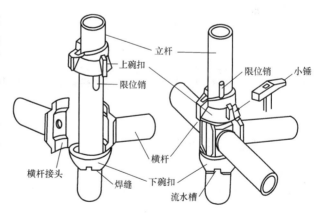

图11-1 碗扣接头构造示意图

（2）混凝土输送管、布料杆、缆风绳等不得固定在脚手架上。

（3）遇六级及以上大风、雨雪、大雾天气时，应停止脚手架的搭设与拆除作业。

（4）脚手架使用期间，严禁擅自拆除架体结构杆件；如需拆除，必须经修改施工方案并报请原方案审批人批准，确定补救措施后方可实施。

（5）严禁在脚手架基础及邻近处进行挖掘作业。

(6)脚手架应与输电线路保持安全距离。施工现场临时用电线路架设及脚手架接地防雷措施等应按《施工现场临时用电安全技术规范》(JGJ 46—2005)的有关规定执行。

(7)搭设脚手架人员必须持证上岗。上岗人员应定期体检,合格者方可持证上岗。

(8)搭设脚手架人员必须戴安全帽、系安全带、穿防滑鞋。

二、钢挂梯安全技术

钢桩吊装松钩时,施工人员宜通过钢挂梯登高,并应采用防坠器进行人身保护。钢挂梯应预先与钢桩可靠连接,并应随柱起吊。挂梯构造如图 11-2 所示。

(1)攀登用具(结构构造上必须牢固可靠)、移动式梯子,均应按现行的国家标准验收其质量。

(2)梯脚底部应坚实,不得垫高使用,梯子的上端应有固定措施。

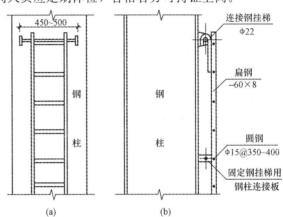

图 11-2 钢柱登高挂梯
(a)立面图;(b)剖面图

(3)立梯工作角度以 75°±5°为宜,踏板上下间距以 30 cm 为宜,并不得有缺档。折梯使用时上部夹角以 35°~45°为宜,铰链必须牢固,并有可靠的拉撑措施。

(4)使用直爬梯进行攀登作业时,攀登高度以 5 m 为宜,超出 2 m 时宜加设护笼,超过 8 m 时必须设置梯间平台。

(5)作业人员应从规定的通道上下,不得在阳台之间等非规定通道进行攀登。上下梯子时,必须面向梯子,且不得手持器物。

(6)攀登的用具,结构构造上必须牢固可靠。供人上下的踏板,其使用荷载不应大于 1 100 N/m²。当梯面上有特殊作业,重量超过上述荷载时,应按实际情况加以验算。

第二节 钢筋连接与加工安全技术

一、钢筋连接安全技术

1. 焊接连接

(1)焊钳与把线必须绝缘良好,连接牢固,更换焊条应戴手套。在潮湿地点工作,应站在绝缘胶板或木板上。

(2)焊接预热工件时,应有石棉布或挡板等隔热措施。

(3)把线、地线禁止与钢丝绳接触,更不得用钢丝绳或机电设备代替零线。所有地线接头,必须连接牢固。

(4)更换场地移动把线时,应切断电源,并不得手持把线爬梯登高。

(5)清除焊渣、采用电弧气刨清根时,应戴防护眼镜或面罩,以防止铁渣飞溅伤人。

(6)电焊机要设单独的开关,开关应放在防雨的闸箱内,拉合闸时应戴手套侧向操作。多台焊机在一起集中施焊时，焊接平台或焊件必须接地，并应有隔光板。

(7)雷雨时，应停止露天焊接工作。

(8)施焊场地周围应清除易燃易爆物品，或进行覆盖、隔离。必须在易燃易爆气体或液体扩散区施焊时，经有关部门检试许可后方可施焊。

(9)工作结束，应切断焊机电源，并检查操作地点，确认无起火危险后，方可离开。

2. 螺栓连接

(1)作业人员进入施工现场必须戴安全帽，高空作业必须系安全带，穿防滑鞋。

(2)高空操作人员使用的工具及安装用的零部件，应放入随身携带的工具袋内，不可随便向上或向下丢抛。手动工具如棘轮扳手、梅花扳手等应用小绳拴在施工人员的手腕上，拧下来的扭剪型螺栓梅花头应随手放入专用的收集袋内。

(3)地面操作人员应尽量避免在高空作业的下方停留或通过，防止高空坠物伤人。

(4)构件摆放及拼装必须卡牢。移动、翻身时，撬杠支点要垫稳；滚动或滑动时，前方不得站人。

(5)使用活扳手，扳口尺寸应与螺帽尺寸相符，不应在手柄上加套管。高空操作应使用死扳手，如使用活扳手，应用绳子拴牢。

(6)构件安装时，摩擦面应干燥，没有结霜、积霜、积雪，不得在雨中作业。

(7)安装高强度螺栓前，必须做好接头摩擦面清理，不允许有毛刺、铁屑、油污和焊接飞溅物。

(8)使用风动或其他噪声较大的工具、机具进行施工时，要尽量避免夜间施工，以免噪声扰民。

(9)高强度螺栓施工机具的接电口应有防雨、防漏电的保护措施。

(10)拧下来的扭剪型高强度螺栓梅花头要集中堆放，统一处理。

二、钢筋加工安全技术

(1)一切材料、构件的堆放必须平整稳固，应放在不妨碍交通和吊装安全的地方，边角余料应及时清除。

(2)机械和工作台等设备的布置应便于安全操作，通道宽度不得小于 1 m。

(3)一切机械、砂轮、电动工具、电气焊等设备都必须设有安全防护装置。

(4)对电气设备和电动工具，必须保证绝缘良好，露天电气开关要设防雨箱并加锁。

(5)凡是受力构件用电焊点固后，在焊接时不准在点焊处起弧，以防熔化塌落。

(6)焊接、切割锰钢、合金钢、有色金属部件时，应采取防毒措施。接触焊件，必要时应用橡胶绝缘板或干燥的木板隔离，并隔离容器内的照明灯具。

(7)焊接、切割、气刨前，应清除现场的易燃易爆物品。离开操作现场前，应切断电源，锁好闸箱。

(8)在现场进行射线探伤时，周围应设警戒区，并挂"危险"标志牌，现场操作人员应背离射线 10 m 以外。在 30°投射角范围内，一切人员要远离 50 m 以上。

(9)构件就位时应用撬棍拨正，不得用手扳或站在不稳固的构件上操作。严禁在构件下方操作。

(10)用撬棍拨正物件时，必须手压撬棍，禁止骑在撬棍上，不得将撬棍放在肋下，以免回弹伤人。在高空使用撬棍不能向下使劲过猛。

(11)用尖头扳子拨正配合螺栓孔时，必须插入一定深度方能撬动构件。发现螺栓孔不符合要求时，不得用手指塞入检查。

(12)保证电气设备绝缘良好。在使用电气设备时，首先应该检查是否有保护接地，接好保护接地后再进行操作。另外，电线的外皮、电焊钳的手柄，以及一些电动工具都要保证有良好的绝缘。

(13)带电体与地面、带电体之间，带电体与其他设备和设施之间，均需要保持一定的安全距离。如常用的开关设备的安装高度应为 1.3~1.5 m；起重吊装的索具、重物等与导线的距离不得小于 1.5 m(电压在 4 kV 及其以下)。

(14)工地或车间的用电设备,一定要按要求设置熔断器、断路器、漏电开关等器件。如果熔断器的熔丝熔断,必须查明原因,由电工更换,不得随意加大熔丝断面或用铜代替。

(15)手持电动工具,必须加装漏电开关,在金属容器内施工必须采用安全低电压。

(16)推拉闸刀开关时,一般应戴好干燥的皮手套,头部要偏斜,以防推拉开关时火花灼伤。

(17)使用电气设备时,操作人员必须穿胶底鞋和戴胶皮手套,以防触电。

(18)工作中,当有人触电时,不要赤手接触触电者,应该迅速切断电源,然后立即组织抢救。

第三节　钢结构涂装施工安全技术

一、涂装施工安全技术要求

(1)施工前要对操作人员进行防火安全教育和安全技术交底。

(2)涂装操作人员应穿工作服,戴乳胶手套、防尘口罩、防护眼镜、防毒面具等防护用品;患有慢性皮肤病或对某些物质有过敏反应者,不宜参加施工。

(3)涂料施工的安全措施主要要求:涂漆施工场地要有良好的通风,在通风条件不好的环境涂漆时,必须安装通风设备。

(4)因操作不小心,涂料溅到皮肤上时,可用木屑加肥皂水擦洗;最好不用汽油或强溶剂擦洗,以免皮肤发炎。

(5)使用机械除锈工具(如钢丝刷、粗锉、风动或电动除锈工具)清除锈层、工业粉尘、旧漆膜时,为避免眼睛被沾污或受伤,要戴上防护眼镜,并戴上防尘口罩,以防呼吸道被感染。

(6)在涂装对人体有害的漆料(如红丹的铅中毒、天然大漆的漆毒、挥发型漆的溶剂中毒等)时,需要戴上防毒口罩、封闭式眼罩等保护用品。

(7)在喷涂硝基漆或其他挥发型且易燃性较大的涂料时,严禁使用明火,应严格遵守防火规则,以免失火或引起爆炸。

(8)高空作业时要系安全带,双层作业时要戴安全帽;要仔细检查跳板、脚手杆子、吊篮、云梯、绳索、安全网等施工用具有无损坏,捆扎牢不牢,有无腐蚀或搭接不良等隐患;每次使用之前均应在平地上做起重试验,以防造成事故。

(9)施工场所的电线,要按防爆等级的规定安装;电动机的启动装置与配电设备,应该是防爆式的,要防止漆雾飞溅在照明灯泡上。

(10)不允许把盛装涂料、溶剂或用剩的漆罐开口放置。浸染涂料或溶剂的破布及废棉纱等物,必须及时清除;涂漆环境或配料房要保持清洁,出入畅通。

(11)操作人员涂漆施工时,如感觉头痛、心悸或恶心,应立即离开施工现场,在通风良好的环境里呼吸一下新鲜空气;如仍然感到不适,应速去医院检查治疗。

二、涂装施工与防火、防爆

(1)配制使用乙醇、苯、丙酮等易燃材料的施工现场,应严禁烟火和使用电炉等明火设备,并应备置消防器材。

(2)配制硫酸溶液时，应将硫酸注入水中，严禁将水注入硫酸中；配制硫酸乙酯时，应将硫酸慢慢注入酒精中，并充分搅拌，温度不得超过 60 ℃，以防酸液飞溅伤人。

(3)防腐涂料的溶剂，常易挥发出易燃易爆的气体，当达到一定浓度后，遇火易引起燃烧或爆炸，故施工时应加强通风，降低气体积聚浓度。常用溶剂爆炸界限见表 11-1。

表 11-1　常用溶剂的爆炸界限

名　称	爆炸下限		爆炸上限	
	%（容量）	g/m³	%（容量）	g/m³
苯	1.5	48.7	9.5	308
甲苯	1.0	38.2	7.0	264
二甲苯	3.0	130.0	7.6	330
松节油	0.8		44.5	
漆用汽油	1.4		6.0	
甲醇	3.5	46.5	36.5	478
乙醇	2.6	49.5	18.0	338
正丁醇	1.68	51.0	10.2	309
丙酮	2.5	60.5	9.0	218
环己酮	1.1	44.0	9.0	
乙醚	1.85		36.5	
醋酸乙酯	2.18	80.4	11.4	410
醋酸丁酯	1.70	80.6	15.0	712

三、涂装施工与防尘、防毒

(1)研磨、筛分、配料、搅拌粉状填料，宜在密封箱内进行，并有防尘措施，粉料中二氧化硅在空气中的浓度不得超过 2 mg/m³。

(2)酚醛树脂中的游离酚，聚氨基甲酸酯涂料含有的游离异氰酸基，漆酚树脂漆含有的酚，水玻璃材料中的粉状氟硅酸钠，树脂类材料使用的固化剂，如乙二胺、间苯二胺、苯磺酰氯，酸类及溶剂，如溶剂汽油和丙酮均有毒性，现场除自然通风外，还应根据情况设置机械通风，保持空气流通，使有害气体含量小于允许含量极限。

第四节　环境保护措施

环境保护是我国的一项基本国策。在建筑工程施工过程中，由于使用的设备大型化、复杂化，往往会给环境造成一定的影响和破坏，特别是大中城市，由于施工对环境造成影响而产生的矛盾尤其突出。为了保护环境，防止环境污染，按照有关法规规定，建设单位与施工单位在施工过程中都要保护施工现场周围的环境，防止对自然环境造成破坏；防止和减轻粉尘、噪声、振动对周围居住区的污染和危害。

建设工程施工现场
环境与卫生标准

一、施工期间卫生管理

(一)施工区卫生管理

1. 环境卫生管理责任区

为创造舒适的工作环境，养成良好的文明施工作风，保证职工身体健康，施工区域和生活区域应有明确划分，把施工区和生活区分成若干片，分片包干，建立责任区，从道路交通、消防器材、材料堆放到垃圾、厕所、厨房、宿舍、火炉等都有专人负责，做到责任落实到人(名单上墙)，使文明施工、环境卫生工作保持经常化、制度化。

2. 环境卫生管理措施

(1)施工现场要天天打扫，保持整洁，场地平整，各类物品堆放整齐，道路平坦畅通，无堆放物、无散落物，做到无积水、无黑臭、无垃圾，有排水措施。生活垃圾与建筑垃圾要分别定点堆放，严禁混放，并应及时清运。

(2)施工现场严禁大小便，发现有随地大小便现象要对责任区负责人进行处罚。施工区、生活区有明确划分，设置标志牌，标志牌上注明责任人姓名和管理范围。

(3)卫生区的平面图应按比例绘制，并注明责任区编号和负责人姓名。

(4)施工现场零散材料和垃圾要及时清理，垃圾临时存放不得超过3天，如违反本条规定，要处罚工地负责人。

(5)办公室内做到天天打扫，保持卫生整洁，做到窗明地净，文具摆放整齐，达不到要求时对当天卫生值班员罚款。

(6)职工宿舍铺上、铺下做到整洁有序，室内和宿舍四周保持干净，污水和污物、生活垃圾集中堆放，及时外运，发现不符合此条要求时处罚当天卫生值班员。

(7)冬季办公室和职工宿舍取暖炉，必须有验收手续，合格后方可使用。

(8)楼内清理出的垃圾，要用容器或小推车，用塔吊或提升设备运下，严禁高空抛撒。

(9)施工现场的厕所，做到有顶、门窗齐全并有纱，坚持每天打扫，每周撒白灰或打药1次或2次，消灭蝇蛆，便坑须加盖。

(10)为了保证广大职工的身体健康，施工现场必须设置保温桶(冬季)和开水(水杯自备)，公用杯子必须采取消毒措施，茶水桶必须有盖并加锁。

(11)施工现场的卫生要定期进行检查，发现问题，限期改正。

(二)生活区卫生管理

1. 宿舍卫生管理

(1)职工宿舍要有卫生管理制度，实行室长负责制，规定一周内每天卫生值日名单并张贴上墙，要做到每天有人打扫，保持室内窗明地净，通风良好。

(2)宿舍内各类物品应堆放整齐，不到处乱放，做到整齐美观。

(3)宿舍内保持清洁卫生，清扫出的垃圾倒在指定的垃圾站堆放，并及时清理。

(4)生活废水应有污水池，二楼以上也要有水源及水池，做到卫生区内无污水、无污物，废水不得乱倒乱流。

(5)夏季宿舍应有消暑和防蚊虫叮咬措施。冬季取暖炉的防煤气中毒设施必须齐全、有效，建立验收合格证制度，经验收合格发证后，方准使用。

(6)未经许可一律禁止使用电炉及其他用电加热器具。

2. 办公室卫生管理

(1)办公室的卫生由办公室全体人员轮流值班，负责打扫，并排出值班表。

（2）值班人员负责打扫卫生、打水，做好来访记录，整理文具。文具应摆放整齐，做到窗明地净，无蝇、无鼠。

（3）冬季负责取暖炉的看火，落地炉灰及时清扫，炉灰按指定地点堆放，定期清理外运，防止发生火灾。

（4）未经许可一律禁止使用电炉及其他电加热器具。

(三)食堂卫生管理

为加强建筑工地食堂管理，严防肠道传染病的发生，杜绝食物中毒，把住病从口入关，各单位要加强对食堂的治理整顿。

食堂应当有相应的食品原料处理、加工、贮存等场所及必要的上、下水等卫生设施。要做到防尘、防蝇，与污染源（污水沟、厕所、垃圾箱等）应保持 30 m 以上的距离。食堂内外每天做到清洗打扫，并保持内外环境的整洁。

1. 食品卫生管理

（1）采购运输。

1）采购外地食品应向供货单位索取县级以上食品卫生监督机构开具的检验合格证或检验单。必要时可请当地食品卫生监督机构进行复验。

2）采购食品使用的车辆、容器要清洁卫生，做到生熟分开，防尘、防蝇、防雨、防晒。

3）不得采购、制售腐败变质、霉变、生虫、有异味或《食品卫生法》规定禁止生产经营的食品。

（2）贮存、保管。

1）根据《食品安全法》的规定，食品不得接触有毒物、不洁物。建筑工程使用的防冻盐（亚硝酸钠）等有毒有害物质，各施工单位要设专人专库存放，严禁亚硝酸盐和食盐同仓共贮，要建立健全管理制度。

2）贮存食品要隔墙、离地，注意做到通风、防潮、防虫、防鼠。食堂内必须设置合格的密封熟食间，有条件的单位应设冷藏设备。主副食品、原料、半成品、成品要分开存放。

3）盛放酱油、盐等副食调料要做到容器物见本色，加盖存放，清洁卫生。

4）禁止用铝制品、非食用性塑料制品盛放熟菜。

（3）制售过程的卫生。

1）制作食品的原料要新鲜卫生，做到不用、不卖腐败变质的食品，各种食品要烧熟煮透，以免食物中毒的发生。

2）制售过程及刀、墩、案板、盆、碗及其他盛器、筐、水池子、抹布和冰箱等工具要严格做到生熟分开，售饭时要用工具销售直接入口食品。

3）没有经过卫生监督管理部门的批准，工地食堂禁止供应生吃凉拌菜，以防止出现肠道传染疾病。剩饭、菜要回锅彻底加热再食用，一旦发现变质，不得食用。

4）共用食具要洗净消毒，应有上下水洗手和餐具洗涤设备。

5）使用的代价券必须每天消毒，防止交叉污染。

6）盛放丢弃食物的桶（缸）必须有盖，并及时清运。

2. 炊管人员卫生管理

（1）凡在岗位上的炊管人员，必须持有所在地区卫生防疫部门办理的健康证和岗位培训合格证，并且每年进行一次体检。

（2）凡患有痢疾、肝炎、伤寒、活动性肺结核、渗出性皮肤病以及其他有碍食品卫生的疾病，不得参加接触直接入口食品的制售及食品洗涤工作。

（3）民工炊管人员无健康证的不准上岗，否则予以经济处罚，责令关闭食堂，并追究有关领导的责任。

（4）炊管人员操作时必须穿戴好工作服、发帽，做到"三白"（白衣、白帽、白口罩），并保持清洁整齐，做到文明操作，不赤背，不光脚，禁止随地吐痰。

（5）炊管人员必须做好个人卫生，要坚持做到四勤（勤理发、勤洗澡、勤换衣、勤剪指甲）。

3. 集体食堂卫生管理

（1）新建、改建和扩建的集体食堂，在选址和设计时应符合卫生要求，远离有毒有害场所，30 m内不得有露天坑式厕所、暴露垃圾堆（站）和粪堆畜圈等污染源。

（2）需有与进餐人数相适应的餐厅、制作间和原料库等辅助用房。餐厅和制作间（含库房）建筑面积比例一般应为1:1.5。其地面和墙裙的建筑材料，要用具有防鼠、防潮和便于洗刷的水泥等。有条件的食堂，制作间灶台及其周围要镶嵌白瓷砖，炉灶应有通风排烟设备。

（3）制作间应分为主食间、副食间、烧火间，有条件的可开设生间、摘菜间、炒菜间、冷荤间、面点间。做到生与熟、原料与成品、半成品、食品与杂物、毒物（亚硝酸盐、农药、化肥等）严格分开。冷荤间应具备"五专"（专人、专室、专容器用具、专消毒、专冷藏）。

（4）主、副食应分开存放。易腐食品应有冷藏设备（冷藏库或冰箱）。

（5）食品加工机械、用具、炊具、容器应有防蝇、防尘设备。用具、容器和食用苫布（棉被）要有生、熟及反、正面标记，防止食品污染。

（6）采购运输要有专用食品容器及专用车。

（7）食堂应有相应的更衣、消毒、盥洗、采光、照明、通风和防蝇、防尘设备，以及通畅的上、下水管道。

（8）餐厅设有洗碗池、残渣桶和洗手设备。

（9）公用餐具应有专用洗刷、消毒和存放设备。

（10）食堂炊管人员（包括合同工、临时工）必须按有关规定进行健康检查和卫生知识培训并取得健康合格证和培训证。

（11）具有健全的卫生管理制度。单位领导要负责食堂管理工作，并将提高食品卫生质量、预防食物中毒，列入岗位责任制的考核评奖条件中。

（12）集体食堂的经常性食品卫生检查工作，各单位要根据《食品安全法》《建设工程施工现场环境与卫生标准》（JGJ 146—2013）及本地颁发的有关建筑工地食堂卫生管理标准和要求，进行管理检查。

4. 职工饮水卫生管理

施工现场应供应开水，饮水器具要卫生。夏季要确保施工现场的凉开水或清凉饮料供应，暑伏天可增加绿豆汤，防止中暑脱水现象发生。

（四）厕所卫生管理

（1）施工现场要按规定设置厕所，厕所的合理设置方案：厕所的设置要离食堂30 m以外，屋顶墙壁要严密，门窗齐全有效，便槽内必须铺设瓷砖。

（2）厕所要有专人管理，应有化粪池，严禁将粪便直接排入下水道或河流沟渠中，露天粪池必须加盖。

（3）厕所定期清扫制度：厕所设专人天天冲洗打扫，做到无积垢、垃圾及明显臭味，并应有洗手水源，市区工地厕所要有水冲设施，保持厕所清洁卫生。

（4）厕所灭蝇蛆措施：厕所按规定采取冲水或加盖措施，定期打药或撒白灰粉，消灭蝇蛆。

二、施工期间噪声控制

(1)施工现场应按照国家标准《建筑施工场界环境噪声排放标准》(GB 12523—2011)制订降噪措施，并应对施工现场的噪声值进行监测和记录。

(2)施工现场的强噪声设备宜设置在远离居民区的一侧。

(3)控制强噪声作业的时间：凡在人口稠密区进行强噪声作业时，须严格控制作业时间，一般为 22 点到次日早 6 点之间停止强噪声作业。确系特殊情况必须昼夜施工时，尽量采取降低噪声措施，并会同建设单位找当地居委会、村委会或当地居民协调，张贴安民告示，求得群众谅解。

(4)夜间运输材料的车辆进入施工现场，严禁鸣笛，装卸材料应做到轻拿轻放。

(5)对产生噪声和振动的施工机械、机具的使用，应当采取消声、吸声、隔声等有效控制和降低噪声的措施。

三、施工期间污染控制

1. 防治大气污染

(1)施工现场宜采取措施硬化，其中主要道路、料场、生活办公区域必须进行硬化处理，土方应集中堆放。裸露的场地和集中堆放的土方应采取覆盖、固化或绿化等措施。

(2)使用密目式安全网对在建建筑物、构筑物进行封闭，防止施工过程扬尘；拆除旧有建筑物时，应采用隔离、洒水等措施来防止扬尘，并应在规定期限内将废弃物清理完毕；不得在施工现场熔融沥青，严禁在施工现场焚烧含有有毒、有害化学成分的装饰废料、油毡、油漆、垃圾等各类废弃物。

(3)从事土方、渣土和施工垃圾运输，应采用密闭式运输车辆或采取覆盖措施。

(4)施工现场出入口处应采取保证车辆清洁的措施。

(5)施工现场应根据风力和大气湿度的具体情况，进行土方回填、转运作业。

(6)水泥和其他易飞扬的细颗粒建筑材料应密闭存放，砂石等散料应采取覆盖措施。

(7)施工现场混凝土搅拌场所应采取封闭、降尘措施。

(8)建筑物内施工垃圾的清运，应采用专用封闭式容器吊运或传送，严禁凌空抛撒。

(9)施工现场应设置密闭式垃圾站，施工垃圾、生活垃圾应分类存放，并及时清运出场。

(10)城区、旅游景点、疗养区、重点文物保护地及人口密集区的施工现场应使用清洁能源。

(11)施工现场的机械设备、车辆的尾气排放应符合国家环保排放标准要求。

2. 防治水污染

(1)施工现场应设置排水沟及沉淀池，现场废水不得直接排入市政污水管网和河流。

(2)现场存放的油料、化学溶剂等应设有专门的库房，地面应进行防渗漏处理。

(3)食堂应设置隔油池，并应及时清理。

(4)厕所的化粪池应进行抗渗处理。

(5)食堂、盥洗室、淋浴间的下水管线应设置隔离网，并应与市政污水管线连接，保证排水通畅。

3. 防治施工照明污染

(1)根据施工现场情况照明强度要求选用合理的灯具，"越亮越好"并不科学，应减少不必要的浪费。

(2)建筑工程尽量多采用高品质、遮光性能好的荧光灯。工作频率在 20 kHz 以上的荧光灯，闪烁度大幅度下降，可改善视觉环境，有利于人体健康。应较少采用黑光灯、激光灯、探照灯、空中玫瑰灯等不利光源。

（3）施工现场应采取遮蔽措施，限制电焊眩光、夜间施工照明光、具有强反光性建筑材料的反射光等污染光源外泄，使夜间照明只照射施工区域而不影响周围居民休息。

（4）施工现场大型照明灯应采用俯视角度，不应将直射光线射入空中。利用挡光、遮光板或利用减光方法将投光灯产生的溢散光和干扰光降到最低的限度。

（5）加强个人防护措施，对紫外线和红外线等看不见的辐射源，必须采取必要的防护措施，如电焊工要佩戴防护镜和防护面罩。防护镜有反射型防护镜、吸收型防护镜、反射-吸收型防护镜、光电型防护镜、变色微晶玻璃型防护镜等，可依据防护对象选择相应的防护镜。例如，可佩戴黄绿色镜片的防护眼镜来预防雪盲和防护电焊发出的紫外光；绿色玻璃既可防护 UV（气体放电），又可防护可见光和红外线，而蓝色玻璃对 UV 的防护效果较差，

所以在紫外线的防护中要考虑到防护镜的颜色对防护效果的影响。

本章小结

本章讲述了钢结构工程的施工作业安全与环境保护控制，其中分四部分来重点阐述施工安全方面内容：第一部分讲利用脚手架和钢挂梯进行登高作业的安全技术；第二部分讲钢筋连接与加工安全技术；第三部分讲钢结构涂装时须注意的安全问题；第四部分讲环境保护措施。

思考与练习

一、单项选择题

1. 当立杆采用搭接接长时，搭接长度不应小于 1 m，并应采用不少于（　　）个旋转扣件固定。

   A. 1　　　　　　B. 2　　　　　　C. 3　　　　　　D. 4

2. 双排脚手架的搭设应与建筑物的施工同步上升，并应高于作业面（　　）m。

   A. 1.5　　　　　B. 2.0　　　　　C. 2.5　　　　　D. 3.5

3. 脚手板应铺设牢靠、严实，并应用安全网双层兜底。施工层以下每隔（　　）m 应用安全网封闭。

   A. 4　　　　　　B. 6　　　　　　C. 8　　　　　　D. 10

4. 在现场进行射线探伤时，周围应设警戒区，并挂"危险"标志牌，在 30°投射角范围内，一切人员要远离（　　）m 以上。

   A. 30　　　　　　B. 40　　　　　　C. 50　　　　　　D. 60

5. 因操作不小心，涂料溅到皮肤上时，可用（　　）擦洗。

   A. 汽油　　　　　　　　　　　B. 柴油

   C. 强溶剂　　　　　　　　　　D. 木屑加肥皂水

二、多项选择题

1. 单排脚手架的横向水平杆不应设置在（　　）。

   A. 设计上不允许留脚手眼的部位

   B. 宽度小于 1 m 的窗间墙

C. 墙体厚度小于或等于 180 mm

D. 梁或梁垫下及其两侧各 500 mm 的范围内

2. 不得将( )等固定在架体上，严禁拆除或移动架体上的安全防护设施。

A. 模板支架 B. 缆风绳

C. 泵送混凝土和砂浆的输送管 D. 以上都是

3. 构件安装时，摩擦面应干燥，没有( )，不得在雨中作业。

A. 结霜 B. 积霜

C. 积雪 D. 以上都是

4. 下列有关宿舍卫生管理的说法正确的是( )。

A. 职工宿舍要有卫生管理制度，实行室长负责制，做到天天有人打扫

B. 宿舍内保持清洁卫生，清扫出的垃圾倒在指定的垃圾站堆放，并及时清理

C. 生活废水应有污水池，二楼以上也要有水源及水池，做到卫生区内无污水、无污物，废水不得乱倒乱流

D. 可以使用电炉及其他用电加热器具

5. 对产生噪声和振动的施工机械、机具的使用，应当采取( )等有效控制和降低噪声的措施。

A. 消声 B. 隔声 C. 吸声 D. 以上都对

三、简答题

1. 扣件式脚手架搭设前应做好哪些准备工作？

2. 碗扣式钢管脚手架地基与基础处理应符合哪些要求？

3. 脚手架使用期间，如需拆除架体结构杆件，应如何处理？

4. 采用钢挂梯时应符合哪些要求？

5. 施工人员通过钢挂梯登高时，应采用什么措施进行人身保护？

6. 焊接连接对施焊场地周围有何要求？

7. 安装高强度螺栓前，接头摩擦面应如何处理？

8. 涂装操作人员操作前应做好哪些安全防护？

9. 常用溶剂爆炸界限是如何规定的？

10. 如何处理施工现场零散材料和垃圾？

11. 施工区域的作业时间有何要求？

12. 如何加强个人防护措施？

参 考 文 献

[1] 乐嘉龙，李喆．钢结构建筑施工图识读技法[M]．修订版．合肥：安徽科学技术出版社，2015．

[2] 唐丽萍，乔志远．钢结构制造与安装[M]．北京：机械工业出版社，2008．

[3] 陈绍蕃，顾强．钢结构基础[M]．3版．北京：中国建筑工业出版社，2014．

[4] 刘声扬．钢结构[M]．5版．北京：中国建筑工业出版社，2011．

[5] 戴为志，高良．钢结构焊接技术培训教程[M]．北京：化学工业出版社，2009．

[6] 杜绍堂．钢结构施工[M]．北京：高等教育出版社，2009．

[7] 上海市金属结构行业协会．建筑钢结构安装工艺师[M]．北京：中国建筑工业出版社，2007．

[8] 沈祖炎，等．钢结构学[M]．北京：中国建筑工业出版社，2005．

[9] 李顺秋．钢结构制造与安装[M]．北京：中国建筑工业出版社，2005．